INFERIOR

How Science Got Women Wrong – and the New Research That's Rewriting the Story

脳科学から人類の進化史まで

科学の女性差別とたたかう

アンジェラ・サイニー

Angela Saini

東郷えりか 訳

作品社

科学の女性差別とたたかう　目次

科学の女性差別とたたかう

脳科学から人類の進化史まで

うちの男性たち、ムクルとアナイリンへ

まえがき

科学者は何世紀ものあいだ重要な問題について政策決定者に影響を与えてきた。そこには中絶する権利や、女性への参政権の付与、学校での教育方法なども含まれる。自分の脳や体、お互いの関係についての私たちの考え方は、科学者によってまとめあげられたものだ。そしてもちろん、私たちは科学者が客観的な事実を与えてくれるのだと信用している。科学者が提供するのは偏見にとらわれない話なのだと信じている。なにしろそれは、進化の揺籃《ようらん》期から始まった私たちの物語なのだ。
だが、こと女性に関しては、この物語のじつに多くが間違っているのだ。

ロンドン南東部の学校の校庭で自作ロケットが空に向かって発射されるのを眺めていたとき、私は一六歳くらいだったはずだ。あれは晴れた土曜の午後だった。学校の初代科学クラブの部長に選ばれたばかりで、オタク女子として意気揚々としていた私は、小型模型ロケットを製作して打ち上げる日を計画した。

それに勝る催しは考えつかなかった。前の晩、私は間違いなく集まるだろう大勢の人たちに行き渡るほどの工作材料があるかどうか試算した。

その心配は無用だった。その日、現場に現われたのは私一人だったからだ。親切な化学のイースタープルック先生はその場に残って、ともかく手伝ってくださった。

読者のあなたが成長期にオタクであったならば、それがいかに寂しいものかはおわかりだろう。オタク女子であれば、それがはるかに寂しいことであるのもわかるだろう。第六学年〔イギリスの中等教育最後の二年間〕になるころには、化学を履修した八人のうち女子は私一人になっていた。十数人ほどの数学履修者のクラスでも、女子は私だけだった。二年後に大学で工学を勉強することに決めたとき、私は九人のクラスでただ一人の女性だった。

事態はそれからあまり変わっていない。二〇一六年に女性技術者協会（ＷＥＳ）が集計した統計では、イギリスの工学系労働人口のうち女性は九パーセントを占めるに過ぎず、工学系の学部には女子学生は一五パーセントしかいない。イギリス国内で女性に科学、工学、技術を推進するための運動であるＷＩＳＥの統計数値からは、二〇一五年に女性がこれらの分野全体で労働人口に占める割合が、一四パーセントをわずかに上回る程度であったことがわかる。全米科学財団（ＮＳＦ）によると、アメリカでは科学関係の労働人口の半数近くを女性が占めるが、工学、物理、数学で女性が占める比率は少ないままだ。

一六歳で一人校庭に佇《たたず》んでいた私には、そのことが理解できなかった。私の家は三人姉妹で、いずれも数学が得意だった。私の学校では女子も男子と並んで成績の上位者を占めていた。女性技術者協会によれば、イギリスの学校では義務教育終了試験の段階では、基礎科学と数学の教科の履修と成績に男女差はほとんどなかった。むしろ、いまではこれらの教科で男子よりも女子が最も優秀な成績を取る確率のほうが高い。アメリカでは一九九〇年代末から、科学と工学の学士号の半数近くを女子学生が取得するようになった。

それでも、年を重ねるにつれて、科学の分野に留まりつづける女性は少なくなるようだ。トップレベルになると、女性は明らかに少数派だ。これは誰もが記憶する限り昔からつづいてきたパターンだ。一九〇一年から二〇一六年までにノーベル賞を授与された九一一人のうち、女性の受賞者は四八人しかいない。そのうち一六人はノーベル平和賞を、一四人は文学賞を獲得した。数学で世界最高の栄誉とされるフィールズ賞は、イラン生まれのマリアム・ミルザハニが二〇一四年に女性としてただ一人受賞しただけだ〔ミルザハニは二〇一七年に乳がんにより四〇歳で他界〕。

私が大学を卒業してから数年後の二〇〇五年一月に、ハーヴァード大学の学長だった経済学者のローレンス・サマーズが、この格差についての解釈を表明して論議を呼んだ。彼はある内輪の会議で、エリート大学のトップレベルに女性科学者がこれほど少ないことの背後にある「残念な真実」の一部は、「生得的な能力の問題」にあるかもしれないと示唆したのだ。言葉を換えれば、女性と男性には生物学的な違いがある、というものだ。サマーズを擁護した学者も若干いたが、彼の発言はおおむね世論を憤慨させることになった。一年もたたないうちに、彼は学長を辞任する旨を発表した。

だが、疑念はこれまでもずっと静かに囁《ささや》かれてきた。

サマーズは敢えてそれを口にだしたが、そう考えたことのない人がどれだけいるのだろうか？　男女間には、私たちを区別する生来の、本質的な違いがあるのかもしれないと。女性の脳は根本的に男性の脳とは異なっていて、科学分野のトップの仕事に女性がほとんどいない理由はそれで説明が付くのだと。押し黙らされたその疑念が、本書の中心にある。私たちの頭上にぶら下がる疑問符は、女性が決して対等にはならぬよう運命づけられている可能性を突きつける。女性は肉体的にも精神的にも男性とはとにかく同等にはなれないから、というものだ。

今日でも、私たちは赤ん坊にピンクや水色の幻想を吹き込む。男の子には玩具のトラックを、女の子には人形を買い、子供がそれを気に入れば喜ぶ。こうした乳幼児期からの区別は、両性間には一連の生物学的な違いがあるという私たちの考えを反映する。それがおそらく私たちを、社会のなかで異なった役割をはたすべく仕向けるのだろう。男女の関係は、男のほうが浮気しやすく乱婚型で、女のほうが同じ相手と添い遂げる一夫一婦制を好むという、何十年にもわたる科学的研究によって植えつけられた見解に導かれている。私たちが想像する過去は、こうした神話に包まれている。原始の人類を思い描くとき、私たちはたくましい男性が獲物を仕留めに大自然のなかに大股で向かうところを想像し、一方、柔和で穏やかな女性はあとに残り、火の番と子供の世話をしただろうと考える。男のほうが体が大きく、力が強いために、自然に優位に立ったのではないかとすら思うようになる。

自分自身の理解を深め、虚構から事実を見つけだす過程で、私たちは当然ながら生物学に頼る。心の底で疼《うず》く感覚を、すなわち男女平等を謳《うた》う法案がどれだけ成立しても決して消えないような、男女は同じではないという感覚を解決する力は、科学にあるのだと私たちは信じる。それどころか生物学は、世界各地に存在した、そしてこれからも存在しつづける男女格差すら説明するかもしれないのだ。

だが、これは危険な領域であり、その理由は明白だ。フェミニストは生物学によってどう生きるかを決められることに、とりわけ激しく反対してきた。科学が語ることが、基本的人権のための闘いの要素になるべきではないと、多くの人は考えている。誰もが公平な活動の場を与えられてしかるべきだとフェミニストは言い、それはそのとおりである。しかしだからと言って、生物学をただ無視することはできない。男女間に差があるのであれば、それを知りたいと思わずにはいられない。だが、それだけでなく、より公平な社会を築きたいと思うのなら、そうした違いを理解し、それを受け入れるようにする必要がある。

問題は、科学における答えが、考えられているほどすべてではないということだ。科学者に答えを求めるとき、私たちは彼らが中立の立場を取るだろうと思い込む。科学的な手法は、女性にたいしてなんらかの底意や先入観をいだくはずがないと私たちは考える。だが、それは間違っているのだ。科学界になぜこれほど女性が少ないのかという謎が、この先入観が存在する理由を理解するうえで鍵となる。それは女性の秘めた可能性について何かしらを教えてくれるからではなく、何世紀ものあいだ苦しめられてきた社会的性差《ジェンダー》に関する既成概念《ステレオタイプ》や危険な神話を、なぜ科学が取り除けずにいるのかを説明するからだ。現代の科学界では、女性が占める割合ははなはだ低いのであり、それは過去のほとんどにおいて、女性は知的に劣った存在として扱われ、意図的にこの分野から締めだされてきたからなのだ。となれば、科学界の大御所たちもまた女性について歪《ゆが》んだ絵を描いてきたというのは、なんら驚くべきことではない。それがひいては、科学のものの見方やその主張を今日でもなお歪めてきたのである。

あの校庭で一人きりでロケットを打ち上げた一六歳のころ、私は科学に惚《ほ》れ込んでいた。科学は、主観や偏見に染まることのない、明確な答えのある世界なのだと私は思った。先入観にとらわれない理性の導き手なのだと。私がまだ理解していなかったのは、あの日、私が一人ぼっちだった理由は、科学がそうではないからだということだった。

二〇一二年に発表した研究のなかで、イェール大学の心理学者コリンヌ・モス＝ラキュジンの研究チームが科学における先入観の問題を探った。一〇〇人以上の科学者が、空席となった主席研究員のポストに応募した人たちの履歴書を評価する仕事を依頼された。どの履歴書も内容はそっくりだったが、半数は女性名で、残りの半数は男性名だった。

これらの仮想の職員候補について意見を求められると、科学者たちは女性名の候補者の能力と雇用可能性をいちじるしく低く評価した。彼らは女性名の人物の指導には乗り気ではなく、初任給もはるかに低い額を提示した。興味深いことに、『全米科学アカデミー紀要』誌に掲載された論文のなかで、著者らは「〔調査に〕参加した教員の性別は回答に影響がなく、教授陣は女性も男性も、女子学生にたいする先入観を示す傾向があった」と付け加えた。偏見は科学の文化に深く染みついており、女性自身がほかの女性を差別していることを、モス＝ラキュジンらの結果は示していた。

男だけが女にたいして性差別《セクシズム》をしでかすのではない。これは体制の基盤に織り込まれうるのだ。そして現代科学においては、その体制はつねに男性で構成されてきた。国際連合教育科学文化機関、すなわちユネスコは、各国の科学分野にいる女性の数の統計を取りつづけているが、二〇一三年には世界の全研究者のうち女性は四分の一をわずかに上回る程度だったと推計する。北米と西欧では、この数値は三二パーセントだった。エチオピアではわずか一三パーセントである〔日本は一四・六パーセント〕。

通常、女性は学部生レベルでは数が多いが、それより先へ進むにつれて減ってくる。このことは、少なくとも部分的には、育児という永久的な問題によって説明がつく。男性の同僚がより多くの時間を費やし、昇進するまさしくその時期に、女性は育児のために仕事から引き離されるのだ。アメリカの研究者メアリー・アン・メイソンとニコラス・ウルフィンガー、マーク・ゴールデンはこの問題に関して二〇一三年に『赤ん坊は問題か？——象牙の塔におけるジェンダーと家族』〔*Do Babies Matter?: Gender and Family in the Ivory Tower*　未邦訳〕という書を刊行した際に、アメリカでは幼い子供をかかえる既婚の母は、幼い子供をもつ既婚の父親に比べて、終身在職コースにある仕事を得られる可能性は三分の一ほど少ないことを発見した。これは女性に才能がないという問題ではない。未婚で子供のいない女性は、未婚で子供のいない男性よりもこうした仕事を手にする確率が四パーセント高いからだ。

アメリカの労働統計局は毎年、国民が一日をどう使っているかを分析するための時間利用調査を実施している。女性はいまやアメリカの労働力の半数近くを占めるが、同局によれば二〇一四年には女性が男性よりも一日当たり三〇分は多く家事を担っていた。平均すると男性の五分の一は家事をするが、女性では半数近くが家事をする。六歳未満の子供のいる家庭では、子供の世話をして過ごす時間が、男性は女性の半分以下だった。一方、男性は女性よりも職場で一日当たり五二分長く過ごしている。

こうした食い違いは、職場がなぜ現状のような様相を呈しているのかをいくらか説明する。事務所や研究所で長い時間を過ごせる男性は、当然ながらそれができない女性よりも職歴では健闘する可能性が高い。そして、育児休暇を誰が取るべきか決める際には、ほぼかならず母親が休みを取っている。

個人の小さな選択は、何百万世帯分となって乗じられると、社会のあり方に多大な影響をおよぼしうる。アメリカの女性政策研究所は二〇一五年に、フルタイムで働く女性は、男性が一ドル稼ぐあいだにわずか七九セントしか稼いでいないと推計する。イギリスでは一九七〇年に同一賃金法が成立した。しかし、国家統計局によれば格差は縮まっているとはいえ、今日でも男女間の賃金差はまだ一八パーセント以上残っている。科学と技術活動のセクターでは、この格差は二四パーセントと大きい。二〇一六年に『タイムズ・ハイアー・エジュケーション』が分析したデータでは、イギリスの大学でフルタイムの教員・研究職に就いている女性は、男性の同僚に比べて給料が一一パーセントほど少なかった。

家事と育児だけが男女比に影響するものではない。あからさまな性差別もある。世界最大の科学雑誌である『*PLOS ONE*』は、生物学専攻の男子学生が同じ学部の女子学生をどう評価するかを調べた。文化人類学者のダン・グランスパンと生物学者のサラ・エディは共同研究者とともにワシントン大学の数百人の学部生に、クラス内でほかの学生がどのくらいよくできると思うかを尋ねた。「結果から、女子よりも男子のほうが専攻内容に関する知識が豊富だとして同級生から名前を挙げられる確率が高いことがわかる」と、研究者らは書いた。これは現実を反映してはいなかった。男子の点数は四段階評価で〇・五七ポイント——男子学生から——過大評価されていた。女子学生はこうしたジェンダーによる先入観を示すことはなかった。

その前年、『*PLOS ONE*』は、二人の女性進化遺伝学者が執筆した論文に男性の共著者を一、二名加えるべきだったと同誌の査読者の一人が述べたために、謝罪せざるをえなくなった。「平均すると博士課程の男子学生は同課程の女子よりも一本は多く論文を共同執筆しているというのは、おそらくさほど驚くべきことではないだろう。それはちょうど、平均すると博士課程の男子学生は同課程の女子よりも一マイルをいくらか速く走れるようなものだ」と、その査読者は書いた。

別の問題は、その広がりが現在ようやく明るみにでつつあるセクシャルハラスメントだ。二〇一五年に、ウイルス研究者のマイケル・カッツィは、一連の深刻な告訴を受けて、ワシントン大学で自身が所長を務めていた研究所への出入りを禁じられた。そのなかには少なくとも二人の職員へのセクハラが含まれていた。バズフィード・ニュース（カッツィは書類の公表を阻止するために同サイトを訴えようとした）は、その後の調査に関する長文の記事を報道し、彼が一人の職員を「自分の性的要求に従うという暗黙の条件で」雇ったことを暴露した。

カッツィの事件は例外ではなかった。二〇一六年にはパサデナにあるカリフォルニア工科大学が理論宇宙物理学のクリスチャン・オット教授を、学生にたいするセクハラで停職処分にした。同年、カリフォルニア大学バークリー校の二人の女子学生がブレイク・ウェントワース助教にたいする訴訟を起こした。二人によれば、同助教は不適切な接触など、彼女らに迷惑行為を繰り返したという。これは同大学で著名な天文学者のジェフ・マーシーが長年にわたる女性にたいするセクハラで有罪判決を下されてからまもなくのことだった。

したがって、家事や妊娠、育児、ジェンダーによる先入観、セクハラに関するあらゆる統計のなかに、科学と工学分野のトップに女性がこれほどわずかしかいない理由の一端があるのだ。ローレンス・サマーズの誘惑的な罠に陥って、世界がこう見えるのはそれが物事の自然の序列だからだと思い込む代わりに、一歩下がってみよう。科学界で男女比に偏りがある理由は、少なくともいくらかは、男性ならば通常は遭遇しない諸々の圧力に、女性が生涯直面しつづけるからなのだ。

地域や分野によってはその実態は暗澹《あんたん》たるものだが、統計からは例外も見えてくる。一部の学問では、女性のほうが大学レベルでも職場においても男性よりも数が上回っている。生命科学と心理学では、女性のほうが男性よりも研究者が多くなる傾向がある。地域によっては、科学全般において女性のほうがはるかに数において優ることもあり、文化がものを言うことが窺われる。ボリビアでは、全科学者の六三パーセントを女性が占めている。中央アジアでは、女性がほぼ半数いる。私の家族の出身地であるインドでは(父はそこで工学を学んだ)、工学部にいる全学生の三分の一は女子だ。イランでも同様に、女性の科学者と工学者の割合は高い。女性が本当に男性に比べて科学の才能がないのであれば、こうしたばらつきは見られないはずだ。このこともやはり、実情は見た目よりも複雑であることを証明する。

どんな話でもそうだが、始まりに戻ってみることは役に立つ。科学はそのごく初期の時代から、女性を男性よりも知的に劣る存在として扱ってきたのだ。

「三〇〇年近い歳月のあいだ王立協会に常時在籍していた唯一の女性は、同協会の解剖コレクションに保管されていた遺骨だけだった」と、スタンフォード大学の科学史の教授で、『科学史から消された女性たち——アカデミー下の知と創造性』の著者であるロンダ・シービンガーは書いた。

一六六〇年にロンドンで創立した王立協会は世界最古の科学協会の一つだが、一九四五年まで女性に正会員の資格を与えることはなかった。パリとベルリンの名だたる科学アカデミーも、二〇世紀なかばにようやく最初の女性会員を選出した。これらのヨーロッパのアカデミーが現代科学の誕生の地だった。一六世紀、一七世紀に創設されたアカデミーは、科学者が集まってアイデアを共有するためのフォーラムだった。のちに、アカデミーは会員資格を含めた、名誉を付与するようになった。最近では、こうした機関は政府に科学政策に関する助言もしている。それでも、その歴史のほとんどにおいて、これらの機関は当然のこととして女性を締めだしていたのだ。

事態は改善する前に悪化した。科学が熱意あふれる素人の余暇であった初期の時代には、女性にも、たとえ裕福な科学者と結婚して自分たちの研究室で一緒に作業する機会を得るだけであっても、少なくともいくらかは入り込む余地があった。だが、一九世紀の終わりになると、科学はより本格的なものに様変わりし、独自の規則と公的機関をもつようになった。女性はそうして気づくとほぼ完全に追いだされていたと、マイアミ大学の歴史学者キンバリー・ハムリンは述べる。「科学の性差別は、科学の職業化と時を同じくしていた。女性はますます遠ざけられていったのだ」

この差別はただ科学界の序列の上層部だけで起きていたわけではない。二〇世紀になるまでは、女性が大学への入学を許可されたり、学位を授与されたりすることすら異例だった。「ヨーロッパの大学はその当初から原則的に女性には門戸を閉ざしていた」と、ロンダ・シービンガーは書く。大学は男性が神学、法学、政治学、医学の道を目指すために準備することを意図したものであって、女性は立ち入りを禁じられていたのだ。高等教育の精神的な負担は、女性の生殖器系に向けられるエネルギーを削《そ》ぎ、受胎能力を損なうかもしれないと医師たちは主張した。

女性が周囲にいるだけでも、男性が知的作業に真剣に取り組むのが阻害されるとも考えられていた。中世の修道院からつづく男性の禁欲主義の伝統は、オックスフォードやケンブリッジの大学で一九世紀末になるまでつづいた。教授は妻帯を許されなかった。ケンブリッジは一九四七年になるまで、男性と同等の基準で女性に学位を与えることはなかった。同様に、ハーヴァード大学医学大学院は一九四五年まで女子の入学を認めなかった。最初の女性が願書を提出したのは、ほぼ一世紀前のことだった。

だからと言って女性科学者が存在しなかったわけではない。存在はしたのだ。その多くは困難にもめげず成功すらした。だが、彼女たちはしばしば部外者として扱われた。いちばん有名なのは、ノーベル賞を初めて二度授与されたマリ・キュリーだが、それでも女性だからという理由で一九一一年にフランスの科学アカデミーの会員にはなれなかった。

それほど有名でない人もいる。二〇世紀初頭には、アメリカの生物学者ネッティ・マリア・スティーヴンスが性を決定する染色体を識別するうえで決定的な役割を担ったが、彼女の科学的貢献は歴史のなかでおおむね無視されてきた。ドイツの数学者エミー・ネーターが第一次世界大戦のさなかにゲッティゲン大学で教授職に推薦されたとき、ある教授はこう不満を述べた。「わが国の兵士たちが大学に戻ってきて、女性の足元で学ばなければならないと知ったら、どう思うだろうか?」ネーターはその後四年間、男性の同僚の名のもとに〔助手として〕非公式に無給で講義をつづけた。彼女の死後、アルバート・アインシュタインは『ニューヨークタイムズ』紙に「女子の高等教育が始まって以来輩出したなかで、最も重要で創造力のある数学の天才」だったと、彼女について述べた。

第二次世界大戦時には、学生としても教員としても女性を受け入れる大学は増えていたが、女性はまだ二級市民的な扱いを受けていた。一九四四年に物理学者のリーゼ・マイトナーは核融合の発見に欠かせない貢献をしたにもかかわらず、ノーベル賞をもらうことはなかった。彼女の人生の物語は、忍耐力を試されつづけるものだった。生まれ育ったオーストリアでは当時、女子の教育は一四歳までだった。マイトナーは家庭教師について学ぶことで、大好きな物理学をつづけることができた。ベルリン大学でついに研究職に就いたものの、彼女が与えられたのは地下の狭い一室で、無給だった。しかも、男性科学者たちが研究している階まで階段を上ることも許されていなかった。

マイトナーのように、当然与えられるべき正当な評価を受けられなかった人はほかにもいる。DNAの構造の解明でロザリンド・フランクリンがはたした絶大な役割は、彼女が他界〔三七歳で卵巣がんで死去〕したのちに、ジェームズ・ワトソン、フランシス・クリック、モーリス・ウィルキンスが一九六二年にノーベル賞を授与されたときには、無視されたも同然だった。そして、一九七四年になってもなお、パルサー〔パルス状の電波を放射する天体〕の発見にたいするノーベル賞は、実際に突破口を開いた宇宙物理学者のジョスリン・ベル＝バーネルではなく、その男性指導教官に贈られた。

科学史のなかでは、女性は目を凝らして探さなければならない。女性に研究する能力がなかったからではなく、長期にわたって機会を与えられなかったからだ。私たちはまだ一つの支配者層が残した遺産とともに生きている。その社会は、何世紀ものあいだ排斥と偏見で凝り固まっていた時代から、ようやく目覚め始めたところなのだ。

「最も頭脳明晰《めいせき》な男性ですら、女性について話しだすと鈍感になることに私は気づいた。ジェンダーの話題には、その他の面では見識のある知性をも鈍らせる何かがある」と、トロント大学の批判理論の教授であるマリ・ルティは二〇一五年に著書『科学の性差別の時代』〔*The Age of Scientific Sexism* 未邦訳〕に書いた。

性差は今日、科学的研究ではきわめて注目度の高いテーマだ。二〇一三年の『ニューヨークタイムズ』のある記事は、今世紀に入ってから科学雑誌で性差に関する論文が三万本発表されたとしている。言語であれ、人間関係であれ、あるいは推論の仕方や育児、物理的・精神的能力などの分野でも、男女間の解剖学的な研究に言及されないことがない。発表されたこれらの論文は、男女の差は大きいという神話を裏付けているようだ。

本書では、これらの研究の一端を解き明かし、その背後にいる人びとにインタビューをする。そうすることで私たちの誰もが疑問をいだくべき一連の研究が明らかになった。一部の科学者は、女性は男性に比べて平均して数学や空間推論〔空間認識〕、あるいは――車やコンピューターなどの――システムの仕組みを理解するのに必要なことはなんであれ劣っており、それは女性の脳が構造的に男性の脳とは異なるからなのだと主張する。人類の進化史において男が主導権を握ったのは狩猟をしたからであり、かたや女はあとに残って子供の世話のような、地味に思われる役割を担ってきたからだと断言する研究者たちもいる。人類が現在のように創造力のある賢い存在に進化したのは、男たちの行動によると強弁する人もいる。女性が更年期を迎えるのは、年配の女に男が魅力を感じなくなるからだと言う人もいた。

こうした理論の背後にある動機を探る作業は厄介なものになりうる。夕食会の席ならばひどく不快に聞こえるだろう言葉も、白衣を着た人物の口から発せられると、いかにももっともらしく聞こえることがある。だが、懐疑的になるのを忘れてはならない。たとえば、男のほうが女よりも地図を読んだり駐車したりするのがうまいと語る研究について新聞で読んでも、異なった母集団を対象にした別の実験ではまるで矛盾した結果となることもあり、女性のほうが地図を読むのも駐車するのも上手であったりもするのだ。脳の鮮明なスキャン画像は、どう主張されようと、私たちの思考を撮影した写真ではない。そして、進化心理学などの科学分野では、学説は不確かな証拠をつなぎ合わせてつくりあげた物語と大差ないかもしれない。

研究が性差別主義に感じられるとすれば、ときとして事実そうだということもある。何世紀にもわたって女性を科学から締めだしてきた根深い偏見が、科学の骨肉そのものには影響をおよぼさなかったなどと考えることは不可能だ。それは過去においても、今日でも。

だが、それだけでは話は終わらない。

科学に多くの女性がかかわるようになったことが、科学のあり方を変えつつある。いまや、これまで一度も問われてこなかった疑問が投げかけられている。前提とされてきたことには疑念が突きつけられている。古い考えは新しい考えに覆されつつある。過去に描かれた、往々にして否定的で歪んだ女性の絵は、ここ数十年間に研究者たちによって大々的に検証され、その欠点が明らかになった。研究者たちの多くは女性だが、男性もいる。そしてこの新たな肖像画は、人類をまるで異なった光で照らしだす。

今日、性差に関する数々の疑わしい研究の猛攻撃から離れてみれば、私たちには女性の脳と体に関するまったく新しい考え方が見つかる。たとえば、性差に関する新しい理論は、男女の脳に見つかるわずかな差異は、人間はそれぞれみな独特であるという事実の統計上の産物に過ぎないことを示唆する。何十年にもわたって子供たちを厳密にテストした結果、男女間には生理学的な違いはほとんどないことが立証され、違いとして見られるものは生物学によってではなく、文化によって大きく影響されていることが判明している。一部の人が主張してきたのとは裏腹に、進化の歴史の研究からは、男性優位と家父長制が生物学的に人間社会に生来具《そな》わったものではなく、かつて人類は平等な種であったことが示されている。女性は男性よりも浮気をしないという古くからの神話ですら、お蔵入りを余儀なくされている。ここでもまた、ヒトの生物学よりも社会のほうが、私たちの行動においてより大きな役割を担っているのだ。

本書は、女であることの意味についての伝統的な考えに異議を唱える、充分な証拠にもとづく慎重な研究だ。ここに描かれるのは、か弱く、従属的な人の話ではない。女性は科学に秀でる能力が足りないわけでもなければ、美しくしとやかなど、男性と区別するために使われてきた恩着せがましい修飾語で表わされるべきでもない。女性は誰にも劣らず強く、戦略的で、賢いのである。

これはジェンダーをめぐる争いで男と女を引き離すものではなく、むしろ男女平等であることの重要性を主張する説得力のある科学的研究だ。科学は私たちをより密接に結び付けるのである。


私の最初の著書である『オタク民』〔*Geek Nation* 未邦訳〕の宣伝活動をしていたとき、シェフィールド市に講演にでかけたことがあった。講演の終わりに、背の低い中年男性がやってきて個別に質問してきた。「それだけの女性科学者というのは、どこにいるんだね？　女性のノーベル賞受賞者というのはどこにいるんだ？」と、彼はあざ笑いながら聞いた。「女はとにかく、男ほど科学には向いていない。女性は知的に劣っていることが証明されているんだ」。彼が顔の間近に迫ってきたので、私は部屋の隅に追い込まれた。性差別主義の暴言は、すぐさま人種差別的なものに変わった。私は反論しようと試みた。私が知っている優れた女性科学者の名前を挙げた。学齢期の女子は男子よりも算数ができることを示す若干の統計値をかき集めた。だが、しまいに諦めた。私もこの男性と同等の人間だと彼に思わせることを、何一つ言えなかったのだ。

私たちのうちのどれだけ多くが、この男性のような人物に遭遇してきただろうか？　人を見下したようなボス。男性優越主義のボーイフレンド。ネット上の荒らし。私が武器として欲しかったのは、彼らが間違っていることを示せる一連の科学的主張だ。男女平等は単なる政治的な理想ではなく、すべての女性が生まれながらもつ生物学的な権利であるという事実を強化するために。

シェフィールドで私が遭遇したのと同様の状況に直面してきたすべての人に、女は男よりも劣っているのだと告げる相手にたいし同様の怒りの対決をし、われを忘れることなく厳然たる事実と歴史を揃《そろ》えて彼らに説明しようと同様に必死に試みた人に、本書はそういうあなたのためのものだ。この本のなかで、私は誕生から就業、育児、更年期を通して老齢期まで女性の人生の段階を旅し、科学が私たちに本当は何を伝えているのかを問いただし、不確かでありつづけることをめぐる論争を探る。

個人的な体験はあるものの、私は恨みから本書を執筆し始めたわけではない。ジャーナリストとして、私は本物の事実を追い求めてきた。そして科学と工学を学んだ経歴をもつ人間として、研究をよりよく理解したいと思った。私が検討する研究は、神経科学から心理学、医学、人類学、進化生物学にまでおよぶ。一九世紀から始め、現代にいたるまで追うなかで、真実と思われているこれほど多くのことが、なぜ本当は不確かなのかを解明すべく試みた。新聞やニュースの見出しを飾った研究を調査し、女性に関する既成概念は科学が後ろ立てしているのだと主張する。そして同時に、私たち本来の能力を開花させる新しい女性像も探る。昔ながらのイメージとはまるで異なって見えるものだ。

これはかならずしも気楽に読み進められるものにはならない。事実はときには人がそうあって欲しいと願うよりもうやむやだ。調査は私たちが望むことをつねに語ってくれるとは限らない。だが、これは現状における証拠と論争の記録であり、女性の心と魂のための科学における苦い闘いを綴《つづ》るものなのだ。

私にとってこの闘いは、フェミニズムの最後の未開拓域を表わすものだ。それは女性と完全な平等とのあいだにいまなおそびえる最大の障壁を、すなわち私たちの心のなかの障壁を崩す可能性がある闘いだ。本書の最終章に登場するユタ大学の人類学者クリステン・ホークスは、更年期に関する研究についてインタビューした際にこう述べた。「生物学に本当に関心をもっているのなら、どうしてフェミニストにならずにいられるのでしょう？　本格的なフェミニストで、何がこうした事態の根底にあり、それがどこからくるのか理解したければ、生物学です。科学から目を背けるのではなく、もっと目を向けなければ」

1　男と比べての女の劣等性

女性の劣等性を証明するために、アンチ・フェミニズムはかつてのように宗教、哲学、神学を引き合いにだすだけでなく、科学も利用するようになった。生物学、実験心理学などだ。

——シモーヌ・ド・ボーヴォワール、『第二の性』（一九四九年）

夏の終わりに、木の葉が乾き始めたころのケンブリッジ大学は、チャールズ・ダーウィンが一九世紀前半にこの大学の学部生であった時代にも同じくらい美しかったに違いない。大学附属図書館の北西の隅の静かな上層階には、彼の痕跡がまだ残っている。手稿の保管室にある革張りのテーブルを前に腰掛けながら、私は三通の手紙を手にしていた。どれも黄ばんでインクは褪《あ》せ、折り目が茶色くなっていた。それらの手紙はいずれも、生物学の基礎が築かれつつあった近代の科学史できわめて重要な時期に、女性がどのように見られていたかを物語る。

最初の手紙はダーウィン宛のもので、厚手のクリーム色の小さな紙に非の打ち所のない筆跡で書かれている。日付は一八八一年一二月で、差出人はボストン郊外の裕福な町であるマサチューセッツのブルックラインに住むキャロライン・ケナード夫人だった。ケナードは地元の女性運動で知られた人で、女性の地位を向上させようと試みていた（警察は女性警官を雇うべきだと主張したこともあった）。彼女は科学にも関心をもっていた。ダーウィンへの手紙のなかで、彼女はある簡単な依頼をしている。それはボストンで開かれた女性の集会で彼女が遭遇したある衝撃的な事件にもとづくものだ。ケナードによると、「過去、現在、未来における女性の劣等性は科学的な原則にもとづいた」ものだと誰かが見解を示したのだ。この人物にそのとんでもない発言をさせた権威付けが、ほかでもないダーウィン自身の著書の一つだったのである。

ケナードの手紙が届いたころには、ダーウィンは亡くなるわずか数カ月前であった。最も重要な作品である『種の起源』ははるか昔の一八五九年に、『人間の由来』はその一二年後に発表していた。これらの著作は、今日の人類が単純な生命体から進化し、より生存しやすく、より多くの子孫を残せるようにする特性を発達させてきた可能性を示していた。この考えが自然選択と性選択にもとづく彼の進化論の根幹だった。これはヴィクトリア朝時代の社会をダイナマイトのごとく粉砕し、人類の起源に関する人びとの考えを様変わりさせた。彼の遺産は確かなものとなったのだ。

ケナードは手紙のなかで、ダーウィンのような天才が、女性は生まれつき男性よりも劣るなどと信じるはずがないと当然考えている。彼の著作は明らかに誤解されているのではないか。「実際に間違っていたのであれば、あなたの見解と権威の重みは正してしかるべきです」と、彼女は切望する。

「あなたが言及する問題は、非常に厄介なものです」と、ダーウィンは翌月、ケント州ダウン村の自宅から返事を書く。彼の手紙は殴り書きされた非常に判読しづらいもので、一語一句を誰かが別紙に書き写してあり、ケンブリッジ大学の資料室にはそれが本来の手紙とともに保管されている。だが、この手紙に関して何よりも気に障るのはその筆跡ではない。むしろ、ダーウィンが実際に書いたことが不快なのだ。女性が本当に男性よりも劣っているわけではないと、偉大な科学者が請け合ってくれることをケナードが礼節をわきまえながら期待していたとしても、彼女は失望することになった。「女性は道徳的な資質では一般に男性よりも優れてはいても、知的には劣っていると確かに私は考えます」と、ダーウィンは彼女に告げる。「そして、遺伝の法則から（私がこれらの法則を正しく理解しているとすれば）女性が男性と知的に同等になるのはきわめて困難であると私には思われます」

手紙はそこで終わらない。女性がこの生物学上の不平等を克服するには、男のように女も一家の稼ぎ手にならねばならないだろうと彼は言い添える。そして、それによって幼い子供にも家庭の幸せにも害がおよぶだろうから、これはよい考えではないだろうと。ダーウィンはケナード夫人に、女は男よりも知的に劣るだけでなく、家庭以外の人生を望まないほうが幸せだと告げているのだ。これはケナードと当時の女性運動が闘っていたすべての目的を否定するものだ。

ダーウィンの私信は、彼の著書にかなりあからさまに述べられていたことを繰り返している。『人間の由来』のなかで、彼は数千年にわたる進化で男が女よりも優位に立ったのは、伴侶を得るために男性が受けてきた圧力ゆえだと主張する。たとえば雄のクジャクは鮮やかで華やかな羽を進化させて、地味な外見の雌を魅了する。同様に、雄のライオンは豪華なたてがみを進化させた。進化の観点からは、雌はどれだけ外見が地味でも繁殖できるのだと彼はほのめかす。雌にはくつろぎながら配偶相手を選ぶ贅沢《ぜいたく》があるが、雄は懸命に努力して雌にいいところを見せ、ほかの雄と競い合って注意を引かなければならない。人間では、女性をめぐるこの精力的な競争はすなわち、男性が戦士や思想家にならねばならないことを意味するのだと、その論理は説く。数千年のあいだに、こうした競争が男性を鋭敏な精神をもち、身体的に優れた人間に磨きあげたのだ。女性は男性よりも文字どおりあまり進化していないのである。

「男女の知能におけるおもな違いは、何に取り組むにしても男は女よりも高度な卓越ぶりを発揮することによって示されている。深い思考、推論、想像力を要することでも、単に感覚や手を使用する場合でも然りである」と、ダーウィンは『人間の由来』で説明する。証拠は彼の周囲のいたるところにあるようだった。一流の作家、芸術家、科学者はほぼみな男性だった。この不平等は生物学的な事実を反映しているのだと彼は考えた。そのため、「男は結果的に女よりも優れるようになった」と、彼は主張する。

　これはいま読むと驚くべきものがある。ダーウィンは、女性がたとえ男性と同様の並外れた資質をどうにか発達させたとしても、それは子宮内で子供が両親からの特質を受け継ぐという事実によって、男性の上着の後ろ裾に乗って引きずられているからかもしれない、と書いているのだ。このプロセスによって、女の子は父親の優れた資質をいくらか盗みとるのだ、と。「雌雄双方に性質が平等に遺伝する法則が、哺乳類のすべての綱《こう》に広く共通しているのは、じつに幸いだ。さもなければ、クジャクの雄が飾り羽で雌に勝るような具合に、男性は女性よりも知的な能力において勝っていた可能性は高い」。女性が男性に比べて現状よりさらに劣るのを食い止められたのは、生物学上の幸運のなせるわざだったのだと、彼はほのめかした。〔男に〕追いつこうとするのは負け戦なのだ。これは自然にたいする挑戦にほかならないからだ。公正を期すれば、ダーウィンもまた時代の子だったのである。社会における女性の地位についての彼の伝統的な見解は、みずからの科学的研究を通して得られただけではなく、この時代にいたその他大勢の著名な生物学者の研究からも影響を受けていた。進化に関する彼の理論は革命的であったかもしれないが、女性にたいする彼の態度は完全にヴィクトリア朝時代の人間のものだった。

キャロライン・ケナードが送った激しい論調の長文の返信から、ダーウィンの見解を彼女がどう感じたかは推測できる。彼女の二通目の手紙は、一通目のようなきちんと書かれたものではまるでなかった。女性は家庭に縛られているどころか、男性と同じだけ社会に貢献しているのだと彼女は主張する。つまるところ、女性があまり働かないのは、裕福な中流階級の人びとのあいだだけの話なのだった。ヴィクトリア朝時代の多くの人にとって、女性の収入は家族が飢えずに暮らすために欠かせないものだった。男女の違いは、その仕事の量にあるのではなく、それぞれに与えられた仕事の種類にあったのだ。一九世紀には、女性は大半の職業に就けなかったうえに、政治と高等教育からも締めだされていた。

その結果、女性が働くとすれば、通常は家事労働、洗濯、繊維産業、工場労働などの、低賃金の仕事になった。「夫が週に何時間か働き、稼いだ端金を家に〔……〕妻の元にもち帰る場合、家庭内で夫婦のどちらが大黒柱なのでしょうか。妻は愛する者たちのために朝早くから夜更けまで際限なく身を挺《てい》して切り詰め、一ペニーでも稼ごうと苦心を重ねるのです」

彼女は怒りを込めた口調でこう結ぶ。「まずは女性の置かれた「環境」を男性と同様にし、同じだけの機会を与えてから、女性が知的に男性よりも劣っているかどうかを公正に判断いただくよう、お願いします」

ダーウィンがケナード夫人にどう返答したかはわからない。図書館の資料室には両者間のやりとりはこれしかないからだ。

私たちにわかるのは、彼女の言い分が正しいことだ。ダーウィンの科学的見解は当時の社会通念を映しだしており、女性の潜在能力に関する彼の判断はそうした通念によって歪められていたのだ。ダーウィンの態度は、少なくとも啓蒙時代にまでさかのぼる一連の科学的思考に属するものだった。理性と合理主義がヨーロッパ一帯に広まり、人間の心身に関する人びとの考え方を変えた時代である。「科学〔という学問〕は自然を知る者として特権を与えられていたのです」と、ロンダ・シービンガーは私に説明する。女は家庭内の私的領域に属する者として描かれ、男は外の社会的領域に属する者とされた。子育てをする母親の仕事は、新しい市民を教育することだった。

一九世紀なかばの、ダーウィンが研究をつづけていた時代には、女性は知的に単純で弱い存在というイメージが広く想定されていた。社会は妻には貞節で、夫にたいし受け身で、従順であることを期待した。これは当時、人気を博したイギリスの詩人コヴェントリー・パットモアの詩、「家庭の天使」に描かれた理想像だった。「男というものは喜ばせてやらねばならない存在だ。だが、男を喜ばせることは、女の喜びなのだ」。女性は生来、専門的職業に就くには向いていないのだと多くの人は考えた。女性は家庭の外で社会的な生活を送る必要はないのであった。女は投票などしなくてもよいのだった。

こうした偏見が進化生物学と出合ったとき、その結果はとりわけ有毒な混合物となり、何十年にもわたって科学的研究を毒しつづけることになった。名だたる科学者たちは、ダーウィンと同様に、女性が人類の半数を占める劣った存在だと考えている事実を隠そうともしなかった。

確かに、今日ではヴィクトリア朝時代の有名な思想家が女性について書いた文章を読んで、ショックを受けずに済むことがまずない。一八八七年に『ポピュラー・サイエンス・マンスリー』誌に投稿された論文では、ダーウィンの友人であった進化生物学者のジョージ・ロマネスが、「美しさや気配り、陽気さ、貢献、機知」など、女性の「高貴」で「愛すべき」資質を上から目線で称賛する。彼もダーウィンと同様に、女性はたとえどんなに努力しても決して、男性のような知的な高みに達することは望めないと主張する。「自分の弱さを絶えず意識し、結果として依存するため、女性では奴隷の恐怖に始まり、異性を喜ばせようとする深く根づいた欲望もまた生じ、それが妻の献身となって終わっている」

一方、一八八九年の流行本、『性の進化』〔*The Evolution of Sex* 未邦訳〕のなかで、スコットランドの生物学者パトリック・ゲデスと博物学者ジョン・アーサー・トムソンは、男女は互いに、受け身の卵子と精力的な精子と同じくらい異なっていると主張する。「格差は誇張されたり矮小《わいしょう》化されたりするかもしれないが、それを取り除くには、すべての進化を新たな土台の上にやり直す必要があるだろう。有史以前の原生動物のあいだで決められたことは、法律でも帳消しにはできない」と、彼らは、参政権のために闘っていた女性たちにあからさまに当てつけるように公言した。ゲデスとトムソンの主張は、三〇〇ページ以上にもおよぶもので、表や動物の線画を含み、彼らがいかに女性を、男性を補完する存在——男性の大黒柱にたいする専業主婦——だが、明らかに男性と同じことは達成できない存在として見なしているかを要約するものだ。

ダーウィンのいとこのフランシス・ゴルトンも、そうした一人だ。ゴルトンは優生学の父として、また人びとのあいだの身体的格差の計測に貢献したことで歴史に名を残している。彼の奇妙なプロジェクトの一つは、イギリスの「美人地図」だった。一九世紀の終わりごろ、さまざまな地域の女性をひそかに観察して、最も醜いレベルから最も魅力的なものまで格付けすることで作成されたものだ。ゴルトンのような人びとは、定規と顕微鏡を見せびらかしながら、性差別主義を反論のできない主張へと地固めしていった。彼らは計測し標準化することで、ともすればばかげた取り組みと見なされたであろう研究を、まっとうな科学らしい体裁で取り繕ったのだ。

こうした科学の男性支配者層との対峙《たいじ》は容易ではなかった。だが、一九世紀の女性——キャロライン・ケナードのような女性たち——にしてみれば、あらゆることが危機に瀕《ひん》していた。女性たちは基本的権利のために闘っていた。彼女たちは正式な市民としてすら認められていなかったのだ。イギリスでは一八八二年にようやく、既婚女性が自分の権利で財産を所有し、管理することが認められるようになった。一八八七年には既婚女性が自分の収入を自分で保管することが許されていたのは、アメリカの州のうち三分の二だけだった。

女性運動に加わったケナードをはじめとする人びとは、女性の劣等性をめぐる学術的な論争には、学術的な根拠で打ち勝つしかないことに気づいた。彼女らを攻撃してくる男性生物学者のように、運動家たちも科学を駆使して自衛しなければならなかったのだ。彼女らより一世紀さかのぼる時代に生きたイギリスの著述家、メアリー・ウルストンクラフトは女性たちに、学問を身に付けるように促した。「女性がもっと理性的な教育を受けるまでは、人類の美徳の進歩と知識の改善は抑制されつづけなければならない」

と、彼女は一七九二年に『女性の権利の擁護』に書いた。ヴィクトリア朝時代の著名な女性参政権論者たちも同様の主張をし、女性でも受けられる教育を利用して、女性について何が書かれてきたかを問うようになった。

進化生物学という、論議を呼ぶ新しい科学は、とりわけその標的となった。アントワネット・ブラウン・ブラックウェルは、アメリカの主流プロテスタントの宗派によって教職者として任命〔按手《あんしゅ》〕された女性とされるが、彼女はダーウィンが生物学的性差《セックス》と社会的性差《ジェンダー》の問題を顧みなかったとして不満を述べた。一方、アメリカの著述家で、フェミニズムの短編「黄色い壁紙」を書いたシャーロット・パーキンス・ギルマンは、ダーウィン主義を逆手に利用して、改革を主張した。人類の半数は、そのもう半数によって進化の低い段階に抑え込まれたと彼女は考えた。平等になってようやく、女性は男性と同等であることを証明する機会が得られるだろう。彼女はいろいろな意味で時代を先駆けており、子供の性別で玩具を画一的に分けることに反対し、働く女性の一団の勢力が増すことが、将来いかに社会を変えるかを予測していた。

だが、ヴィクトリア朝時代にも、ダーウィンのお膝元で自著を執筆して彼に挑んだ一人の女性思想家がいた。それは女が男より劣ってはいないことを科学的な根拠にもとづいて熱心かつ説得力をもって主張する本だった。

「地球上の生命の歴史が、雌の重要性を語る証拠の連鎖を途切れることなく示しているのは、私には明らかに思われた」

型破りの見解はあらゆるところから生ずるものであり、最も型にはまった場所からも生まれる。ミシガン州コンコードのタウンシップもそうした場所の一つだ。人口はかろうじて三〇〇〇人程度の自治体で、住民のほぼ全員が白人というアメリカの一角だ。この地域最大の名所は、壁面が淡色のよろい下見板で覆われた南北戦争直後の家屋だ。この家が建てられてから間もない一八九四年に、コンコード出身の中年のある学校教師が、当時にしてはかなり急進的な見解を書いて発表した。彼女の名前は、イライザ・バート・ギャンブルという。

ギャンブルの私生活については、彼女が自立せざるをえない状況にあった女性だったということ以外は、ほとんど知られていない。二歳で父親を亡くし、一六歳で母親にも死なれた。身寄りがなくなった彼女は、地元の学校で教えて生活費を稼いだ。いくつかの報告書によれば、彼女は教師としての職業で相当な功績を残すようになった。結婚して三児の母にもなったが、そのうち二人は新しい世紀を迎える前に早世した。ギャンブルの人生は、当時の中流階級の大半と同様に、あらかじめ定められていた可能性もあった。彼女はコヴェントリー・パットモアが褒めたたえたような静かで従順な主婦となっていたかもしれない。その代わりに、彼女は誕生したばかりの女性参政権運動に加わって、女性の平等な権利のために闘い、この地域で屈指の重要な運動家となった。一八七六年には、故郷のミシガン州で最初の女性参政権会議を組織した。

この大義には、法的な平等を確保する以上のものがあると、ギャンブルは考えた。女性の権利のための闘いの大きな障害は、女性は男性よりも生まれながらに劣っていると社会が信じるようになったことであるのに彼女は気づいた。これは間違いだと確信した彼女は、一八八五年に自分で確かな証拠を探すことにした。彼女は一年間、首都の米国議会図書館で蔵書を研究して過ごし、証拠を求めて書籍を探し回った。「情報を得たいという以外になんら特別な目的もなく」突き動かされていた、と彼女は書いた。

チャールズ・ダーウィンが女性について書いたことに反して、進化論は実際には女性の運動に大きな希望を与えていた。これは人類を理解する革命的な新しい方法に扉を開く理論だった。「それは近代的になる方法を意味していた」と、キンバリー・ハムリンは語る。二〇一四年に刊行された著書、『イヴから進化《イヴォルーション》へ――金ピカ時代のアメリカにおけるダーウィン、科学、女性の権利』〔*From Eve to Evolution: Darwin, Science, and Women's Rights in Gilded Age America* 未邦訳〕は、ダーウィンにたいする女性の反応を書き記す。進化論は、女を単に男のあばら骨として描いた宗教物語に取って代わるものだった。女性の振る舞いと美徳に関するキリスト教の規範には、疑念が向けられた。「ダーウィンは、エデンの園は存在しなかったかもしれないと女性が言える場をつくった〔……〕そしてそれは広大な場だった。女性に関する人びとの考えを抑制し具体化するうえで、アダムとイヴがはたした重要性は計り知れない」

ギャンブル自身は科学者ではなかったが、ダーウィンの研究を通して彼女は科学的手法がどれだけの破壊力をもっていたかに気づいた。人間が地球上にいるその他諸々の生命と同様に、下等な生き物の子孫であるならば、女性が家庭に縛られたり、男性に従属したりすることには意味がなくなる。こうしたことが動物界のその他の生き物では一般的でないのは歴然としていた。「女性がぼんやりと座って過ごして、男性に完全に頼っているのは不自然でしょう」と、ハムリンは私に語る。女性の物語は書き直せるのだ。

だが、ダーウィンはみずからの理論にそれだけの革命的な力を秘めていたにもかかわらず、女性が知的に男性と同等であると彼自身は決して信じていなかった。このことはギャンブルを失望させただけでなく、その著述から判断すれば、大いに怒りを生みだす原因にもなった。ダーウィンは、人類が地球上のその他すべての生物と同様に進化したと結論した点では正しかったが、人類の進化に女性がはたした役割に関することとなると、明らかに間違っていたと彼女は考えた。

ギャンブルは、一八九四年に『女性の進化——男性よりも劣るという定説の調査』〔*The Evolution of Woman: An Inquiry into the Dogma of Her Inferiority to Man* 未邦訳〕と題して出版した著書のなかで、その批判を情熱的に展開した。歴史や統計、科学を駆使したこの本は、ダーウィンをはじめとする進化生物学者にたいするギャンブルの痛烈な反論だった。彼らの矛盾や二重基準を、ギャンブルは怒りを込めて指摘した。クジャクは雄のほうが大きな羽を具えていたかもしれないが、雌はそれでも最良の配偶相手を選ぶために自分の能力を活用しなければならなかったのだと、彼女は主張した。また、ゴリラは人間のような高度な社会的動物になるには体が大き過ぎるし、力も強過ぎるのではないかと述べながら、ダーウィンは同時に男性が女性よりも平均して身体的に大きいという事実を、男性の優位性の証拠として使っていた。

ダーウィンはさらに、通常は女性とより関連付けられる人間の資質——協調性、養育、自己防衛性、平等主義、利他主義——が、人類の進歩に不可欠な役割を演じたことに気づいていなかったとも、ギャンブルは書いた。進化という観点では、当時の社会によってたまたま扱われていたような方法から女性の能力を推測するのは狭量であり、危険でもあった。女性は人類史のなかで組織的に男性とその権力構造によって抑圧されてきた、とギャンブルは主張した。女性は生まれつき劣っていたのではない。自分たちの才能を伸ばす機会が与えられてこなかったために、ただそのように見えるだけだったのだ、と。

ギャンブルはまた、ダーウィンが部族社会のなかに女性の有力者が存在することも考慮していなかったと書いた。つまり、現代の男性優位が過去においてもつねにそうだったとは限らないことがそこから示されるかもしれないのだ。彼女がその一例として選んだ、古代インドの叙事詩『マハーバーラタ』は、結婚の制度が登場するまで、女性は家庭に縛りつけられることなく、自立していたと語る。そのためギャンブルは、もし「平等に遺伝する法則」が男女どちらにも適用されるのであれば、人類のうちより優れた女性によって、男性は引きずられてきた可能性もありうるのではないか、と考えた。

「男女が競い合う状況に置かれた場合」について、ギャンブルはこう主張した。「どちらも同じだけ完璧にあらゆる知的資質を具えていたとして、一方はエネルギーが勝っており、より辛抱強く、肉体的な勇気の度合いもやや高く、もう一方は直感力で勝り、物事をより素早く正確に知覚し、耐久力も高ければ［……］後者が優勢となる確率は、前者がそうなる確率と間違いなく同じだろう」

イライザ・バート・ギャンブルの主張は、科学界の女性参政権論者のものと同様に人気を博した。ギャンブルたちが挑発的に示唆したのは、女性は得られたはずの暮らしを騙《だま》されて奪われたのであり、男女平等は実際には生物学的な権利だという主張だった。「地球上の生命の歴史が、雌の重要性を語る証拠の連鎖を途切れることなく示しているのは、私には明らかに思われた」と、ギャンブルは一九一六年に刊行された『女性の進化』の改訂版の序文に書いた。

だが、大勢の読者も、活動家仲間の支援も、生物学者たちの心を摑《つか》んで彼女の見解に味方させることはできなかった。ギャンブルの主張は科学の主流派には決して受け入れられないよう運命付けられ、ただその周辺を流れるだけに留まった。

それでも、彼女は諦めなかった。女性の権利を訴える運動に邁進《まいしん》し、報道記事を書きつづけた。幸い、彼女は自分の努力が、より幅広い運動の成果とともに、本格的な勢いを得るのを見届けるまで長生きした。一八九三年にはニュージーランドが、女性に投票権を認める最初の自治国家となった。イギリスではその闘いは一九一八年までつづき、この年になっても選挙権が拡大したのは三〇歳以上の女性にのみだった。一九二〇年にデトロイトでギャンブルが死去したのは、合衆国が憲法修正第一九条を批准したわずか一カ月後のことだった。この修正条項は、市民の投票権を性別によって拒むことを禁じるものだった。

政治的な闘争は――最終的に――成功したものの、人びとの考えを変える闘いはさらに長くかかった。「ギャンブルの考えは改革派の雑誌では賞賛され、彼女の文体はおおむね好評だったが、科学雑誌や主流の報道は彼女が下した結論と、「科学」について書いたその主張にたじろいだ」と、キンバリー・ハムリンは述べる。『女性の進化』は新聞と学術誌ではかなり幅広く書評が書かれたが、科学そのものにはほとんど擦り傷も残さなかった。

一九一五年の『アメリカン・ジャーナル・オヴ・ソシオロジー』誌に掲載された、イギリスの高名な生物学者ウォルター・ヒープの最新作『性の対立』〔*Sex Antagonism* 未邦訳〕にたいする痛烈な書評は、たとえ周囲の社会が変わりつつあっても、いかに一部の科学者が自分たちの偏見に必死にしがみついていたかを明らかにする。「この巻を彼らの「科学シリーズ」に加えたのは、発行者のユーモアのセンスだったに違いない」と、テキサス大学の社会学者でリベラル思想家のアルバート・ウルフはその当時書いた。ヒープは生殖生物学からの科学的知識をふんだんに用いて、やや客観性を欠いた形でそれを社会に応用し、両性間の平等は、男女が別々の役割のためにつくられているため不可能であると主張していたのだ。

この時代の生物学者は、『性の進化』を共同執筆したジョン・アーサー・トムソンを含め、多くがヒープに賛同した。だが、アルバート・ウルフは科学者が自分たちの専門領域を超えることに危うさを感じた。「これは科学者が、とりわけ生物学者が示しうる類の精神的病理のまたとない実例だ。自分の専門以外の分野をわずかにかじっただけで、「自然の法則」(ヒープ氏はご自分がそれに精通していると主張する)から社会的・倫理的な関係がどうあるべきかを説こうと試みるのだ」と、ウルフは書評のなかで揶揄《やゆ》した。「彼は現代の女性運動を、ただ厄介で逸脱したものと考えている」

科学界の一部の姿勢は、遅々として変わらなかった。進化論は以前とほぼ同様に進展し、アルバート・ウルフやキャロライン・ケナード、イライザ・バート・ギャンブルのような批判者からの教訓はあまり学ばなかった。チャールズ・ダーウィンが進化論を構築していた重要な時代に、かりに社会がこれほど性差別主義的でなければ、科学がどんな方向に進んでいたかを想像するのは難しい。私たちに想像できるのは、ギャンブルがもう少し真剣に受け止められていたら、女性にたいする現在の理解がどれだけ違っていたか、ということだけだ。今日、歴史家は彼女の急進的な視点を、残念ながら歩まれなかった道として描いてきた。

ギャンブルの没後一世紀を経ようとするいま、研究者たちは性差や、男女をどう識別できるのかという問題に一層取りつかれており、その違いを測定してリストを作成し、男性は女性よりもなぜかしら優れているという定説を推し進めている。

「妊娠中の雌馬の尿からの金探し」

性差の科学における次の突破口の一つが、去勢された雄鶏のおかげで得られたのは、おそらくふさわしいことなのだろう。

一九二〇年代にヨーロッパで一連の新しい発見があり、男女の違いについて科学で理解されていたことは、かつてチャールズ・ダーウィンと進化論が変えたのと同じくらい大きく塗り替えられることになった。その予兆となったのは、一八四九年にドイツの医学教授であるアルノルト・アドルフ・ベルトルトが実施した奇妙な実験だった。彼は、一般には肥育鶏と呼ばれる去勢された雄鶏を研究していた。睾丸《こうがん》を取り除くことで、雄鶏は肉が柔らかくなって美味しくなり、珍味として人気を博するようになった。肉質のほかにも、生きている肥育鶏は通常の雄鶏とは見た目も異なった。肥育鶏はおとなしいのだ。頭の上の鶏冠だけでなく、顎の下の赤い肉垂《にくだれ》がひときわ小さいことでも見分けることができた。

ベルトルトにとっての疑問は、それがなぜなのかであった。

通常の雄鶏から睾丸を切除し、それを肥育鶏に移植したらどうなるかを彼は調べた。驚いたことに、肥育鶏が再び雄鶏のような外見と鳴き声になってくるのがわかった。睾丸は体内で生き残り、成長していたのだ。これは意外な結果だったが、当時は誰もその理由がわからなかった。肥育鶏を去勢から復活させているように見えるのは、睾丸の何が作用しているのか？

進歩はゆっくりと現われた。一八九一年に一風変わった別の実験が、今度はフランスの大学教授のシャルル＝エドワール・ブラウン＝セカールによって行なわれ、そこからついに謎の原因が探りだされ始めた。雄の睾丸には、雄らしさに影響を与える未知の物質が含まれているかもしれないと、ブラウン＝セカールは推測したのだ。自身の仮説を証明しようと苦心するなかで、彼はモルモットと犬の睾丸を潰して得た血と精子と体液を調合した液体を、繰り返し自分に注射した。このカクテルは筋力と体力、頭脳の明晰さを増したと（その実験結果が再現されることはなかったが）彼は主張した。

『ブリティッシュ・メディカル・ジャーナル』はブラウン＝セカールの発見を興奮気味に報告し、彼が発見した物質を「若返りの護符」と説明した。のちに、同様の実験を、モルモットの雌の卵巣からの体液を使って実施した研究者は、女らしくなる類似の効果が見られたとした。時代を経るとともにこうした男女双方の生殖腺内にある秘密の体液は、「ホルモン」と名づけられた特定の化学物質の組み合わせであることが解明されていった。

いまでは、生殖腺にある性ホルモンは、人体の随所で生成される五〇種類以上のホルモンのうちのほんの一握りに過ぎないことがわかっている。生物はホルモンなしに生きることはできない。ホルモンは私たちを動かす車輪の潤滑油なのだ。ホルモンは化学メッセンジャーと解釈されており、成長や体温調節など、体がなすべき仕事をこなしているか確認するメモを全身に送っている。インスリンから〔甲状腺ホルモンの〕サイロキシンまで、こうしたホルモンはあらゆる種類の臓器の機能を調整するのに役立っている。性ホルモンは性的成熟と生殖を調整する。主要な女性ホルモンは、エストロゲンとプロゲステロンの二つだ。エストロゲンはとりわけ女性の胸を膨らませる働きをし、かたやプロゲステロンは妊娠できるように体が準備するのを助ける。男性ホルモンはアンドロゲンとして知られ、そのうち最も有名なのはテストステロンだ。

誕生する以前から、性ホルモンは男性、女性それぞれの外見を定めるうえで決定的な役割を演じる。興味深いことに、子宮内ではすべての胎児が身体的には女の子として生を受ける。「初期設定時の青写真は女性なんです」と、ニューカッスル・アポン・タインにある病院の内分泌学の指導医リチャード・クィントンは語る。卵子が受精してからおよそ七週間後に、睾丸から生成されるテストステロンが男になる胎児を物理的に男の子に変え始める。「テストステロンが、「男らしい見た目にしろ」と命ずるわけです」と、クィントンは言い添える。一方、別のホルモンが男となったばかりのこの胎児に、子宮や卵管などの女性器を発達させるのを止めさせる。成長するにつれて、ホルモンは再び思春期以降も影響力をもつようになる。

となれば、性ホルモンの発見が、女とはあるいは男とは何を意味するのかを理解するうえで、きわめて画期的な出来事であったというのは驚くに値しない。

現在、オランダのトゥウェンテ大学を拠点とする社会学者ネリー・アウズホーンの研究によれば、ホルモンの研究は一九二〇年代に製薬業界全体を興奮の渦に巻き込んだという。このとき突如として、男性らしさと女性らしさを科学的に理解する方法が出現したのだ。いくらか努力すれば、人をより男性らしく、または女性らしく変える性ホルモンを分離し、その生成を産業化できるようになると製薬会社は考えた。

内分泌学――論議を呼んだホルモンの新しい研究――は一大ビジネスに変わりつつあった。動物の卵巣や精巣が何トン分も集められ、馬の尿は何千リットルと回収され、雄または雌であることが何を意味するのかを定める化学物質が科学者によって必死に探し求められた。オランダの製薬会社オルガノンの役員はホルモンの分離の過程を「妊娠中の雌馬の尿からの金探し」と表現した。

一九二〇代末には性ホルモンにもとづいた処置が可能になり始め、それが期待させるものには際限がないかのようだった。ロンドンのウェルカム図書館の資料室には、医学関連の歴史的文書が大量に保管されている。私はそこで一九二九年ごろにロンドンのミドルセックス腺研究所によって作成された宣伝パンフレットを見つけた。パンフレットには誇らしげに「生命の火」を補給し、男性の不感症や不妊症、インポテンスを治療することがついに可能になったと発表されていた。「雄牛、雄羊、雄馬、類人猿などの健康な動物から摘出した新鮮な腺の性ホルモンを治療目的に使用」するというものだった。エストロゲンを含む治療も女性を対象に同様の主張をし、生理不順や更年期の症状が改善すると謳った。

もちろん、ホルモン療法がこれだけの誇大宣伝に見合うことは到底ありえない。だが、この療法は単なる一時的な流行でもなかった。いくつかの症状には、証拠は乏しいものの、確かに効果があるように見えた。一九三〇年に『ランセット』誌に投稿されたある論文は、テストステロンを投与された男性患者が「筋肉が引き締まってきて、好戦的な気分がする。職場仲間と喧嘩《けんか》もしかけた」と述べたと報告する。六〇歳の別の男性は、「必要以上に疲労することなく、一日でゴルフを三六ホール回ること」ができた。テストステロンは攻撃性、体力、高度な知性、精力など、男性的資質とされるものと関連付けられるようになった。

同じ研究がエストロゲンを使用して女性にも行なわれた。一九三一年に『ランセット』に掲載された別の論文は、女性ホルモンを女らしさと育児に結びつけていた、と研究者のジェーン・キャスリン・シーモアは指摘する。このホルモンの影響を受けると、女性は「人生にたいしてより受け身で情動的、かつ非理性的な姿勢を身に付けがちになる」とも、この論文は述べていた。

男性的または女性的であることが何を意味するかについての仮説は、ヴィクトリア朝時代の人びとが内分泌学の揺籃期に立てたものだ。ホルモンが発見されると、科学者たちは性に関するこの既成概念を説明する新たな手法を得た。ロードアイランド州のブラウン大学の教授で生物学とジェンダー研究を専門とするアン・ファウスト＝スターリングによれば、イギリスの著名な婦人科医のウィリアム・ブレア＝ベルなどは、女性の心理は「内分泌の状態」に左右され、それが「行動の正常な範囲」に女性を留めているのだと考えていたという。当時、これは妻であり母であることを意味していた。女性がこうした社会的境界の外へ踏みだせば、ホルモン・レベルの調子が崩れたせいに違いないと、彼のような科学者は暗に示した。

要するに、研究者たちにしてみれば、性ホルモンはただ生殖行動を左右する以上の影響力があるということだった。性ホルモンは当時の基準からすると男性をさらに男らしくし、やはり当時の基準からすると女性をさらに女らしくするのに一役買っていたというのだ。このように論じることで、科学者はそれぞれの性ホルモンは男女のどちらかにのみ属すると想定していた。男性ホルモン——アンドロゲン——は男性によってのみ生成され、女性ホルモン——エストロゲンとプロゲステロン——は女性によってのみ生成されるのだと。つまるところ、これらのホルモンが男らしさや女らしさの鍵であるならば、それ以外には考えられないではないか？

一九二一年にある興味深い実験が行なわれた。性ホルモンに関して科学者たちが立てたあらゆる仮説が間違っている可能性をにおわせるものだった。

ウィーンのある婦人科医が、雌のウサギに動物の精巣からの抽出物を与えたところ、卵巣の大きさが変わったことを明らかにしたのだ。のちに、科学者たちは女性にもかなりのレベルのアンドロゲンがあり、男性にも同様にエストロゲンがあることに気づき始めて衝撃を受けた。一九三四年に、ドイツ生まれの婦人科医であるベルンハルト・ゾンデックが雄馬の尿を調査した際に、「雄かどうかがエストロゲン・ホルモンの値が高いことで判明するという逆説」を報告した。それどころか、馬の精巣はそれまでに発見されたなかでもエストロゲンがきわめて豊富に含まれる部位だったのだ。

性ホルモンの役割を把握しつつあると内分泌学者が考えていたまさにその時期に、この発見はすべてを混乱に陥れた。しかも、そのために考えさせられるジレンマが生じたのだ。エストロゲンとテストステロンが女らしさと男らしさを決めるのだとすれば、なぜ男女どちらにも双方のホルモンが生来具わっているのだろうか？　男または女に生まれるということは、いったい何を意味したのか？

一時期、科学者のなかには男性に女性ホルモンが現われるのは、それを食べてしまったからだと考える人もいた。この奇妙な「食べ物仮説」は、男女どちらの生殖腺も実際に双方のホルモンを生成できることがしだいに明らかになると捨て去られた。当時、男性の体内におけるエストロゲンの唯一の働きは、男性の特質から男を引き離して、女らしい方向へ近づけることだろうと一般には考えられており、おそらくは同性愛の方向にすら向かわせるのだと思われていた。

科学者が真実を受け入れるにはしばらくの年月が必要だった。これらのホルモンはみな実際には男女双方で、相乗効果を上げながら一緒に作用するというものだ。ネリー・アウズホーンは、科学が性を理解するうえでこの推移がいかに重要であったかを述べている。男女がただ相対する代わりに、男はもっと女性的に、女はもっと男性的になりうる〔徐々に色が変わる虹のような〕連続体《スペクトラム》が突如として出現したのだ。カリフォルニア大学バークリー校の実験生物学研究所のハーバート・エヴァンズは、「混乱の時代」と彼が呼ぶこの時期の終わりの一九三九年に、こう認めた。「どうやら男らしさや女らしさというものを、一方のホルモンの存在と、もう一方のホルモンの欠如を暗示する現象だと見なすことはできないようだ。〔……〕多くのことが解明されてきたが、この違いは完全には知られていないと言って差し支えない」

考え方におけるこうした変化の現われは、目覚ましいことだった。女あるいは男であることが何を意味するかという概念全体が、どう変わるか不透明になったのだ。ほかの分野の研究者も、生物学的および社会的な性別ごとの自己認識《アイデンティティ》の境界を探り始めた。アメリカの文化人類学者マーガレット・ミードは、このころ男性的なパーソナリティ〔性格〕と女性的なパーソナリティについて書き始め、人がそのどちらになるかは生物学的な条件よりも、文化が影響しうるとした。一九四九年にサモア人社会を研究した彼女はこう書いた。「サモアの少年は男らしさを誇示するよう過度に圧力をかけられることはなく、女の子でも野心があって管理能力があれば、女性グループの活気にあふれ組織立った暮らしのなかでその力を発揮する場所が多数ある」。パプア・ニューギニアのムンドグモール族が、通常は男性的とされる気質を多くもった女性を輩出していることにも、ミードは気づいた。

今日では、ミードの見解に誰もが同意するわけではないが、彼女の考えは社会がいかに変わるものであるかを確かに示しており、一つにはそれが科学によって後押しされていることを伝えていた。チャールズ・ダーウィンが信奉していた古いヴィクトリア朝時代の通説からは、抜本的な展開があったのだ。人びとはもはや男女を明確に定義できなくなっていた。両性が重なり合う部分があったのだ。雌であることと雄であること、女らしさと男らしさは、流動的な説明になりつつあり、「生まれ」によるのと同じくらい、「育ち」によっても形成される可能性がでてきたのだ。

女であることが科学的には何を意味するのかという概念におけるこの革命は、一九六〇年代、七〇年代にフェミニズムの二度目の波となって訪れた。その数十年前に、女性の参政権を獲得した先駆的な運動につづくものだ。この時代には、人類学や心理学を専攻する女性が大学で学んでおり、卒業生の数も増していた。彼女たちは研究者や大学教員になった。このことは女性に関する研究が新しい時代を迎える一助となった。新鮮な考えは、昔ながらの定説に疑問を突きつけた。

一九世紀にチャールズ・ダーウィンにも挑んだ女性参政権論者の先駆け、イライザ・バート・ギャンブルが切り開いた道は、新たな世代の科学者たちによって踏み固められていったのだ。

*

ここで、時代を現代に進めよう。

性ホルモンにたいする既成概念はいまだに残っている。だが、それも新たな証拠による挑戦をつねに受けている。リチャード・クィントンによれば、テストステロンに関する定説はすでにまったく的外れであることが明らかになっている。テストステロンのレベルがやや高めの女性は、「実際には本人の気持ちのうえでも、外見も、なんら通常の女性と変わりません」と、彼は述べる。

二〇〇八年に、ウォールストリートの元トレーダーで、ケンブリッジ大学の神経科学者として、リスクを厭《いと》わない行為やストレスの生態を研究するジョン・コーツは、株式市場の立会場はテストステロンに煽《あお》られた男臭さの巣窟だという、言い古された表現が本当かどうかを確かめようと考えた。彼はトレーダーたちの唾液サンプルを集め、テストステロンのレベルが平均以上のときに、彼らの儲けも平均以上であることを発見した。二〇一五年にイギリス、アメリカ、スペインからの研究者による大所帯のチームが実施した別の研究では、テストステロンはトレーダーを攻撃的にするのではなく、ただいくらか楽観的にするだけであることが明らかになった。将来の値の変動を予測する段になると、この傾向が、やや多めのリスクを厭わぬよう彼らを掻《か》き立てていたかもしれない。

リチャード・クィントンも同様に、既成概念ではテストステロンは人を攻撃的にすると言われるが、彼の患者ではテストステロンと攻撃性になんら関係は見いだせないようだと主張する。「どこでそう言われるようになったか、私にはわかりません」と、彼は私に語る。「都市伝説ですかね?」

生まれと育ちのバランスについては、いくらかよく理解され始めている。少なくとも学識者のあいだでは、ジェンダーと生物的な性差は二つの別個のものとして、いまや認識されている。生物学的な性差は、大半の人にとっては科学的に異なるものである。これは一連の遺伝子とホルモンによって定義されるだけでなく、生殖器や腺(ごく一部の人は、生物学的にインターセックス〔本書第3章〕であるが)を含むより明らかな身体的特徴によっても定められている。一方、ジェンダーは社会的なアイデンティティであり、生物学によって影響されるだけでなく、育ちや文化、既成概念の影響など、外部要因によっても左右される。これは世間が何を男らしい、あるいは女らしいとするかによって定義され、そのために流動的になる可能性がある。生物学的な性差とジェンダーが同じでない人は多数いる。

だが、このような研究についてはまだ初期の段階にある。最大の疑問にはまだ答えが見つかっていない。性ホルモンのバランスは生殖器以外にも影響をおよぼし、私たちの精神や行動の奥深くにも作用して、女と男のあいだの顕著な違いを生むようになるのだろうか？　人間がどのように進化したかについて、このことが何か語るのだろうか？　大黒柱の父親と専業主婦の母親という昔ながらの既成概念は、ダーウィンが想定したように、本当に人間の生物学的な気質の一部なのか？　性差に関する研究は論議を呼ぶほどに、強い影響力をもつ。二〇世紀にホルモンの研究が男らしさと女らしさに関する定説に挑んだのと同様に、科学はいま私たち自身のあらゆる側面に疑問をぶつけるよう促している。

そこから浮かび上がってくる事実は重要だ。これほど多くの女性が性差別や不平等、暴力に苦しみつづける世界のなかで、こうした事実はお互いの見方を変えうるものなのだ。優れた研究と信頼の置けるデータ――および本当の事実――があれば、強者が弱くなることもあれば、弱者が強くもなりうるのである。

2　女性は病気になりやすいが、男性のほうが早く死ぬ

証拠は明らかだ。体質という観点からすれば、女性のほうが強い。
——アシュリー・モンタギュー『女性の生来の優位性』（一九五三年）

「素晴らしいものです」と、ニューデリー在住の病院管理者ミトゥ・クラーナは言う。

「初めて妊娠したときは、誰もが大いに胸を躍らせます。言葉にはとても言い表わせない感情です」

彼女が非常に懐かしく思いだすのは一〇年前のことだった。結婚後数カ月で双子を妊娠し、その幸せは何ごとにも台無しにはされないだろうと考えた。姉妹だけの家庭に育ったため、自分が男の子を産もうが、女の子だろうが、男女一人ずつだろうがミトゥは構わなかった。「ただ子供が健康でいてくれればよかったのです」と、彼女は私に語る。

だが、夫やその家族の考えは同じではなかった。彼らは息子を欲しがったのだ。

こうしてよくある話が始まる。これはインドや中国、南アジアのその他の地域にある何百万もの家庭で繰り返されてきたものだ。これらの地域では文化が臆面もなく娘よりも息子を大切にする。ミトゥがその当時学んだように、ときには女の子が生まれるのを阻止するために恐ろしい手段に訴えもする文化だ。男の子が生まれるまで、子供を産みつづける女性もいる。胎児が女の子とわかると、拷問にいたるほどの中絶の圧力をかけられる人もいる。たとえ出産時まで生き延びたとしても、女の赤ちゃんや幼児は、男児よりも決まって粗末な扱いを受けた。なかでも悲惨な事例では殺される。二〇〇七年にはインド東部のオリッサ州で警察が、使用されなくなった井戸のなかから、三十数人分の女の子の胎児や乳児と思われる頭骨と体の一部を発見した。二〇一三年のあるニュースは、インド中部のマディヤ・プラデーシュ州の森で、一人の赤ん坊が生き埋めにされたと報じた。二〇一四年の別の報道では、ボーパール〔同州の州都〕で新生児がごみ箱に投げ捨てられたという。

その年、国連の報告は、この問題が緊急レベルにまで達したとしている。二〇一一年のインドの国勢調査ではすでに、六歳以下の子供では女児のほうが男児よりも七〇〇万人以上少ないことが明らかになっている。全体的な男女比は、一〇年前よりもさらに男児が多い方向に偏っていた。その原因の一つは、出産前のスキャン画像がますます容易に見られるようになったことだ。それによって親は初めて赤ん坊の性別を、選択的中絶が充分に可能な早期に手軽に知ることができるようになったのだ。

一九九四年にインド政府は、男女産み分け検査を違法としたが、たちの悪い開業医はまだお金さえ払えばこっそりと水面下で診断をしている。自分では一度もこうした出産前のスキャンを受けたいと思ったことはなかった、とミトゥは私に語る。だが、結果的に彼女には選ぶ権利は与えられなかった。妊娠中、卵アレルギーなのに、騙されて卵を含む菓子を食べさせられたのだと彼女は主張する。そのせいで医者である夫に病院へ連れて行かれ、婦人科医から鎮静状態で腎臓のスキャンを受けるようにと言われた。夫はそこで、彼女が同意もせず、知りもしないうちに、生まれる前から赤ん坊の性別を知ったのだろうと彼女は考える。

「夫の振る舞いから、私が女の双子を産むことになっているのがわかりました」と、彼女は説明する。夫やその家族はすぐさま中絶すべきだと彼女に圧力をかけ始めた。「相当な圧力を受けました」。彼女は食べ物も水ももらうことができず、階段で突き落とされたことも一度あった。絶望しておびえたミトゥは実家で暮らすようになり、最終的にそこで娘たちを出産した。

ミトゥはどうにか娘たちを救うことができた。だが、事態は変わらなかった。「あの人たちは少しも歓迎しませんでした」と、彼女は娘たちにたいする夫とその家族の態度を思いだして言う。数年後、彼女は偶然にも自分のお腹の子たちの性別を明らかにした古い病院の記録を見つけた。彼女は妊娠中に、自分の承諾もなく、実際に超音波診断が行なわれた証拠としてその記録を見なした。それを発見した結果、ミトゥは夫と病院の双方にたいする訴訟を始め、手続きの遅さで悪名高いインドの法廷では、いまだに訴訟がつづいている。私が彼女をインタビューしたのは、娘たちの誕生から一〇年後なのだが、夫と病院はどちらも、彼女の申し立てを強く否定していた。

いまや長期にわたって別居生活がつづき、離婚を待つミトゥは、このような訴訟に訴えた最初の女性の一人としてインドでは有名になった。全国的に運動をつづけるなかで、彼女はこの問題が階級や宗教にかかわらず、いかに広範囲におよぶものかを確信した。「私が闘っているのは、娘たちに同じ思いをさせたくないからです。女は妻やガールフレンドとして求められるだけで、娘としては求められていないのです」と、彼女は言う。「社会は変わらなければ」

産み分けによる中絶や、母親やその娘たちにたいする殺人や虐待がどれだけ巧妙に隠されても、全国的な統計は嘘をつかない。真実は、醜いほど不均衡な男女比となって露呈する。二〇一五年の国連報告『世界の女性』は次のように述べる。「男女比が均等のラインより低いかそれに近い状態の国々に関しては、女児にたいする差別が存在すると想定しうる」

ロンドン大学衛生熱帯医学大学院の母子・青少年・生殖に関する健康センターの所長であるジョイ・ローンにとって、これは馴染みのある状況だった。「南アジアで病院に行くと、病棟中が病気の子供ということがありますが、その八〇パーセントは男の子です。女の子は入院させられないからです」と、彼女は私に話す。二〇〇二年に、やはりロンドン大学衛生熱帯医学大学院出身の公衆衛生研究者の山中美紀〔現、三好美紀、青森県立保健大学准教授〕とアン・アシュワースがネパールで実施した研究でも、同様の男女の不均衡が明らかになった。これは家庭生活を支えるために子供の労働がどれだけ期待されているかを研究したもので、女の子は男の子の二倍は長く働き、しかも重労働をこなしていることが判明した。

社会がジェンダーの違いにおよぼす影響は深刻なもので、生命そのものを奪うこともありうる。死亡統計数値をさらに衝撃的なものにするのは、女性は弱いという思い込みとは裏腹に、赤ん坊は統計的には女児のほうが男児よりも丈夫であることだ。女の子は生まれつき育ちやすくできているのだ。女性の体の研究が進むにつれて、かならずしも望まれていない環境でも、女の子の生き延びる力がいかに力強いものかを科学者は学び始めている。

「ほぼどの年齢においても、女性は男性に比べて生存能力が高いと思われる」

私たちは往々にして、男のほうがタフで力強いと考える。確かに男性は平均して一五センチ以上背が高く、上半身の筋力は女性のほぼ二倍はある。だが、強さは別の方法でも定義しうるものだ。本能のなかで最も基本的なもの——生存——となると、女性のほうが男性よりも恵まれた体のつくりをしている。

その違いは、子供が生まれた瞬間から既にある。

「新生児病棟にいたころ、男の子が生まれると、統計的には男児のほうが死ぬ確率が高いと言われました」と、ジョイ・ローンは説明する。彼女は子供の保健について学術的な研究をするほか、イギリスでは新生児医学の分野で働き、ガーナでは小児科医として勤務していた。生後一カ月間は、人の死亡リスクが最大となる。世界では、毎年一〇〇万人の赤ん坊が生まれた日に死んでゆく。だが、まったく同程度の医療看護を受けられるとすれば、女児のほうが統計的に若干生き延びる確率が高い。ローンの研究は世界各地からのデータが網羅され、乳児死亡率について可能な限り幅広い全体像を示している。この問題をそれだけ深く研究したのち、男児のほうが生後一カ月間に女児よりも一〇パーセント前後多く危険にさらされると彼女は結論をだした。しかも、すべてではないにしろ、少なくとも一部には、これは生物学的な理由によるものなのだ。

したがって南アジアでも、世界の他の地域と同様に、死亡率は女の子のほうが低いはずなのだ。その数値が同等ですらなく、男児の死亡率のほうが低くなるほどに偏っているという事実は、女児に元来具わっている生存能力が、生まれついた社会によって強引に引き下げられていることを意味する。「生存率が同等だとすれば、それはつまり女の子が面倒を見てもらっていないのです」と、ローンは言う。「生物学的なリスクは男の子のほうが高いのに、社会的リスクは女の子のほうが高いのです」

ほかの地域でも、子供の死亡率の統計はこの事実を裏付ける。サハラ以南のアフリカでは、生児出生一〇〇〇件当たり、五歳までに死亡するのは男児では九八人にたいし、女児では八六人だった。ローンと共同研究者らが二〇一三年に『ピディアトリック・リサーチ』誌に発表した研究は、男児のほうが女児よりも一四パーセント多く早産で生まれやすく、同じ未熟な段階にある女の子に比べて視力や聴力の障害から脳性まひまで、さまざまな身体障害に見舞われる可能性が高いことを明らかにした。二〇一二年の同誌には、キングス・カレッジ・ロンドンからの研究チームが、ごく早産で生まれた男の子は入院期間が長く、死亡したり、脳または呼吸器系の問題をかかえていたりする割合が高いことを報告した。

「男の子のほうがやや大きいので、物理的に調節されるのだとずっと思っていましたが、これは生物学的な障害の負いやすさにもよるのだと思います」と、ローンは語る。男の子のほうが早産しやすい説明の一つは、理由は明らかでないが、男の子を身ごもった妊婦は胎盤に問題が生じやすく、高血圧になりやすいためとされる。二〇一四年に『モレキュラー・ヒューマン・リプロダクション』誌でアデレイド大学の科学者が発表した研究は、母親の胎盤の働きが赤ん坊の性別しだいで異なるため、新生児の女の子は平均してより健康である可能性を示した。胎児が女の子の場合、胎盤は妊娠状態を維持して、感染症からの免疫を高めるようになる。なぜそうなるのかは、誰もわかっていない。おそらく出生前は、通常の人間の男女比はやや男児が多い方向に偏っているからだろう。生後の格差は、単に自然がこのバランスを是正する方法なのかもしれない。

だが、その理由はもっと複雑なものということもありうる。つまるところ、女の子に生まれつき具わった生存能力は、生涯にわたってつづくのだ。女の子は生き延びるように生まれてくるだけでなく、長じても生存しやすいのである。

「ほぼどの年齢においても、女性は男性に比べて生存能力が高いと思われるのです」と、アラバマ大学バーミングハム校の生物学部長のスティーヴン・オースタッドは請け合う。女性のほうが「丈夫」だと、老化を研究する国際的な専門家である彼は表現する。これはあまりにも歴然とした否定しがたい現象なので、これを理解することが人間の長寿への鍵となるのではないかと考える科学者もいる。

オースタッドは二〇〇〇年代に入るころ、人生のあらゆる段階で女性を男性よりも長生きさせるうえで実際に何が役立っているのかを調査し始めた。「これが近代の現象なのかどうか私は疑問に思いました。二〇世紀や二一世紀の産業化した諸国でのみ言えることなのだろうかと」。二〇〇〇年にドイツとアメリカの研究者によって実施された世界各地からの長寿記録の集計である「人類死亡データベース」を掘り返した彼は、この現象が本当に時と場所を超越したものであることを発見して驚いた。

このデータベースはいまでは三八の国と地域を網羅している。オースタッドのお気に入りはスウェーデンの事例だ。この国はどこにも増して徹底的かつ信頼のできる人口統計データを取りつづけている。スウェーデンでは一八〇〇年には出生時の平均余命〔平均寿命〕は、女性では三三年、男性では三一年だった。二〇一五年になると女性は約八三歳、男性は約七九歳となった。「女性は男性よりも丈夫です。これについては、ほとんど疑う余地はないと考えます」と、オースタッドは言う。「スウェーデンは一八世紀でも確かにそうであったし、二一世紀にはバングラデシュでも、ヨーロッパやアメリカでもそうだと言えます」

女性は社会的な理由から、自然に男性よりも長生きするのだろうかと、私はオースタッドに尋ねてみた。たとえば、男の子は総じて女の子よりも手荒い扱いを受けると考えるのは、理に適《かな》っている。あるいは、女性に比べて男性のほうが大勢、建設や鉱業など危険を伴う仕事に就いており、そのために有害な環境にさらされることにもなる。そして世界全体で考えれば、女性よりも男性のほうがはるかに多く喫煙し、それによって死亡率は大幅に上がる。だが、その格差はじつに顕著で広く全般にわたり、時代もまたがっているので、女性の体内にその違いの根拠となる特徴があるに違いないとオースタッドは確信している。「正直に言って、私には環境的な要因によるとはとても想像できません」

この生存面での優位が如実に現われるのは、人生の終盤においてだ。アメリカの老年学研究団体（GRG）は、一一〇歳以上の高齢者であることが確認された世界中の人のリストを、オンラインで管理している。私がこのサイトを最後に閲覧したのは二〇一六年七月のことだった。このリストに掲載された一一〇歳以上の人《スーパーセンテナリアン》のうち、男性はわずか二人だった。四六人が女性だったのだ。

それでも、理由はわからない。

「これに関してはまったく困惑しています」と、オースタッドは言う。「この問題を最初に調べだしたとき、膨大な参考文献があるものと思っていたけれども、何一つ見つからないも同然でした。男女間に違いはあるのか、という問題を扱う文献は多数ありますが、その根底にある生存率の違いの生物学については、ごくわずかしかない。これはヒトの生物学でわれわれが知るなかで最も確かな特徴の一つながら、調査はほとんど行なわれていません」

一世紀以上にわたって、科学者は人体の構造について苦心しながら研究を重ね、男性をより男らしく、女性をより女らしくする化学物質を分離しようと、何千リットル分もの馬の尿まで集めた。性差を探る科学者の研究は際限なく広がっていた。だが、女性がなぜ身体的に男性よりも丈夫なのかという問題——なぜ女性のほうが長生きするのか——となると、研究はごくわずかしかなかった。現在でも、そこかしこのわずかな研究しか、その答えを指し示すものはない。

「これは生物学の基本的な事実です」と、ワシントンDCのジョージタウン大学にある健康・老化・疾病における性差研究センターの所長、キャスリン・サンドバーグは述べる。女性が長生きする原因に病気がどれだけの役割をはたすかを研究してきた人だ。「女性はほぼどの社会においても男性より五、六年は長生きし、これは何世紀にもわたってつづいています。何よりも、発病時の年齢に違いがあります。だから、たとえば、心疾患は女性に比べて男性ではずっと早い年齢から生じるし、高血圧が始まる年齢も、女性よりも男性のほうがずっと早いのです。病気の進行率にも性差はあります。慢性的な腎臓病であれば、男性のほうが女性よりも急速に進行します」。マウスや犬などの動物を使った臨床検査でも、雌のほうが雄よりも有利だと彼女は付け足す。

サンドバーグやジョイ・ローン、スティーヴン・オースタッドのような研究者は、データを丹念に調べることで、こうした格差がともかくいかに広範にわたるかを理解するようになった。「こうした性差はともかく欧米化した近代社会の産物か、心疾患における男女差によっておもに生じるのだろうと考えていました」と、オースタッドは言う。「調査を始めると、女性はおもな死因のほぼすべての疾患にたいし、抵抗力が高いことがわかりました」。彼の論文の一つは、二〇一〇年にアメリカでは、がんや心疾患など主要な一五の死因のうち一二項目において、年齢ごとに調整すると、女性のほうが男性よりも死亡率が低かった。三つの例外のうち、パーキンソン病と脳卒中で死亡する確率は男女でほぼ同じだった。また、アルツハイマー病で死ぬ確率は、女性のほうが男性よりも高かった。

ウイルスや細菌からの感染症の撃退となると、女性はやはり強いようだ。「本当にひどい感染症であれば、女性のほうが生き延びます。感染の期間としては、女性のほうが早く反応し、感染症からは男性より女性のほうが早く治るでしょう」と、キャスリン・サンドバーグは言う。「さまざまな種類の感染症で検討すると、女性の免疫反応のほうが安定しています」。女性が病気にならないというわけではない。病気にはなるのだ。ただ男性ほど易々と、あるいは早々と病気で死ぬことはないのである。

この格差に関する一つの説明は、エストロゲンとプロゲステロンのレベルの高さがなんらかの方法で女性を守っているかもしれないというものだ。これらのホルモンはただ免疫システムを強固にするだけでなく、柔軟性に富むものにするのだと、ベルリンのシャリテー大学病院にある医学におけるジェンダー研究所に所属する研究者、ザビーネ・アーテルト＝プリジョーネは言う。「これは女性が子供を産めることと関係しています」と、彼女は説明する。妊娠は女性の体内で異質の組織が育つことと同じで、免疫システムが間違ったギアに入っていれば、拒絶されるものだ。「炎症誘発性の反応から、抗炎症性の反応にスイッチを切り替えて、妊娠するたびに流産するのを避ける免疫システムが必要です。免疫システムは一方では、これらすべての細胞を一カ所に集めて、具合を悪くする病原体をなんであれ攻撃できる仕組みを必要とします。でも、病原体がもう存在しなくなれば、組織や臓器が傷つくのを防ぐために、この反応を止めさせる必要もあるのです」

妊娠中に女性の免疫システムに影響するホルモンの変化は、生理周期にも小規模ながら同じ理由から生じる。「女性のほうが可塑的な免疫システムをもっています。異なった方法で適応するのです」と、アーテルト＝プリジョーネは言う。体内のさまざまな種類の細胞が免疫にかかわっているが、ウイルスと細菌に最も接触するものはT細胞と呼ばれる。これらの細胞はバクテリアに物質を注入して殺すか、もっと多くの細胞に行動を呼びかける別の物質を分泌し、その一部はテレビゲームのパックマンのように、感染した細胞と細菌を「平らげる」のだと、彼女は説明する。特定タイプのT細胞が、女性の生理周期の後半の、妊娠可能な期間には、感染にたいする体の反応を活発化させるうえで欠かせないことが研究から判明している。

性ホルモンと免疫が結び付いている可能性が発見されたのは、かなり最近のことだ。男性については、科学者はテストステロンと免疫低下の関係を探ってきたが、その証拠は比較的少ない。たとえば、二〇一四年にスタンフォード大学の研究者が、テストステロンのレベルが最も高い男性は、インフルエンザのワクチンへの抗体反応が最も低いことを発見した。つまり、こういう男性は注射によって守られる可能性が最も低いことを意味する。ただし、いまのところこの結び付きは立証されていない。女性では、結び付きははるかに明確だ。そのため、患者自身がこうした変動に気づくほどだ。ところが、医者は長年、女性の免疫が生理周期のあいだに変わることはないと考えていた。痛みの度合の変化を女性が医者に報告していたとしても、医者から月経前症候群か、何かしら漠然とした心理的症状として片付けられていたかもしれない。なにしろ、科学的な関心が芽生え、研究が盛んになってきたのは、これらの結び付きが厳密な研究によってますます裏付けられるようになってからのことなのだ。

こうした問題は、女性の健康に関する研究にまで影響をおよぼしている。ある現象が女性に影響を与え、それが女性だけにかかわるとなると、総じて誤解される。また、たとえ女性のほうが生き延びやすくても、女性は男性ほど健康ではないという事実によって誤解はさらに広がる。むしろ、その正反対なのだが。

「世界にあるすべての痛みを、つまり身体的なあらゆる痛みをまとめあげれば、女性のほうがはるかに多くの痛みをもっているのではないかと、私は考えます。これは長く生き延びるがゆえの報いのようなものです。生き残りはしても、おそらく以前ほどまったく無傷ではないのでしょう」と、スティーヴン・オースタッドは言う。女性のほうが男性よりも相対的に病気になりやすく思われる理由の説明が、それによって統計学的には付くかもしれない。「女性のほうが男性よりも病気の人が多い理由は、一つには男性なら命を落とすような事態でも女性は生き延びるため、同等の症例の男性はもはや存命でないという事実とかかわっています」

もう一つの理由は、女性の免疫システムがあまりにも強力で逆効果をおよぼすこともありうるというものだ。「自分自身を異質なものと見なし始め、免疫システムが自分の細胞を攻撃しだすのです」と、キャスリン・サンドバーグは説明する。こうして生じる病気は、自己免疫疾患と呼ばれる。最も一般的なものには、関節リウマチ、全身性エリテマトーデス、多発性硬化症などがある。「免疫システムは諸刃の剣のようなものです。なんらかの感染症で闘病しているのであれば、女性の免疫システムがあることはそれなりに有利ですが、一方、女性は自己免疫疾患には罹《かか》りやすく、これは非常に厄介なものです」

だからと言って、自己免疫疾患が女性の場合つねに重くなるというわけではない。男性が多発性硬化症になると、症状は悪化しやすい。この病気でも女性は男性よりも長く生きる。それでも、自己免疫疾患を患うおよそ八パーセントのアメリカ人のうち、少なくとも四分の三は女性であることが推計からわかる。

「自己免疫疾患では、閉経前の女性の場合ほぼかならず、生理になる直前に症状が悪化しやすいのです」と、ザビーネ・アーテルト＝プリジョーネは言う。ホルモンのレベルが変化して女性の免疫力を一カ月のあいだの別々な時期に高めるのと同様に、ホルモンの変化は病気の症状にも影響を与えるのではないかという報告がある。たとえば、喘息《ぜんそく》を患う女性は、生理になる直前か始まったときに発作を起こす危険が最も大きい。更年期に入ったのちは、エストロゲンとプロゲステロンのレベルが急速に下がるので、女性の免疫に関する強みも失われていく。

ウイルス感染についてもやはり、女性の強い免疫反応は有利にもなれば、問題を起こすこともある。ボルティモアのジョンズホプキンス・ブルームバーグ公衆衛生学校の免疫学者、サブラ・クラインによるインフルエンザの研究は、女性が感染症に罹った場合、通常はウイルスの数が少ないのに、男性に比べて重い症状に見舞われることを明らかにする。これはおそらく女性の免疫システムがウイルスにたいする反撃には強いが、これらの反撃の効果が自分自身の体に影響をおよぼすために具合が悪くなるからだろう。

女性は関節や筋肉が痛む病気にも罹りやすいと、スティーヴン・オースタッドは述べる。これも一つには、関節炎のように自己免疫疾患が関節に影響を与えることによる。出産による体の負担と更年期によるホルモンの変化もまた、とくに老後の女性に身体的な問題や障害を起こすかもしれない。骨密度は妊娠後しばらくと閉経後は低下することが知られている。体重の増加も、更年期の症状として見なされている。

だが、痛みと体調不良の実態の全体像となると複雑だ。「文化の違いを超えて、女性は単に身体的な限界や障害をより多く訴えるのです。こうした事態はじつに広範にわたっています」と、オースタッドは言う。しかし、病気や生存率における性差の根底にある原因の生物学的なヒントとなると、「どんな説明にも確信はもてません」とも彼は付け加える。

諸々の影響から生物学的要因だけを切り離すのは難しい。社会と環境は、ときには人の根本的な生態以上に病気を引き起こす原因となりうる。「女性は胸の痛みを感じても、男性ほどすぐ病院に行かないことが多いのです」と、心疾患における性差をとくに研究したキャスリン・サンドバーグは言う。世界全体では、男女で健康習慣において違いが見られるものはほかにも無数ある。一家が揃って食事をし、食べ物が不足する場合には、女性はときには食事をするのが最後となって、食いはぐれる可能性が高く、そのため栄養不良になる危険が高まるのだと、ザビーネ・アーテルト＝プリジョーネは指摘する。このことがひいては、女性が病気になりやすいことにつながりうるのだ。

女性自身の行動だけでなく、周囲の人びとの行動も、女性の健康を左右する。女の子は誕生した瞬間から、男の子とは違うベビーコットに入れられる。女児は異なった扱いを受け、異なる方法で授乳され、異なった待遇を受けるかもしれない。このことは医者や医学研究者から対処される方法も、生涯にわたって異なることの第一歩を記している。たとえば、一部の女性が生理痛に苦しんでいることを医者が認識し始めたのは、ごく最近のことに過ぎない。二〇一六年にユニヴァーシティ・カレッジ・ロンドンで性と生殖に関する健康を専門とするジョン・ギルボード教授はある記者に、生理痛は「心臓発作とさほど変わらないほどひどいもの」にもなりうると語った。そして、男がその痛みを味わうことがないためもあって、当然与えられるべき関心が向けられてこなかったと認めたのだ。二〇一五年には、イギリス国内のがん診断を研究しているイギリスの研究者チームが、男女双方に関係する膀胱《ぼうこう》や肺など六つのがんに関して、女性のほうが診察を受けたのち、がんであると診断されるまでに、長い期間を要していることを発見した。胃がんでは、女性は平均してたっぷり二週間は診断が遅れていた。

健康に関する生物学的な性差が根底にあるのだとすれば、そしてその性差が総じて社会と文化にもとづくものではないとすれば、科学者は体のさらに奥深くまで探らなければ、それを見いだすことはできない。

「女性は病気になりやすいが、男性のほうが早く死ぬ」と、カリフォルニア大学ロサンゼルス校のアーサー・アーノルド教授は言う。これは昔の名言で、彼の教え子のあいだで広まったものだ。この言葉は世界中の医者が見てきたことを反映しており、健康に性差が生じる深いルーツを明らかにするものだとアーノルドは確信している。彼は男女を異ならせる生物学的な要因を調べる研究所を運営し、『バイオロジー・オヴ・セックス・ディファレンシズ』誌を編集している。彼の研究は、臓器や性ホルモンを調べるだけに留まらず、遺伝子という基本的なレベルにまでおよんでいる。

人体は何十兆もの細胞からできている。その一つひとつに、染色体と呼ばれるパッケージ内に保存された遺伝子情報があり、ごく微量のホルモンから皮膚や骨にいたるまであらゆるものを、おのずからつくりだす方法を私たちの体に説明する。人間には合計で四六本の染色体があって、二三対に分かれている。そのうち性染色体と呼ばれる二三対目に男女の遺伝的違いの根源がある。女性では、これらはＸＸと呼ばれ、両親それぞれからＸ染色体を受け継いでいる。男性の性染色体はＸＹと呼ばれ、Ｘは母親から、Ｙは父親からもらう。長いあいだ、これらの性染色体はおもに生殖にかかわり、それ以外にはほとんど関与しないものと考えられていた。今日では、アーノルドをはじめとする一部の科学者は、一見するとわずかなこの遺伝子の違いがもっとずっと広範におよんでいると考える。

対になった染色体はそれぞれ同じ遺伝子を同じ場所にもっており、対立遺伝子《アレル》と呼ばれる。たとえば、ある人が父親から受け継いだ目の色の遺伝子は、同じ場所にあってやはり目の色に関係する母親からの別の遺伝子と組み合わさる。これは女性の二つのＸ染色体でも同様になる。だが、ＸＹ性染色体のある男性では、対になるアレルがつねにそこにあるとは限らない。ＸとＹは、同じ場所に同じ遺伝子がないためだ。それどころか、ＹはＸよりもはるかに小さい。

Ｘ染色体からの遺伝子のコピーが一つしかない場合、男性の体には影響がでる。「女性には二種類の遺伝子があるため、一部の疾病や環境の変化からの衝撃が少ないのだろうと、長らく考えられてきました」と、アーノルドは語る。男性の場合、Ｘ染色体のどれかに遺伝子変異があって、それが病気や障害の原因になるとすれば、それを防ぐすべがない。かたや女性の場合、それに対抗するもう一つのＸ染色体があることになる。もっとも、両親から受け継いだＸ染色体の双方に、同じ遺伝子変異があるという不運に見舞われなければだが。「ごく単純な例としては、一つの遺伝子は寒いほうがよく機能し、もう一方は暑いほうがいい場合です。これら双方のアレルをもつ女性は、暑かろうが寒かろうが健康でいられるけれども、男性は一発勝負となるのです。一つのコピーしかないからです。だから、男の体は暑い場合によく動くか、寒い場合によく動くかであって、両方にはなりません」

男性にX染色体が一つしかないがゆえに、女性よりも遺伝しやすい形質としていくつかよく知られたものがある。X染色体関連のこれらの障害には、赤緑色覚異常や血友病、筋ジストロフィー、免疫機能に影響がでるIPEX症候群などがある。先進国で二ないし三パーセントの発症率である精神遅滞は、女性よりも男性に有意に多く見られ、やはりX染色体と強く結び付いている。

健康におよぼす性差を理解しようとして、アーサー・アーノルドが染色体に注目することにしたのはこのためなのだ。「われわれは男女間の最も根底にある生物学的な差異にまでさかのぼりました。卵が受精したときから、男女間でわれわれが知る唯一の違いは性染色体なのです。となれば、すべてがそこに端を発するはずで［……］すべてが性染色体の下流にあるのです」

「X関連の疾患について判明していることは、それがかなり稀であることです」と、スティーヴン・オースタッドは言う。「しかし、われわれが考えるよりもX関連の疾患はずっと多くあるのだと思います。このことが性差の相当部分の根底にあるのではないかと考えています」。一例として呼吸器合胞体（RSウイルスがある。これは肺と気道に感染するもので、イギリスとアメリカでは一歳未満の子どもで気管支炎を発症させる大きな原因となっている。このウイルスは女児よりも男児のほうがはるかに感染しやすく、X染色体の特定の遺伝子内部にあるものが関連しているかもしれない。

ザビーネ・アーテルト＝プリジョーネも、ヒトのX染色体に回復力、免疫、疾患感受性と関連していながら、まだ発見されていないか解明されていない遺伝子があるかもしれないという考えに同意する。「学校では、XとYは基本的に性的機能に関連すると教えられてきました。そうなのです。当時は誰もそれ以上のことを考えていなく、しかもそれは二〇年ほど前のことなのです。それから事態は徐々に変わり始めました」

一九六一年に、イギリスの遺伝学者メアリー・フランシス・ライオンが、女性は二つのX染色体をもっているものの、それぞれの細胞で無作為にどちらか一方が不活性化していることを発見した。つまり、そのうちの一方だけが働くようになるのだ。そのため、女性は遺伝子的にモザイク状態になり、一部の細胞には一方のX染色体からの遺伝子が、別の細胞にはもう一方のX染色体からの遺伝子がある状態となっている。より最近になって研究者らは、二つ目のX染色体にある遺伝子の一部が、実際にはなんら不活性化されていないことを発見した。ワシントン大学シアトル校の病理学の教授で、X染色体の不活性化に関する世界屈指の研究者のクリスティーン・ディステーシュは、こうした染色体を「小さな逃避地」と呼ぶ。二〇〇九年にペンシルヴェニア州立大学医学部の研究者らがこれらの不活性化していなかった遺伝子を集計し、それらが二つ目のX染色体の遺伝子の一五パーセントに相当することを発見した。「私たちはいま、ヒトとマウスの雌雄間の遺伝子発現における膨大なデータセットを眺めながら、こうした違いがどれだけの範囲におよぶかを実際に見極めようとしています」と、ディステーシュは言う。

「二つのうち一つが完全には不活性化していない事実が発見されたことで、女性の生涯に関するさまざまな興味深い側面が推測できるようになります。私たち女性が長生きする理由はそこにあるかもしれません」と、ザビーネ・アーテルト＝プリジョーネは言う。

この分野の研究者すべてにとって問題となるのは、人が病んだり死んだりする原因となるその他諸々の要因から、X染色体の影響だけを抽出するのが容易ではないことだ。大半の病気は、血友病や筋ジストロフィーなどのX関連の遺伝性疾患の場合とは異なり、一つの遺伝子どころか、若干の遺伝子とも結び付いていないようなのだ。心疾患など、多くの人に死をもたらす病気はそれよりも複雑だ。たとえば、二つ目のX染色体からの遺伝子は、心臓の働き方に影響するのだろうか?

この疑問に答えるために、アーサー・アーノルドの研究チームは、特殊な実験動物を利用した。X染色体の本数以外に、雌雄の違いがまったくない動物だ。自然界では、このような生き物は存在しない。だが、遺伝子組換えをすることで、科学者はそうした生き物をほぼつくりだせるようになった。性ホルモンは誕生前に雌雄双方の体に最も明らかな影響をおよぼすので(たとえば、アンドロゲンがなければ雄にも雄の性腺が発達しない)、研究者はこうしたホルモンを生成しない実験用のマウスをアーノルドのためにつくりだしたのだ。その結果、誕生したマウスは、雄のようにXとYの染色体をもつが、雌のように卵巣もある。これによってアーノルドは遺伝子を組み替えられたXYの雌のマウスと、通常のXXの雌のマウスを比較することができた。両者の唯一の違いは染色体だけのはずだ。健康状態に違いがあるとすれば、それは純粋に遺伝子の影響となる。

結果として、実際にマウスがもつX染色体の数とその健康状態に関連があることが判明した。アーノルドは「三つの顕著な事例」を報告する。彼のチームが体重を調べたところ、性腺を除去するとマウスが太ることがわかった。だが、X染色体が二つのマウスは、一つだけのマウスよりもはるかに太ったのだ。これは成人に見られる現象に酷似する。女性は往々にして男性よりも体脂肪の割合が高い。「二つ目の事例としては、マウスに心臓発作を起こさせると、X染色体が二つのマウスは、一つのマウスよりも症状が悪化するのです」と、アーノルドは言う。「マウスを使った三つ目の事例は多発性硬化症で、マウスに多発性硬化症に似た症状を引き起こしてみたところ、XXのマウスはXYの個体よりも深刻な事態になりました」。人間における多発性硬化症は自己免疫疾患であり、男性よりも女性のほうがなりやすい。

この研究から汲《く》みとれることは、健康状態で私たちが目にする性差の多くは遺伝的性質に深く根ざしているということだ。「マウスを使った研究は説得力をもって、二つのX染色体をもつ細胞は、X染色体が一つの細胞とは本質的に異なる証拠をもたらした。X染色体の数によって決まる性差は疾患に絶大な影響をおよぼしうる」と、アーノルドと共同研究者らはこの実験について論文を書き、二〇一六年に『王立協会フィロソフィカル・トランズアクション・シリーズB』誌で発表した。

だが、誰もが納得したわけではない。アーノルドが考えるほど、げっ歯類が多くの知見を与えてくれるのかという点に疑問をいだく人もいる。「個人的には、私はマウスのファンではありません」と、ザビーネ・アーテルト＝プリジョーネは言う。「マウスによる実験結果がどの程度ヒトに当てはまるのか、私にはわかりません。マウスは多くの情報を与えてくれたと思うけれども、それを今後もどれだけ追究すべきかについては、現時点ではただ疑問に思います」

さらに突っ込んだ批判もある。二〇一三年刊行の著書『性そのもの――ヒトゲノムの中の男性と女性の探求』のなかで、ハーヴァード大学の社会科学の教授サラ・リチャードソンは、体内のすべての細胞がその人の性別によって本質的に異なり、これが男女間に見られる格差へとつながるという考えに疑問を呈する。「社会科学者のあいだでは、ゲノミクス〔ゲノム科学〕が社会的関係を変えつつあるということで、広く意見の一致を見ている」と、彼女は書く。「生物学的な性差とジェンダーに関する遺伝的研究についても、同じことが言えるかもしれない」。たとえば、アーサー・アーノルドは私たちの遺伝子内で性別によって偏る要因の効果を「セクソム」（ゲノムのようなものだが、性別によるもの）と表現する。「細胞はこの種の大きなネットワークとして考えることができます」と、彼は私に語る。「男女が異なるのは、性別の影響を受ける要因のレベルが異なるからであって、そうした要因がこのネットワークをさまざまな部分でたぐり寄せるからなのです」。この考えは、性染色体がヒトに具わる二三対の染色体のうちの一対に過ぎなくても、その効果は広範にまたがると暗示するものだ。

リチャードソンは、性差を包括的に説明するものとして遺伝子学にこのような注目をすることに警告を発する。それによって社会や文化だけでなく、その他の生物学的な要因の影響も曖昧になるからだ。たとえば、加齢、体重、人種は、健康に多大な影響を与えることが知られている。ホルモンも重要だ。多数の遺伝学的な証拠が、こと性差の問題となると、圧倒的に似たような実態を描きだすと、彼女は指摘する。実際に、アーノルド自身もセクソムという彼の考えは、研究に裏付けられた確固たる理論というよりは、「刺激的な語句のようなもの」だと私に認める。

男女間の線引きがそもそもどの程度深いものかをめぐる議論は、科学界の内部で激しくつづいている。ごく最近には、ちょうど対極にある問題をめぐって怒りを掻き立てることになった。女性の体は男性とほぼ同様と考えられているため、女性を新薬の被験者から外している医学研究の慣習である。

「男女いずれかを研究するほうが、はるかに安上がりだ」

「現実を直視すれば、生物医学界の人は誰でも、男女どちらか一方の性のみを生涯研究してきたことになります。しかも通常は男性なのです」と、スティーヴン・オースタッドは言う。私たちの体の基本的な構造となると、科学者はしばしば男女のどちらかを研究することで、もう一方も研究したも同然であると思い込んできた。

「あるとき、げっ歯類の文献で、食餌制限について調べたことがありました」と、オースタッドは回想する。「研究事例は何百、何千とありましたが、雌雄双方を含めた研究は、一握りしか見つからなかったのです。私にしてみれば、これは人が雌雄いずれかから推測し、判明したすべてのことはもう一方の性にも通用すると思いたがることの典型例に思われました」

二〇一一年にカリフォルニア大学サンフランシスコ校の保健医療研究者であるアナリース・ビアリーと、同大バークリー校の生物学者アーヴィング・ザッカーは、二〇〇九年一年間を対象に動物研究における性的偏向《バイアス》の問題を調べた研究を発表した。二人が調査した一〇の科学分野のうち、八分野では雄に偏りがあったことが判明した。医薬品の研究である薬理学では、雄についてのみ報告した論文が、雌のみに関するものよりも五対一の割合で多かった。動物の体の働きを探求する生理学では、ほぼ四対一の割合だった。

これは科学の別の分野にも通じる問題だった。生殖器の進化（両性間で異なることが確実にわかっている体の部位）に関する研究でも、科学者はやはり雄に偏りがちだった。二〇一四年には、ベルリンのフンボルト大学とシドニーのマッコーリー大学の生物学者が、一九八九年から二〇一三年に発表された、生殖器の進化を扱う三〇〇以上の論文を分析した。そのうちの半数近くが、それぞれの種の雄だけを研究しており、雌のみを扱ったものはわずか八パーセントであることがそこから判明した。科学記者のエリザベス・ギブニーはこうした現状を、「膣欠落の事態」と表現した。

保健医療に関することとなると、問題は単純な偏り以上の複雑なものとなっている。一九九〇年ごろまで、新薬の治験はほぼ完全に男性にのみ実施されていた。これにはまっとうな理由もある。「試験薬を妊婦には投与したくないし、妊娠していることに気づいていないが、実際には妊娠中の女性にも試験薬は与えたくないからです」と、アーノルドは言う。一九五〇年代につわりの治療にサリドマイドが処方されていた負の遺産が、妊娠中の女性に薬を処方する際には、いかに慎重でなければならないかを科学者に突きつけたのだ。サリドマイドが回収されるまでに何千人もの子供が障害をもって生まれた。

「生殖可能年齢の女性を実験対象から外すと、相当数の女性が省かれることになります」と、アーノルドはつづける。また、女性のホルモン・レベルは変動するので、薬剤への反応にも影響がおよぶかもしれない。ホルモン・レベルは男性のほうが安定している。「男女いずれかを研究するほうが、はるかに安上がりだということです。だから、どちらか一方を選ぶとすれば、大半はホルモンが面倒な女性を避けるわけです［……］。こうして、男性の研究へと移行し、学問分野によっては、実際に困惑するほど男性偏向になっています」

男性に焦点を絞るこの傾向は、女性の健康に害をおよぼすかもしれないと、研究者はいまでは気づいている。「女性を被験者とするのを避ける理由はあったとしても、それによって女性よりも男性の治療に関する情報が、ずっと多く蓄積されたという望ましくない効果があったのです」と、アーノルドは説明する。女性の健康問題への取り組みの進展に関する二〇一〇年刊行の書で、アメリカの国立衛生研究所（NIH）の顧問である女性健康研究委員会の共著作品は、自己免疫疾患――男性よりも女性が罹りやすい病気――は、その他の症状よりも理解が進まないままとなっていると指摘する。「その有病率と死亡率にもかかわらず、こうした症状をもっと理解し、危険因子を突き止めたり、治療方法を開発したりする方向の進展はあまり見られない」

もう一つの問題は、女性が特定の薬剤にたいし男性とは異なった反応をする可能性があることだ。二〇世紀なかばの医学研究者は、これを問題と見なさないことが多かった。「女は、小さな男のようなものという概念があったのです。この治療が男に効果があるなら、女にもあるだろうといった考えがあったのです」と、ワシントンDCのNIHにある女性の健康に関する研究所所長のジェニーン・クレイトンは言う。アメリカの健康医療研究の大多数は、この研究所が資金を提供している。

それがかならずしも正しくないことは、いまではわかっている。二〇〇一年には、ニュージーランドを拠点とする皮膚科医マリウス・ラディメイカーが、女性は男性よりも薬に副作用がでる可能性が一・五倍ほど高いと推測した。二〇〇〇年にはアメリカの会計検査院が、一九九七年以来、アメリカの食品医薬品局によって回収された一〇種類の処方薬を調査した。副作用の報告があった事例を研究すると、そのうちの八種類は男性より女性に健康上で大きな害がでることが判明した。回収された薬には、食欲抑制薬が二種類、抗ヒスタミン薬が二種類、糖尿病薬が一種類含まれていた。これらのうち四種類の薬はただ単に男性よりも女性に多く投与されていたのだが、残りの四種類は男性がほぼ同量を服用していたにもかかわらず、〔女性に〕こうした影響がでていた。

「深刻な副作用があることは憂慮すべきです。若干の副作用などではなく、かなり深刻な有害作用で、そのために薬が回収される結果になったのです。これは私たちがこの問題の氷山の一角を見ているに過ぎないことを教えると思います」と、ジェニーン・クレイトンは私に語る。アメリカではとくに、この問題は女性の健康医療の活動家たちにとって大いに憂慮すべきものとなり、一九九〇年以来、女性の健康に関する研究所の使命の一つとなっている。

「臨床医として、男女で病気の発症に差異があることは充分に承知しています。日々、緊急処置室に運び込まれる人は、同じ状況でも男女で異なった症状を見せます」と、クレイトンは語る。「たとえば、心臓発作の症状が異なります。私たちの研究では、心筋梗塞を起こす女性は、発作を起こす何週間も前から、不眠症や疲労感の高まり、頭部から胸部にいたるまでのいずれかの場所の痛みなどの症状がでる可能性が高くなっています。一方、男性はそうした症状が見られることが少なく、典型的な激しい胸の痛みを示す割合が高くなります」。こうした違いを考慮すると、女性を長年、新薬の治験から除外してきたことが、女性の健康に影響しているに違いないと彼女は考える。「男性よりも女性に有害事象が発生するのは、創薬過程が全体として男性にいちじるしく偏っているためである可能性は確かにあります」と、キャスリン・サンドバーグも同意する。

このような考え方もまた、男女間で線引きをする危険はあるが、病気の実態はそれよりはるかに複雑だ。女性の体をもっと理解して、男女どちらにも適した薬をつくる利点は明らかにあるが、性差に重点を置くと、女性の体はまるで金星〔愛と美の女神ヴィーナスの星、女性の象徴〕からやってきて、男性の体は火星〔軍神マルスの星、男性の象徴〕からきたかのように聞こえ始める。「性差に関する研究の方法論的な問題だけでなく、女性の機会を制限しようとする人びとが性差を主張して悪用してきた歴史にも充分な証拠がある。それを考えれば、女性の健康問題の活動家がほとんど留保もなしに、男女別の生物学が描く性差の壮大な概念を推進するのは、驚くべきことである」と、サラ・リチャードソンは『性そのもの』に書く。

だが、どちらか一方である必要はあるのだろうか？　女を「小さな男」として見なす代わりに、まるで別の種類の患者として扱うことしか代案はないのか？　研究が細部にわたって進むにつれて、健康状態や生存率になると男女にいくらかの差異が見られるからと言って、私たちの体が実際にはおおむね似たり寄ったりであるという概念は捨て去らなくてもよいことが、徐々に明らかになっている。

以下は二つの薬剤にまつわる教訓だ。

一つ目は長年、心不全の治療に使われてきたジゴキシンだ。二〇〇二年にイェール大学医学大学院の研究者がこの薬に関するデータを調べようと考え、男女別の薬の効果を分析した。一九九一年から一九九六年にかけて、別の研究者たちが心疾患の患者にジゴキシンを使って無作為化試験を実施していた。この薬による患者の余命への効果はなかったが、平均して入院を必要とする危険が減っていることがそこから判明した。イェール大の研究者はこの薬が、女性よりも男性で四倍ほど多く治験されており、男女でその反応が同様ではなかったことを指摘した。ジゴキシンを投与された女性はやや高い割合で、〔比較実験のための〕偽薬《プラセボ》を投与された患者よりも早く死亡していたのだ。男性では、この薬と偽薬をそれぞれに使用したグループ間の差異はずっと少なかった。性差は「男性にたいして実施されたジゴキシンの療法効果によって包み込まれたのだろう」と、イェール大のチームは結論をだした。

だが、科学は決して立ち止まりはしない。イェール大の結果はのちに、当時考えられたものとは異なっていたことが判明した。より近年の研究では、ジゴキシンの使用によって女性の死亡リスクが大幅に高まることは実際にはまったくないことが示唆された。二〇一二年に『ブリティッシュ・メディカル・ジャーナル』誌で発表された、はるかに大きなサンプル集団による結果も、そうした研究の一つだ。

二つ目の事例は不眠症治療薬のゾルピデムで、アメリカではアンビエンという商品名で一般に売られているものだ。不眠は製薬会社にとって大きな商売となる。医療情報会社のＩＭＳヘルスが収集したデータによれば、二〇一一年にはアメリカで六〇〇〇万錠ほどの睡眠薬が処方されており、そのわずか五年前の四七〇〇万錠と比べても増加していた。しかも、アンビエンは最も普及している薬の一つなのだ。だが、その副作用には深刻なアレルギー反応や記憶喪失のほか、それが習慣性となる可能性もある。ゾルピデムの効果は翌日に眠気をもたらすこともあり、運転事故につながる危険がある。新薬として承認されてからずっとのちに、男性と同量を服用した女性が、翌朝に眠気を感じやすいことが研究から明らかになった。ゾルピデムを服用して八時間後に、女性では一五パーセントの人が交通事故を起こす危険が高まるほどの薬が体内に残っていたのにたいし、男性で同様の現象が見られたのはわずか三パーセントの人だった。

二〇一三年の初めに、アメリカ食品医薬品局がアンビエンの初期投与量の推奨値を下げる重大な決断を下し、女性では半分の量となった。「ゾルピデムは一種の警告を発するケースです」と、アーサー・アーノルドは言う。

ここでも再び、ジゴキシンの場合と同様、研究結果は少しばかり解読する必要がある。二〇一四年に、ゾルピデムの効果を調べる追加の研究が、ボストンのタフツ大学医学大学院の科学者によって実施された。女性のほうが薬の効果が長引くのは、男性よりも体重が平均して少ない事実におおむね起因する可能性が、そこから示された。つまり、薬の成分はこれらの女性の体内からはゆっくりと排泄《はいせつ》されることを意味する。

ジゴキシンとゾルピデムは、医学研究で性差を変数に含めることの落とし穴を強調する。女性は平均体重が少なく、平均身長も低いだけでなく、体脂肪率は平均して男性よりも高い。また総じて腸内を食べ物が通過するのにかかる時間が長い。どちらも、体内での薬の作用の仕方に影響をおよぼすかもしれない。だが、これらは男女双方に共通する要因でもある。たとえば、平均的な男性よりも体重が多い女性もたくさんいる。性差はかならずしも二つの別々のカテゴリーに分けられるわけではないのだ。

もう一つ重要なのは、社会的、文化的、環境的に女性であることの経験だ。「生物的な性差もジェンダーも健康にとっては重要な要因です」と、ジェニーン・クレイトンは言う。となると理想的には、ほかの人と区別される要因のスペクトラムにしたがって治療が受けられるようにすべきだ。男女の別だけでなく、社会的な違いや文化、収入、年齢など、さまざまな事柄が検討されるべきなのだ。サラ・リチャードソンが書いたように、「雌のラットは――細胞株は言うにおよばず――豊かな風合いをもつ社会に暮らす女性を体現したものではないのである」。

問題は「医療がきわめて二元的なことです。薬を手に入れるか、入れないか。これをやるか、それをやるか」と、ザビーネ・アーテルト＝プリジョーネは言う。「ですから、唯一の方法は、実際には一つの中性的な体があるのではなく、少なくとも二つは存在するという考えを取り入れることなのです。これは単に物事を考えるもう一つの見方なのだと思います。医学では、ただ枠組み《パラダイム》を変えて、物事を違う目で見る方法さえわかれば、多くの可能性が開けます。性差を見ることになるのかもしれませんが、最終的に医療をもっと包括的なものに変えられる事柄は、ほかにも多数あります」

「何をしようとしているのか？　私たちは人間の健康状態を改善しようとしている、違いますか？」と、キャスリン・サンドバーグは言う。「ですから、ある病気が女性よりも男性で多く発症するか、深刻な症状となることがわかれば、もしくはその反対であれば、なぜどちらか一方の性が罹患《りかん》しやすく、もう一方はすぐに回復するのかを調べることで、その病気についてずっと多くを学べるのです。そして、この情報は私たちすべてに有益となる新しい治療へとつながるかもしれません」。なぜ女性のほうが長生きしやすいのかを理解することは、男性を長生きさせるうえで役立つかもしれない。研究に妊婦を含めることは、現在は胎児への影響が定かでないために医師が処方できない薬の棚を開けるようにするかもしれない。女性の体が生理周期でどう反応するかをもっと理解することで、投薬量に違いが生じるかもしれない。

　少なくともいまのところ政治家や科学者は、医学研究を行なうに当たって性差を変数として含めることは、全体的な健康を促進できると、判断しているようだ。一九九三年に、アメリカの連邦議会は国立衛生研究所再生法を導入し、ＮＩＨが助成するすべての臨床研究にたいし、省くべき妥当な理由がない限りは、被験者に女性を含めることを一般的な必要条件としている。二〇一四年に『ネイチャー』誌に掲載されたジェニーン・クレイトンの報告によれば、ＮＩＨが助成する臨床研究の被験者の半数強が女性だった。二〇一六年の年始から、アメリカ国内の法律は脊椎動物や組織を使った実験にも雌を含めることとして、適用範囲が拡大された。欧州連合もいまでは助成する研究において、ジェンダーをその一部で考慮するよう研究者に要求している。

　ジェニーン・クレイトンやザビーネ・アーテルト＝プリジョーネのような研究者や、女性の健康問題の活動家にとって、これは勝利だ。研究のなかで女性が同等に扱われることは、これらの研究者や活動家が何十年ものあいだ闘いつづけてきたことだからだ。男性偏向は、それが存在した分野でも、取り払われつつある。女性も考慮されるようになってきたのだ。おそらくこれでようやく、具体的に何によって女性は平均して長生きするのか、またなぜ男性は不調を訴えることが少なく思われるのかを理解し始めることになるのかもしれない。

だが、科学がこの新しい時代に入る際に、科学者は慎重に対応しなければならない。性差に関する研究には、醜く危険な歴史がある。ジゴキシンとゾルピデムの事例が示すように、これはまだ間違いや過度の憶測を生みやすい。この新しい兆候は理解を促進できても、私たちの女性の見方を損ない、男女をさらに分断する可能性もあるのだ。アーサー・アーノルドのような人びとが行なってきた遺伝学的な性差を探る研究は、ただ医学に影響を与えるだけでなく、私たち自身の見方も左右するのだ。

女性は男性とは根本的に体が異なっているのだと考え始めれば、たちまちその格差はどれだけあるのかという疑問を生じさせる。たとえば、性染色体は健康状態に作用するだけでなく、私たちの心身全体にも影響するのだろうか？　すべての細胞が性別による影響を受けるのならば、それは脳細胞も含まれるのか？　エストロゲンとプロゲステロンは女性を妊娠に備えさせて免疫力を高めるだけでなく、頭骨内にも忍び寄り、女性の考え方や行動を左右するのか？　そしてこうしたことは、女の子は人形やピンク色を好むといったジェンダー別の既成概念が、実際に生物学に根ざすことを意味するのだろうか？

私たちは自分でも気づく前から、科学で最も論議を呼ぶ問題の一つに乗りだしているのだ。男女は単に身体的に異なるだけでなく、考え方も異なっているのか？

3　出生時の違い

女の子と男の子は、要するに、自然がなんらかの違いをもたらすずっと前に、性の違いを教え込まれなければ、害をおよぼすことなく一緒に遊ぶのだ。
——メアリー・ウルストンクラフト『女性の権利の擁護』（一七九二年）

「私たちはジーンズで過ごしているでしょ？　ジーンズはなんにでも合うんだよ！」と、母親が優しく語りかける。生後六カ月の彼女の娘は、私がこれまで見たなかで最も小さなジーンズを履いており、彼女自身も頭のてっぺんから足元までデニムで身を包んでいた。

私たちはロンドンの中心部にあるバークベック・カレッジの赤ちゃん研究所内で一緒に座っている。室内は保育園を思わせるが、どこか風変わりだ。玩具でいっぱいの待合室にでるドアには、紫色のゾウがいる。だが階下には、スクリーンに映しだされた絵を見ている赤ん坊が、脳の電気的活動をモニターする脳波計につながれていたりするのだ。別の部屋では、幼児が遊ぶ様子を科学者が眺めながら、どの玩具を選ぶかを調べていたりする。その間、私が招待されたこの小さな研究室では、赤ん坊が背中を絵筆で優しく撫《な》でられている。この子は、これまでにこの実験で研究された三〇番目の乳児だ。

「娘は本当にただ座って眺めて、そのすべてを受け入れるのが好きなんです。私自身も座って観察していれば幸せです」と、母親は赤ん坊を膝の上で跳ねさせながら言う。研究者は、このような触れ合いが、乳幼児期の発達に重要な影響があるのではないかと考える。ただどのように、あるいはなぜなのかは解明されていない。したがって、今日の実験の目的は、触れることが赤ん坊の認知発達にどう影響するのかを測定することだ。これは子供が育ちによって影響を受ける数知れない方法の一つであり、それによって徐々に将来になるはずの人間へと形成されてゆくのである。

赤ん坊はかわいいが、このような研究対象とするのは、見た目ほど楽しくはない。これではほとんど動物実験のようだ。難題は、赤ん坊の振る舞いをふとしたことから深読みするのではなく、その行動の核心に迫る巧妙な実験を考えつくことだ。赤ん坊が見つめるのは意味があるかもしれないし、ないかもしれない。一方で、とびきり魅力的な笑顔も、ただのおならによるものかもしれない。今回の実験では、研究者たちは触覚の実験で絵筆を使っている。親が子供を撫でるやり方に違いがあるという事実を調整するには、これしか方法がないからだ。絵筆ならば、毎回、同じであることが確認できるのだ。

あいにく、赤ん坊は下唇を震わせ始め、大泣きしだした。絵筆が本物の人の手の感触におよばないのは明らかだ。これは利用できない結果の一つとなる。

「赤ん坊の科学はこんなものです。雑音から信号を読みとるようなものなので」と、テオドーラ・グリーガは笑う。バークベックの脳と認知発達センターの心理学者で、赤ちゃん研究所に勤めるグリーガの研究は、スイスの心理学者ジャン・ピアジェの伝統に則って、子供が幼年期にどう発達するかに注目するものだ。ピアジェは一九二〇年代から自分の子供たちを観察し、乳幼児期の発達に関して科学者が思い込んできたことの多くが間違っていると気づいたことでよく知られる。赤ん坊は白紙状態ではないと彼は考えた。むしろ、世界に関する知識を独自の方法でまとめあげるべく、あらかじめプログラムされているのだと。そのことを最も単純に例証するのは、新生児が本能的に吸いつく吸啜《きゅうてつ》反射だ。

だが、これは手始めに過ぎないことに、科学者は気づいている。いまや目的は、誕生時に子供が具体的にどれだけ利口で、それが何を意味するのかを把握することなのだ。赤ん坊の研究の別の利用方法は、男児と女児の違いを調べることだ。子供がなんらかの方法で実際にあらかじめプログラムされているとすれば、そのプログラムは男女によって異なるのか？　女の子がピンク色のドレスを着た人形を好むのは、女だからなのか、それとも社会が女の子は人形やピンク色を好むべきだと教えるからなのだろうか？

すでに大量の研究が行なわれてきた。二、三歳ごろには、子供が自分の性別に気づきだすことがわかっている。四歳から六歳になると、男の子は自分が大人になれば男になると、そして女の子は自分が女になることに気づくだろう。その年齢になると、自分たちが属する文化にしたがって、それぞれのジェンダーにとって何がふさわしいかも理解し始める。アメリカの心理学者ダイアン・ルーブルとジェンダー発達の専門家キャロル・リン・マーティンは、五歳にもなれば子供はすでに、頭のなかにジェンダーごとの既成概念をいくつもいだいていることを説明した。ある実験では、子供たちは縫い物や料理のような作業をしている人の絵を見せられた。絵が従来の既成概念と食い違うと、子供はそれを間違って記憶することが多かった。ある事例では、女の子が鋸《のこぎり》で木を切っている絵を見たのだと――実際にそうだった――記憶する代わりに、誰か男の子が鋸で木を切るのを見たと言う子も何人かいた。

これは一部の親が痛切に感じている問題だ。この日、私が研究所で観察している赤ん坊の母親は、自身が博士号をもつ研究者で、娘にもいつか博士号を取らせたいのだと私に語る。その過程で彼女は、ジェンダーの既成概念に娘をさらすことなく、自分に何ができるかという感覚を損なわせないように気を配っている。「ピンクを毛嫌いするわけではないですが、紺色や青のものを買うことが多いですね」と、彼女は語る。最近、人形の家をくれるという人がいたが、彼女はその申し出を断った。「もっと〔性差のない〕中間的なもののほうが好ましいですから」

バークベック・カレッジの研究者のような人びとは、科学者が「育ち」から「生まれ」を、つまり社会的な要因から生物学的な要因を選別するうえできわめて効率のよい方法は、まだあまり男女別になった社会のあり方にさらされていない幼い子供を研究対象にすることだと気がついた。「大人を研究しても、男女の違いについて何もわからないと思います。そこからわかるのは、これらの人びとが生きてきた人生に関することです。それは生物学的なことよりも、彼らの経験に関するものです」と、テオドーラ・グリーガは説明する。「発達の早い段階に目を向ければ、より自然のほうに近づくことになります」

二〇〇〇年に国際的な定期刊行物、『インファント・ビヘイヴァー・アンド・ディヴェロップメント』に発表された短い論文は、出生時の性差に関する世界の人びとの考えに影響を与えたある実験について説明していた。ケンブリッジ大学の実験心理学と精神医学の両学科からのチームが書いたものだ。チームには、心理学者および神経科学者で、自閉症の専門家であるサイモン・バロン＝コーエンが含まれていた。この論文は、新生児の振る舞い方に顕著かつ重要な性差があることを、初めて証明するものだと主張した。

その結果はきわめて説得力があったため、ほかの研究論文で少なくとも三〇〇回以上は引用されたほか、妊娠と小児期に関する書物でも紹介された。当時、ハーヴァード大学学長だったローレンス・サマーズが二〇〇五年に、女性の科学者と数学者が不足しているのは、男女の生来の生物学的な違いによるものかもしれないと述べて物議を醸したとき、バロン＝コーエンはこの研究を引き合いにだして部分的にサマーズを擁護した。ハーヴァード大学の認知科学者のスティーヴン・ピンカーとロンドン・スクール・オヴ・エコノミクスの哲学者ヘレナ・クローニンはどちらもこの論文を展開させて、男女間には生まれながらの性差があると主張した。この論文は、聖書に触発された自己啓発本『彼の脳、彼女の脳』〔*His Brain, Her Brain* 未邦訳〕にまで掲載された。男女間の「神によって考案された違い」がいかに夫婦間の絆を固めるうえで役立ちうるかを説くものだ。

二〇〇〇年以来、バロン＝コーエンの学科は押しも押されもせぬ名声を得てきた。この論文が発表されたのは、彼が「共感・システム化論」と名づけた、男女に関する幅広い新説が公表されて論議を呼んでからわずか二年しか経ていない時期だった。この説が言わんとする基本的なことは、「女」脳は生まれつき共感しやすくできており、かたや「男」脳は車やコンピューターのようなシステムを分析し組み立てる能力が具わっている、というものだ。人の脳はさまざまな度合いで男らしさや女らしさを示すのかもしれないが、これらの修飾語がわかりやすく示すように、男性は平均的に「男」脳をもつようになり、一方、女性は「女」脳になりやすいとする。

自閉症は、ほかの人を理解し、かかわり合うことが難しくなるものだが、これは男脳の極端な事例なのだと、バロン＝コーエンは言う。そのため自閉症と診断される人が（近年まで大半は男性であったが、いまでは女性でも同じ症状をもつ人が数多くいることが判明している）並外れてシステム化した行動を示す場合がときとしてある。非常に速く暗算ができたり、電車の時刻表を暗記したりする能力だ。

乳幼児が人生の初めの時点で、より男性的または女性的な方向に進み始める仕組みは、いまのところまだ完全に解明されていない。実際にそうだとしても、その細部は複雑なものになりそうだ。だが、バロン＝コーエンによれば、決定的な要素は性ホルモンなのだという。男女間に見られる身体的な違いの多くの根底にある化学物質だ。子宮内でテストステロンにさらされることが、性腺と生殖器に影響をおよぼすだけでなく、男の胎児の発達中の脳にもなぜか浸透し、システム化する男脳をつくりだすのだと、彼は主張する。女の胎児ではさほど多くのテストステロンがない場合が多いので、共感する女脳がそのまま残されるのだ、と。

では、新生児に関する彼の論文がもつ意義はなんだったのだろうか？　バロン＝コーエンは、女性が社交術に長《た》けていて、男性はもっと機械的な思考をするという既成概念に、生物学的な根拠があるのかどうかを確かめたかったのだ。要するに、女の子は生まれながらに共感しやすく、男の子は生まれながらにシステム化が得意なのか、という疑問だ。この研究チームは、彼らが知る限りで世界に先駆けて、地元の病院の産科病棟を説得し、考えうる限り最も若い被験者集団を対象に、この研究を実施した。研究には一〇〇人以上の、いずれも生後二日以内の赤ん坊がかかわっており、したがって社会的な条件付けの影響は明らかに受けていない新生児だった。研究チームが観察することになるのは、育ちによって色付けされていない生まれの部分だろうと、彼らは考えた。これはバロン＝コーエンの共感・システム化論が拠りどころとする、欠くことのできない重要な証拠となった。

多くの研究主幹と同様、バロン＝コーエンも実験そのものは若い研究者に任せた。この場合、それはチームに加わったばかりのジェニファー・コネランで、彼女は二三歳のアメリカの大学院生だった。「彼が研究室に私を受け入れてくれたことが信じられませんでした」と、コネランは私に語る。本人も認めるように、彼女は若く、経験不足だった。ケンブリッジにくるまでは、彼女はカリフォルニアの海岸でライフガードをしていたのだ。

コネランは連日、産科病棟を訪ねて、出産した人がいないか確認した。実験自体は単純なものだった。「私たちが対比させたかったのは、社会的なものと機械的なものです」と、彼女は言う。そこで赤ん坊たちはみな、ある顔を見せられたのだが、それはコネラン自身の〔生身の〕顔と、コネランの顔写真から作成した機械仕掛けで動くもの〔動く福笑いのようなもの〕であったのだ。研究者たちはそこで、それぞれの赤ん坊が、なんらかの形で目を向けたとすれば、双方をどのくらい長く見つめるかを測った。赤ん坊の研究で長年行なわれてきたこの実験方法は、選好注視法として知られる。社会的な傾向の強い赤ん坊は、〔生身の〕顔を見つめようとするだろうし、機械を好む赤ん坊は動く仕掛けを選ぶのではないかと、研究チームは仮説を立てた。「〔実験の〕計画に関して言えば、これはかなり初歩的なものです」と、コネランは回想する。「まるで科学フェアのプロジェクトのような感じでした」

結果がでてみると、赤ん坊の大半は顔にも機械仕掛けにもなんら好みを示していなかった。だが、新生児の男児では四〇パーセントほどが機械仕掛けを眺めることを好み、顔を好んだのは二五パーセントだった。一方、女児では三六パーセントほどが顔を好み、機械仕掛けを好んだのは一七パーセントだけだった。これは明らかに、すべての男児がすべての女児とは異なるという事例ではなかったが、研究用語で言えば、その差異は統計的に有意だった。科学界では注目するのに充分な値だ。

コネラン、バロン＝コーエンと共同研究者らは発表された論文で、これは男児が生まれつき機械的な物体のほうに強い関心を示し、女児は生まれながらにして社交術や感情の細やかさに恵まれやすいことを示す圧倒的な証拠だと主張した。「われわれはこれらの差異が、ある程度は生物学的な起源のものであることを、合理的に考えて疑いの余地なくここに示す」と、コネランやバロン＝コーエンらは書いた。

「有意だったことに、私たちは驚きました。有意の差異がでたことに」と、コネランは回想する。バロン＝コーエンは「興奮していました。まあ、私たちはどちらもそうでした。ずいぶん時間をかけて取り組んだし、確実に予想したとおりの結果になるように配慮しました」。そして、もちろん、そうなったのだ。男児と女児は実際に生まれたときから異なっているということを示す、これまでにない確固たる証拠と思われるものが得られたのだ。女性は共感しやすく、男性はものを構築することにより興味をもつという文化的な既成概念は、親の子育ての方法や社会での扱われ方だけによるわけではない可能性がでてきたのだ。「これが最も初期の性差だったという事実です。そのことは、衝撃的とすら言えるものでした」と、コネランは語る。

その後の数年間にサイモン・バロン＝コーエンは、女脳・男脳などという明確に分かれたものが存在するという彼の考えの骨子に、さらなる肉づけをした。

二〇〇三年に彼は『共感する女脳、システム化する男脳』〔邦訳版は二〇〇五年刊〕を刊行した。一般大衆向けに書かれた本で、男女の考え方の根本的な差と彼が見なすものを白日のもとにさらすものだった。同書には、コネランの実験の説明が、彼女の顔と、赤ん坊たちに見せた機械仕掛けの写真とともに含まれている。「社会的な関心に見られるこの性差は、人生の初日からのものだった」と、彼は書き、別のところではさらに「誕生時のこの差は、人の生涯にわたって見られていたあるパターンを繰り返すものだ。たとえば、女性は平均すると愛想笑いをより「一貫して」見せる」と付け加えた。ここで明らかにほのめかされているのは、男女は社会や文化のせいで異なった行動を取るのではなく、むしろきわめて生来の生物学的な理由によるらしいということだ。

その違いは人びとが好む趣味の違いにも見られると、バロン＝コーエンは著書で説明する。「男脳をもつ人は車やバイクの手入れや、小型機の操縦、帆走、バードウォッチングや鉄道、数学、オーディオいじり、あるいはコンピューターゲームやプログラミング、日曜大工、写真撮影に勤しんで何時間も嬉々として過ごす。女脳をもつ人は、コーヒー・モーニングのお茶会に顔をだし、友人と夕食をともにして、人間関係の問題について助言し、人やペットの世話をして過ごすのを好むことが多いか、落ち込んだ人や傷ついた人、貧困者、さらには自殺願望の人の話まで聞く電話相談でボランティアをしたりする」。これはいささか奇妙なリストだ。一つには、妙にイギリスの中流階級的であることだ。また、男脳がコンピューター・プログラミングや数学など、より高給が得られ、地位も高い分野に向いているらしい一方で、女脳は介護者や電話相談のボランティアといった地位の低い仕事に最も適しているらしいことにも、否応なしに気づかされる。

　それでも、バロン＝コーエンの考えは人気を博してきた。自閉症は極端な男脳だという説に関する彼の論文は、ほかの研究者に一〇〇〇回以上は引用されてきた。共感・システム化論の背後にある考えは、子供の発育とジェンダー問題を研究する学者や知識人によって幅広く言及されてきた。イギリスの著名な生物学者のルイス・ウォルパートは、性差に関する二〇一四年刊の自著、『女はなぜもっと男のようになれないのか？』〔*Why Can't a Woman Be More Like a Man?* 未邦訳〕でバロン＝コーエンの研究に触れている。「一般に［……］男性は狭く考えがちだが、女性は広く考えるのだとして、この傾向は要約できるかもしれない」

　ところが、ブラウン大学の生物学とジェンダー研究の教授、アン・ファウスト＝スターリングは、それほど幼い子供に性差があると主張する研究に懸念を示す。赤ん坊がいかに予測不能な存在であるかを考えれば、これは論議を呼ぶ科学の分野である。これはまた、自分の子供を理解しようとする親たちに、あまりにも安易に鵜呑《うの》みにされてもいる、と彼女は感じる。「赤ちゃん関連のウェブサイトを見ればわかります。「女の子ならこうするでしょう、男の子ならこうするでしょう」といった類です」。科学者がこうした主張をするときには、その研究結果が確かに信頼できるとわかっている必要があると、ファウスト＝スターリングは言う。サイモン・バロン＝コーエンの研究が真面目に受け止められているとすれば、彼の考えは男女がそれぞれ人生において何をなすべきか社会が下す判断に、重大な影響をおよぼしかねない。「つまるところ、特定の行動や長年の関心事だけでなく、長じては職業すら男女ごとに限定する許可を人に与える理論を受け入れる結果になるのです」と、ファウスト＝スターリングは言う。

バロン＝コーエンはつねづね、自分があつれきを招く領域に足を踏み入れていることに気づいていた。『共感する女脳、システム化する男脳』の初めのほうに、彼はこの題材があまりにも政治的に厄介な問題なので、何年間も同書を書き終えるのを遅らせた旨を書いている。科学者が性差別主義と解釈されかねない研究を発表する際に、彼はしばしばその弁護に回る。科学は、たとえ気まずいことであっても、真実から目を背けるべきではないのだ、と。これは性差があると主張する人びとによる研究に脈々と流れている主張だ。客観的な研究は、客観的な研究なのだと、彼らは言う。

「多くの研究結果は決して再現されず、それらはおそらく間違っている」

二〇世紀初頭に性ホルモンの存在が突き止められたとき、多くの科学者はそれが性行動に瞬間的な影響をおよぼすに過ぎないものだと考えた。ストレスを受けるとアドレナリンが駆け巡ったり、恋に落ちてオキシトシンが急増したりするのを、いま私たちが理解しているのと同様にである。だが、研究が進むにつれ、もっと恒久的な事態が生じているのではないかと疑問をもち始める人がでてきた。

一九八〇年に、心理学者であり霊長類の専門家であるロバート・ゴイと、神経学者のブルース・マキューエンという二人のアメリカ人が、出生時のテストステロン・レベルがおよぼす影響を調べた過去数十年間の動物実験を調査した結果を発表した。ある研究では、雌のラットが誕生した日にテストステロンを一回投与されると、成獣になったときに雌に関連した性行動があまり見られなくなり、むしろ雄に関連した行動が増えたことを明らかにした。同様の結果は、アカゲザルでも示されている。ヒトと生物学的にさほどかけ離れておらず、研究でよく利用される種だ（アカゲザルは宇宙に送られた最初の哺乳類だった）。このサルはテストステロンを多く与えられると、それだけ顕著な違いを見せた。

ゴイとマキューエンの著作『脳の性分化』〔*Sexual Differentiation of the Brain* 未邦訳〕は、テストステロンは将来の性行動にも持続して影響を与えると主張するものだった。だが、彼らが行なったような研究は、それが実施された時代とは切り離すことができない。科学もジェンダー研究もそれ以前から、ジェンダー・アイデンティティに文化がはたす途方もない役割を確立させていた。一九八〇年には、男女の脳は同じものだと一般に考えられており、成人における行動の違いは、親による育て方や、社会による形成のされ方に左右されるに違いないと推測されていた。ある解説者は、胎児のテストステロンと脳の性差について語ることを、人種と知性の差異について語ることにたとえた。

このような雰囲気のなかでは、ゴイとマキューエンのような考え方は根本的な転換を表わしていた。もちろん、そうした考えが問題視されずに済んだわけではない。たとえば、男らしさと女らしさを表わすのに使われた言語に偏りがあったことは批判された。少しでもお転婆《てんば》な行動は、女児が男児のように振舞っているものとして解釈された。だが、これが実際には女性であることの正常かつ一般的な特徴でないなど と、誰が言えるのだろうか？　のちに、霊長類の研究を証拠とする理論は、ヒトと同様に、サルも雌雄の子を別々に扱う可能性〔それによる社会的影響〕を考慮していないとほかの人びとが不満を述べた。ホルモンの処置によってサルの赤ん坊の生殖器が影響を受けたとすれば、それにたいする母親のかかわり方に影響をおよぼす可能性があり、それがまた赤ん坊の遊びや、成獣になってからの性行動に反響をおよぼすかもしれない。

ゴイとマキューエンの研究結果に誰もが納得したわけではないが、彼らの路線の研究はつづいた。脳の組織全体が子宮内のテストステロン・レベルによって形成されるかもしれないという、物議を醸す考えとともに、この学説は最大限の飛躍を遂げて、男女を誕生時から、性行動だけでなくその他の行動も含めて、根本的に異ならせるものになった。

スコットランドの神経学者ピーター・ビーアンと、アメリカに拠点を置く神経学者ノーマン・ゲシュウィンドとアルバート・ガラバーダは、ラットとウサギの研究をもとに、テストステロンが通常のレベルより高いと、左脳側の発達が遅れ、右脳側が優勢になることが、誕生する以前から証明されたと述べた。男児は誕生以前から当然、女児よりも多くのテストステロンにさらされているので、人間にもこれを拡大適用すると、右脳は男性のほうが大きい傾向にあるということになった。一九八三年に『サイエンス』誌の記者にインタビューされたゲシュウィンドは、通常より高いレベルのテストステロンと、人がそれに反応する仕組みが「ちょうど適切であれば、芸術や音楽、数学の才能など、右脳の優れた才能が得られることになる」。このことは、世界的な作曲家や芸術家に女性より男性が多い理由を説明するかもしれない、と彼はほのめかした。

当時は、生きている胎児のテストステロン・レベルを安全に測定する方法はなかった。そこで、ゲシュウィンドは代わりに左利きの人を研究することで根拠とした（右脳は左半身の筋肉を制御することが多く、その逆も然りなので、右脳が支配的な人は左利きであることが多い）。この大まかな測定によって、少なくとも当時のある研究は、一般の人と比較して、数学の才能のある子に左利きが実際にやや多いことを明らかにしていた。

一九八四年にゲシュウィンドとガラバーダは『大脳半球優位性』〔*Cerebral Dominance* 未邦訳〕という書を上梓《じょうし》し、男性の脳はテストステロンによって根本的に女性の脳とは異なる方向へ導かれているという概念を、自分たちの証拠がいかに裏付けるかを詳細に語った。これこそ、サイモン・バロン＝コーエンが共感する女脳とシステム化する男脳という自説を展開させた際に根拠とした研究なのだ。

ゲシュウィンドは『大脳半球優位性』が出版されたその年に他界した。彼の死によって、その説が正しかったのかどうかをめぐる疑問は残りつづけた。彼の説に沿った若干の証拠は、男性の脳が本当にテストステロンによって大幅に形成されていることを意味したのか、それとも真実はもっと複雑なのか？「彼は名だたる神経学者の一人でした」と、ユニヴァーシティ・カレッジ・ロンドンの心理学教授クリス・マクメイナスは語る。彼は長年、ゲシュウィンド＝ビーアン＝ガラバーダ説を細かく分析してきた人だ。実際には、テストステロンと脳に関するゲシュウィンドの研究に問題の一部があったと、彼は考える。ゲシュウィンドは神経科学の分野で名が知られていたために、裏付けとなる証拠がかならずしもないことが判明しても、重要な科学雑誌に容易《たやす》く自説を発表できたのだ。

マクメイナスによると、ゲシュウィンド＝ビーアン＝ガラバーダ説はともかく、あまりにも多くのことを証明しようとし過ぎたのだった。当時、この学説は脳がどう組織されているかを説明する壮大な理論となり、かならずしも関連していない部位同士や、関連が証明されていないもの同士に広い関連性を見いだす説となっていた。彼らの仮説はあまりにも広範にまたがっていたため、今日ですら、研究者はその全容を突き止めるのに苦労している。「運がよければ、これはなんでも説明できる学説になります［……］。データから解放されて、これらの部位を好きなように切り取れるのです」と、マクメイナスは言う。

とはいえ、その学説がまったくのいかさまだというわけではない。

一九八〇年代以来、新技術を用いた動物対象の詳細な研究からは、胎児が成長するにつれて性ホルモンがその脳に影響を与え、それがのちに一部の行動のわずかな差異につながることが確かに示唆されるようだ。いまではこれは、神経科学者や心理学者にとって、たとえ直感には逆らっても、無視できないと感じるほど裏付け証拠のある現象となった。これが科学の思いがけない本質なのだ。研究結果はかならずしも政治的に都合よくはならず、結果はつねに白か黒かにはならない。この場合、ゲシュウィンドの一大理論はやや壮大過ぎたことが判明してはいても、そこに前途有望な研究の核心はあったのかもしれない。

二〇一〇年に、ケンブリッジ大学で心理学を教えるメリッサ・ハインズ教授は、『トレンズ・イン・コグニティヴ・サイエンシズ』誌に「人間以外の哺乳類を使った何千という実証研究は、子宮内のテストステロン・レベルが実際にその後の行動に影響をおよぼすことを示している」と書いた。生物学的な性差とジェンダーに関して世界的影響力のある研究を行ない、バロン゠コーエンの論文にもたびたび引用されている研究者である。このテーマに関する研究は、霊長類に追加のホルモンを注射してから、その行動を監視する方法で実施される。ハインズの論文には、説得力のある二枚の写真がある。一枚は人間の子供がやるような具合に、雌のサルが人形を調べているもので、もう一枚は雄のサルが床の上で玩具のパトカーを動かしているものだ。

しかし、サルとヒトは同じではない。動物から人間に飛躍することは、テストステロンが本当に人間自身の複雑な脳を同じ方法で形成するのかどうかを証明するうえで、きわどい問題となる。似たような性差があるのだとすれば、その他の哺乳類で見られたように、その違いは小さいのか？　それともサイモン・

バロン＝コーエンが言うように大きいのか？　真実はどこにあるのだろうか？

もちろん、人間ではこの種の研究を行なうことへの倫理的基準が、霊長類の場合とでは大きく異なる。科学者は影響を調べるために胎児や子供にホルモンを人為的に注射することはできない。その代わりに、彼らは性ホルモンのレベルがもともと非常に高い、もしくは非常に低い人に目を向けなければならない。だが、こういう人はめったにいない。

＊

「私は未完成で生まれたのです」と、マイケルは言う。

マイケルは彼の本名ではなく、私は匿名にすることで合意した。彼は二日前に五一歳の誕生日を迎えたが、自分が生まれた日のことは思いだしたくないので、誕生日は祝わないことにしているのだと私に語る。その日、両親は彼を女の子として育てるように言われたのだ。

マイケルは男として生まれたが、5α還元酵素欠損症として知られる珍しい遺伝性疾患があった。それはつまり出生児に彼の体が男性化していなかったことを意味する。彼は通常のXY染色体のある男性なのだが、誕生前に生殖器を発達させるのに不可欠な化学物質にテストステロンを変える酵素がない。すなわち、遺伝的には男性なのだが、生殖器の性別がはっきりしないのだ。

マイケルのような事例は、人間が生物学的にどちらかの性に生まれることが本当は何を意味するのかを、生物学者や心理学者が理解するのに役立ってきた。人がどのくらい男らしいか、または女らしいかに性ホルモンがどう影響するかを知りたければ、遺伝的には男性でありながら、体が通常の男性と同様にはホルモンに反応しない人を研究するのが、何よりもよい方法となる。
「誕生時には、私の性別は傍目《はため》には判別できなかったのです」と、マイケルは説明する。「ペニスはありましたが、ごくごく小さいものでした」。こうした場合、マイケルのような人には医師が女の子として生きるよう助言することが一般的だった。ペニスを形成するよりは、生殖器を女性らしく見せる手術のほうが簡単だからだ。マイケルが生まれた当時、ジェンダーは社会によって大きく影響されるので、これが完全に理に適った選択だと専門家は信じていた。女の子として扱われれば、女の子のように感じるかもしれないと。同じような状況にある子供のなかには、新しいジェンダー・アイデンティティを受け入れた子供もいる。だが、マイケルをはじめ、多くの人にとっては、このような判断は私生活で悲劇を生むことになった。

発育不全の彼の精巣は体内に残されていたが、思春期を迎えるはるか以前の五歳のときに部分的に摘出された。この手術がたまたま不完全のままに終わっており、それはつまり、彼がまだ若干のテストステロンを生成していたことを意味した。その間ずっと、彼は自分が遺伝的に受け継いだ性別のことは忘れていた。世間にとって彼は女の子だったが、彼自身はしだいに自分がそうではないことに気づくようになった。

三歳ごろ、彼は典型的な男の子の玩具に興味を示し始めた。のちに、学校の体育の授業で、女子は体育館の一方の側に、男子は別の側へ行くように指示されたとき、彼はどうすればよいかわからず、真ん中に立ち尽くした。「先生たちは私を男子から引き離しつづけたのです」と、彼は回想する。幼い少年にとって、この状況は混乱させられただけでなく、悲劇的だった。あるとき、商店主が彼に「何をお探しかね、坊や?」と尋ねた。その商店主が、本当の自分を見ていたに違いないと想像して彼は嬉しくなった。後ろにいた人が、彼はじつは女の子なのだと説明すると、顔を叩《はた》かれたような気がした。「大きくなってから、祖母や母親、従姉妹たちを見て、自分は決して彼女たちのようにはならないと気づいたのです」と、彼は思いだす。

彼の子供時代は、ありえないほど混乱したもので、社会から期待されること――「女の子はそんな振る舞いはしません！」と繰り返し言われたことを含めて――と、自分は男の子だというひそかな確信のあいだにとらわれていた。聖歌隊のメンバーであったころ、声がかすれ始めて、それを喉の痛みのせいにするしかなかったときの恥ずかしさを、彼は覚えている。さらに成長すると、彼はただ非常に運動能力の高い女子なのだとよく思い込まれた。「お転婆娘なのだと思われていました」と、彼は言う。

マイケルのような症状の人びとは、今日では「インターセックス」〔染色体や性腺、もしくは解剖学的に、体の性の発達が先天的に非定型的である状態を指す。当事者の多くは自分を男性もしくは女性と認識している〕と呼ばれる。これは非常に珍しい多くの症状を網羅する包括的な呼称だ。アンドロゲン不応症はその一つで、男性染色体をもっていても、体がテストステロンを認識しないために外見はまったく女性に見える症例だ。先天性副腎過形成症では、女性の場合、外見的にも女性として生まれたにもかかわらず、男性ホルモンのレベルが高く、それによって生殖器の性別が曖昧になることもある。彼らは去勢されたり、かならずしも両性具有であったりするわけではない。男性か女性かの二元的カテゴリーには収まらず、代わりに生物学的にどっちつかずの位置を占めることがあり、多くの人はそのことをまだ理解していない。

「この職に就いて以来まだこの症例を診たのは一〇例もありません」と、内分泌学者のリチャード・クィントンはアンドロゲン不応症について述べる。インターセックスの症状をもつ人びとを、性転換を希望するその他の人びとと一緒に診療してきたことから、クィントンはホルモンが生物学的性差の自己認識にどう影響をおよぼすのかに関して、特別な知見を得てきた。多くの親は子供の症状に関しては口をつぐむ選択をする。だが、クィントンは中東で、アンドロゲン不応症の二人の姉妹が遺産相続のために男として認知されるよう、イスラーム法定で訴訟を起こした事例があったと聞いた。女であれば、遺産は相続されないからだ。先天性副腎過形成症の場合、「極端な事例では、誕生時に男児に見えがちだ」が、大半は男性的特徴をいくらか具えるものの、女児に見える。こうした患者は、「子供のころには間違いなく行動がお転婆になると言われます。成長するにつれて、その多くはやはり同性に惹《ひ》かれるのです」。

一六歳のとき、みずからの本当の治療歴を知ったのちに、マイケルはようやく残りの人生をどう生きるかを自分で決断する機会を得た。一九歳になると、彼は毎週テストステロンを注射することで、男性に変わり始めた。彼の声は深みを帯び、腕、脚、顔に体毛が生えだし、筋肉も付いた。「まるで太陽が顔をだしてきたようでした」と彼は言う。

誕生時に行なわれた生殖器の手術は当時、「片付け」と呼ばれていたが、いまでは児童虐待であったと彼は考える。「こうした子供たちの多くの身に起こるのは、混乱のなかで育つことです」と、マイケルは言う。彼はそれ以来、支援団体のUKインターセックス協会（UKIA）を通して受容と理解を得てきた。

今日、マイケルは子供の精神衛生を専門とする心理学者として活動する。これは一つには自分自身の経験から選んだ職業だった。その声は力強く明瞭だ。彼のジェンダーは紛れもなく男性だ。彼はまた、ジェンダー・アイデンティティの一部は生物学的な問題に根ざすに違いないことを示す生き証人でもある。ホルモンは体の外見に影響するだけでなく、私たちが自分をどう捉えるかも左右するのだ。このことから、ホルモンは私たちの考え方や振る舞い方にどれだけの影響をおよぼすか、という疑問が生じる。テストステロンやエストロゲン、プロゲステロンは私たちの心をどの程度形づくり、別々の方向へと誘導するのだろうか?

心理学者のメリッサ・ハインズ教授は、彼女の専門分野でも指折りの偏りのない、公正な研究者だと聞いている。ときにはバランスを欠き、公正でもなくなる分野において、これは重要なことだ。ケンブリッジの小道の裏の、入り組んだ古い板張り通路の突き当たりにある彼女の研究室には、ジェンダー関連の問題をあらゆる立場で論じた書が並んでいる。

ハインズは、ホルモンが知性を含め、心理学上の性差におよぼす影響を研究するうえで、マイケルのようなインターセックスの症例を重視する。赤ん坊の研究と同様、これは生まれと育ちを理解するうえでは、その方程式の重要な部分を占めるようになる。テストステロンが確かに、女性の脳とは明らかに異なる男性の脳になる方向へ男児を誘導するのであれば、テストステロンが異常に高い人、または低い人の行動には、明らかな違いが見られるはずだ。

彼女は言葉を慎重に選ぶ。「私たちは多様な行動を見てきました」と、彼女は話し始める。研究結果からは統計学的に顕著な違いが見られる領域が三つあることがわかる。まず明らかなものから始め、「ジェンダー・アイデンティティでは、その差異は相当あります。大半の男性は自分を男だと思うけれど、大半の女性はそう思いません。二つ目は性的指向です。大半の女性は男性に関心がありますが、大半の男性はありません」。三つ目は子供時代の遊びの行動だ。通常よりテストステロン・レベルの高い先天性副腎過形成症の女児を研究すると、「アンドロゲンにさらされた女の子では荒っぽい遊びが増える」ことに彼女は気づいた。「こうした子供は男の子の玩具を好むことがやや多く、女の子の玩具はさほど好まず、平均的な女の子よりは男の子と遊ぶことをずっと好みますが、平均的な男の子ほどではありません。これは七、八組の別々の研究チームで再現されています」

研究が再現されているという事実は、きわめて重要だ。心理学の分野の多くの研究は、報道で大々的に取りあげられているものですら再現されていない。相当数の別々の科学者が、幅広い人びとを対象にしたそれぞれの研究にもとづいて、同じ結論に達したとすれば、結果についてかなり容易に確信をもつことができる。「多くの研究結果は決して再現されず、それらはおそらく間違っているのです」と、ハインズは語る。「ともかくそれが科学のあり方です。全世界を研究することはできないので、サンプルを選ばざるをえませんが、選んだサンプルは代表的なものではないかもしれないのです」。このことはハインズにとって非常に大切なので、彼女自身の研究でも、その一部は信頼性に確信がもてないのだと私に警告するほどだ。それはまだどこでも再現されていないからだ。

だが、玩具の好みについては、彼女はほとんど疑いをもたない。「この分野で私が行なった最初の研究の一つは、あらゆる玩具が揃った遊戯室に子供たちを連れてきて、それぞれの玩具でどれだけ長く遊んだかをただ記録するものでした。その結果に、私は本当に驚きました。当時、玩具の好みは完全に社会的に決められたものだと考えられていたからです。その理由はわかります。ジェンダーごとにふさわしい玩具で遊ぶように、子供たちには非常に多くの社会的圧力がかかるからです」。彼女もほかの研究者も次々に、男の子が平均してトラックや車で遊ぶことを実際に好み、かたや女の子は平均して人形を好むことを発見していた。「おもな玩具は乗り物と人形です。これらは最もジェンダー分けされた玩具なのです」と、彼女は言う。

ハインズと同僚たちが二〇一〇年に乳幼児で実施した研究は、彼らが一つの玩具をほかの玩具よりもどれだけ長く見つめるかを観察するもので、こうした好みは二歳になる前から生じ始めることがそこから示唆された。「生後一二カ月から二四カ月では、子供たちはすでに男女別の玩具への好みを示します。ですから、女の子は車よりも人形を長く見ていたし、男の子は人形よりも車を長く見ていました」。しかし、生後一二カ月では、男児も女児も車よりは人形を長く見ていた。

統計学的には、幼い子供たちの遊び方に見られるこの違いは有意だ。「玩具の好みを、身長になぞらえてみます」と、ハインズは説明する。「男性は女性よりも高いことはわかっていても、すべての男性がすべての女性よりも高いわけではありません。ですから、この場合の性差の範囲は2標準偏差となります。人形で遊ぶ時間とトラックで遊ぶ時間における性差は、身長における性差と同じくらいなのです」

標準偏差はデータの分布の仕方を測定するものだ。身長の分布は釣鐘形の曲線のようになる。男性の平均身長は一七五センチ前後で、標準偏差は約七・六センチだ。これはつまり、大勢の男性集団では、その三分の二以上が平均身長から1標準偏差以内に収まり、およそ一六八センチから一八三センチのあいだとなる。平均から遠ざかって、釣鐘曲線の幅の狭い両端に近づくにつれて、そこに当てはまる男性の数は少なくなる。2標準偏差となると、平均身長よりも約一五・二センチ高いか、一五・二センチ低い男性となる（平均から2標準偏差以上離れている男性の割合は五パーセント未満）。したがって、男女の行動に2標準偏差の違いがあるとすれば、平均身長から一五・二センチ〔上下に〕差があるようなものだ。日常生活では、これはかなり目立つ差異だ。

ハインズのチームは先天性副腎過形成症の女児を研究しながら、おそらくインターセックスの症状について家族が知っているために、男児用の玩具で遊ぶことを無意識のうちに奨励するのではないか、ぜひとも試そうと考えた。「そこで、子供たちと一緒に親も連れてきて、彼らがどう反応するかを見ようと考えました。遊戯室で親が女児たちにそのような方向で遊ぶことを奨励しているのか、どうかを。ところが、実際には親は典型的な女児用の玩具で遊ばせようとしていることがわかりました。ほかの娘たちの場合以上に、親は女児用の玩具を与えようとするのです。その子が女児用の玩具で遊んでいると、親は、それはいいね、と言って抱きしめてやるのです」。玩具の好みの差が純粋に社会的条件付けによるものではなく、そこには生物学的な要素もあることのさらなる証拠だと、彼女は述べる。

だが、玩具の好みにおけるこの差異は、テストステロンにどれだけさらされたかによって、男女の脳が根底から、構造的に異なるという説からはかなり飛躍している。それはまた典型的な男脳と女脳などというものがあるというサイモン・バロン＝コーエンの主張からもかなりかけ離れている。一方は数学が好きで、もう一方はコーヒー・モーニングが好きというものだ。バロン＝コーエンが正しいとすれば、私たちの多くの行動にも目に付く差異がなければならないだろう。女脳の人は平均的に共感しやすく、男脳の人はシステム化が好きになるというものだ。

ハインズによれば、これは私たちが目にする実情ではない。これまで見てきたすべての科学データを、あらゆる年齢層にまたがって集計した彼女は、「共感とシステム化における性差は、標準偏差の二分の一ほどです」。これは男女の平均身長差が三・八センチになるようなものだ。その差は小さい。「それが通常です」と、彼女は言う。「大半の性差はその範囲です。そして多くのことでは、私たちはなんら性差を示しません」

研究者はこのことを長年知っていた。アメリカの研究者、エレナー・マッコービーとキャロル・ナギー・ジャクリンは、一九七四年に共著書『性差の心理学』〔*The Psychology of Sex Differences* 未邦訳〕で男児と女児の類似点と相違点を調べる膨大な量の研究を詳細に調べた。男女の心理的な差異は、社会に存在する男女間のジェンダー差よりもはるかに少ないと、著者らは結論をだした。二〇一〇年には、ハインズがもっと近年の研究を用いて、この調査を繰り返した。男児と女児のあいだになんらかの違いが存在するとすれば、〔手先の〕微細運動技能、〔図形などの〕心的回転の実行能力、空間的可視化、数学的能力、言語流《りゅう》暢《ちょう》性、語彙におけるごくわずかな差異だけであることを彼女は発見した。

バークベックの赤ちゃん研究所のテオドーラ・グリーガも、変わった症状もなく、通常の状況で育った子供に関しては、女児と男児のあいだに大きな差異は見られないということに同意する。「典型的な発育においては、差異が見られることはかなり稀です」。両性間に共通する部分は非常に大きいので、なんらかの差が実際に存在することを示す結果を探して、再現するのに科学者は苦労を重ねてきた。「いまのところ、赤ん坊の科学は説得力をもって一貫した違いを示してはいません」

通常のレベル以上のアンドロゲンにさらされたごく少数の女児の研究ですら、性差について何かしらは教えてくれるものの、こうした差異がとくに大きいことを語るものではない、とハインズは言う。「かりに私が遺伝的にアンドロゲンをやや多めに生成する女の子の胎児であれば、やや少ない場合に比べて、男の子と多少は多く遊ぶかもしれません。そうなると、男の子の友達が一人ではなく、二人いる程度です」。ジェンダー・アイデンティティと玩具の好みのほかには、科学者が調査したその他の行動と認知の基準では（証拠を探すことにかけては、ほぼあらゆる手を尽くした分野において）、おおむねそのいずれでも女児と男児に大差はなく、大きく重なり合っていた。それどころか、ほぼそっくり共通していたのだ。たとえば、乳幼児の色の好みをハインズが探った研究では、女の子は男の子と同じ程度にしかピンクを好まなかった。

二〇〇五年に、ウィスコンシン＝マディソン大学の心理学者、ジャネット・シブリー・ハイドがこの重なる部分がどれだけあるかを明らかにするために、「ジェンダー類似仮説」を提示した。三ページ以上におよぶ表のなかで、彼女は語彙から数学に関する不安まで、あるいは攻撃性から自尊心まで、あらゆる種類の基準において両性間で見つかった統計学的な差異を並べあげた。ボール投げの距離と垂直跳びを除いて、男女の違いはいずれの場合も1標準偏差未満だった。多くの基準では、標準偏差の一〇分の一未満の差しかなく、これは日々の生活では見分けがつかない。

知能に関しても、平均的な男女ではなんら違いがないことが、説得力のある形で立証された。マドリード自治大学の心理学者ロベルト・コロムは、一九八九年から一九九五年までにある私立大学に願書をだした一万人以上の成人をテストした際に、「一般知能」（知性、認知能力、知能を考慮した基準）における差異は無視できる程度であったとした。二〇〇〇年に『インテリジェンス』誌に発表された彼の論文は、それ以前の研究が繰り返し示してきたことを裏付けるものだった。

統計学的に男性間には女性間よりもばらつきが多いと主張した人もいる。つまり、平均的な男性は平均的な女性と知性面でなんら変わりがないが、男性にはきわめて知性の低い人や、逆にきわめて高い人が多いということだ。釣鐘曲線において男女に共通して重なり合う部分が終わった両端で、その差は明確になると彼らは言う。これこそ、ハーヴァード大の学長ローレンス・サマーズが、名門大学の科学分野に、女性に比べてこれだけ多くの男性教授がいる理由を探しだし、論議を呼んだ主張の根拠であったかもしれない。

研究では、この説明は完全に裏付けられてはいない。二〇〇八年には、エジンバラ大学を拠点とする研究者チームが、スコットランド全体で八歳児に実施された一般知能テストの結果を用いて、男児の試験結果には確かにより多くのばらつきがあったことを確認した。こうした違いは、過去に言われてきたほど極端ではないが、それでもかなりのものであると、この研究の筆者らは記した。著者らは同時に、最大の影響はその尺度の最低値の部分に見られると指摘した。知能の得点が最も低いのは、男性であることが多いのだ。これは一つには遺伝的なものだ。たとえば、X連鎖精神遅滞は女性よりも男性のほうにはるかに生じやすい。

「発達障害を伴うことが多いので、これは主として最下部の問題です」と、メリッサ・ハインズは請け合う。「最上部では違いはさほど大きくありません」。スコットランドの研究の著者らは、トップレベルで見たわずかな差異は、数学と科学を履修するうえでの男女間の格差を説明するには、確かに充分ではないことを確認した。筆者らの一連のデータでは、知能テストで最も高得点を獲得したのは女児一人につき男児がおよそ二人の割合だった。大学では、科学の教授陣における男女比は通常はるかに大きい。

スコットランドのテスト結果に見られたこの違いもまた、社会的要因に依拠するかもしれないとハインズは考える。「平均的にはIQに男女差はなくても、男の子のほうがやはりトップになれと奨励されるのだと思います。社会環境しだいではまったく奨励されないこともあるでしょうが、豊かで、教養のある社会環境ならば、やはり男の子にはより多くを期待し、男の子のほうに投資する傾向がまだあります」と、彼女は私に語る。

この見解は、天才が男性の特徴と見なされることがいかに多いかを調べる最近の研究によっても裏付けられる。二〇一五年に『サイエンス』誌に投稿されたある研究は、男性に天賦の才があると考えることが、特定の分野における男女比に影響しているかどうかを探るものだった。プリンストン大学の哲学教授、サラ＝ジェーン・レスリーとイリノイ大学の心理学者アンドレイ・シンピアンによる主導で、研究者たちは全米各地の三〇の学問分野の研究者に、それぞれの分野の第一人者となるには「教えられたわけではない特別な才能」が必要と考えるかどうかを質問した。一般に成功するには生まれながらの資質や才能が必要だと考えられている分野では、女性の博士が少ないことがそこから判明した。

コツコツと努力することが高い評価になる科目には、女性が多い傾向があった。

「データから自分たちの意見を切り離すのは難しい」

おそらく世間知らずであったために、ジェニファー・コネランは反動がきたとき、それを予期していなかった。だが、それがこれほどの高まりになるとは、誰も予期できなかっただろう。

新生児が顔と機械仕掛けのどちらを好むかに関するサイモン・バロン＝コーエンと彼女の研究が二〇〇〇年に発表されるとまもなく、その研究について疑問の目が向けられ始めた。新生児の行動に、それほど深い性差があるなどということがありうるのか？　女児は本当に共感しやすくなるようあらかじめプログラムされており、一方、男児は生まれながらにシステム化が得意なのか？　研究の方法やその結果の信頼性にたいする疑問の声がちらほらと上がるようになった。

懐疑論は二〇〇七年に、ニューヨークの心理学者アリソン・ナッシュとジョルダーナ・グロッシが実験をつぶさに分析調査し、大小さまざまな問題を並べ立てたことで頂点に達した。一つには、実験の結論は「合理的に考えて疑いの余地なく」としていたこの論文の壮大な主張が、気まずい誇張であったようなのだ。実際には、調査された男児で機械仕掛けを見つめるのを好んだのは半数にも満たず、顔を見つめようとした女児はさらに少ない割合であったのだ。

だが、最も手厳しい批判は、テストする赤ん坊の少なくとも一部の性別を、コネランが知っていたことにたいするものだった。このことは、わずかな偏向をいくつも引き起こしただろう。たとえば、意識するにせよしないにせよ、彼女は自分の顔を動かして、女児が長めに見つめるようにしたかもしれない。この種の問題を防ぐ必要こそ、科学者がこうした実験を「盲検」にして、被験者の性別を知らずに実施するように助言されている理由だ。この安全措置が講じられていなければ、結果は疑問を招くものとなりうる。

心理学者で著述家であるコーディリア・ファインは、二〇一〇年にナッシュとグロッシの研究結果をはじめとする、脳研究に関する問題を取りあげた書、『ジェンダーの幻想』〔*Delusions of Gender*　未邦訳〕を出版し、そのなかでコネラン、バロン＝コーエンらは、たとえその結果が正しかったとしても、それが意味するものを推測する際にあまりにも飛躍し過ぎたと言い添えた。「こうした視覚的な好みが、のちに子供が共感とシステム化のいずれに関心をもつのかを予測するという前提ですが、そのどちらにしても証拠はありません」と、彼女は私に語る。

論文が発表されてから一五年後に、私がこうした批判をコネラン自身に向けると、彼女はそれを謙虚に受け止めた。論文は彼女が博士号を授与される前に発表され、それによって生じた批判の洪水は、審査委員の前で彼女が口頭試問に立ったときにその威力を発揮した。彼女は不合格だと告げられたのだ。「口頭試問がこれほどお粗末な結果になったことには、本当に驚きました」と、彼女は言う。「審査員にたいして政治的な働きかけがたくさんあって［……］私たちはそのことを訴えて、より中立的な立場の人を何人か見つけました」。そうして審査員を入れ替えたことで、彼女はようやく合格したのだった。

実験には確かに問題もあったと、彼女は認める。何人かの赤ん坊の性別は気づかないわけにはいかなかった。赤ん坊との対面は、ピンクや水色の風船などがある、新生児用品に囲まれた産科病棟で行われたこともあり、そこに赤ん坊の名前が書かれていることすらあった。「私たちは、〔性別に関して〕中立的な場所で赤ん坊をテストしていたし、風船のようなものはなく、毛布もみな性別のないものでした。私たちが実験を行なったのは、実際にはそこだったのです」と、彼女は言う。だが、赤ん坊をテストする許可を得る際に、まずは母親に会いに行かねばならず、その環境は中立的とは言い難いところだった。

「私たちは得られた結果で最善を尽くしたのです」と、彼女は言う。「それは完璧なのか？　いいえ、そうではありません」。論文を書いた際にも、結果について興奮し過ぎていたかもしれないと彼女は感じる。「ひどく経験不足で、経験がなかったことが何よりも多くの問題を引き起こしたと思います」

サイモン・バロン＝コーエンにこの実験に関する考えを聞かせて欲しいと頼むと、彼はｅメールでこう語る。「あれは入念に計画され、査読によって丹念に精査されたもので、だからこそまっとうな科学としての基準に見合ったのです。人はいつでも研究の改善方法を考えられるという意味では、批判の余地のない研究はありません。再現が試みられた際に、これも改善されることを願っています」

じつは、この実験については再現こそが最大の問題の一つなのだ。今日まで、誰もこれを真似して、結果に信頼性があるかどうか確認しようとしていない。「研究は再現されなければなりません」と、テオドーラ・グリーガは述べる。「新しい考え方であればなおさらです。再現は必要であり、さもなければ信じられるものにはなりません。興味深い考えではあっても、事実ではないのです」。やや月齢が上の子供を対象としたその後の研究では、性差は見られなかった。したがって、メリッサ・ハインズの研究が明らかにしたように、一歳から二歳のあいだの子供では、玩具の好みは見られないようだ。

だが、バロン＝コーエンは私にこう告げる。「研究がまだ再現されていないからと言って、それが無効になるわけではまったくありません。単にまだ再現されるのを待っていることを意味します」。ほかの研究者が誰もそれを真似ていない理由の一つとして彼が挙げるのは、赤ん坊をテストするのが難しい点だ。つまり、信頼性のある結果を得るには、大きな集団が必要となるということだ。「二つ目には、新生児で心理的な性差を試験することは、まだかなりの論議を呼ぶからです。したがって、政治的地雷原となりうる場所に足を踏み入れたくないために、躊躇《ちゅうちょ》する研究者もいるでしょう」と、彼は付け足す。

ジェニファー・コネランはそれ以来、地雷原からは完全に遠ざかっている。バロン＝コーエン研究室に彼女が在籍していた期間は短かった。博士号を取得したあと、彼女はケンブリッジを去り、カリフォルニアの私立大学であるペパーダイン大学に入学した。今日、彼女は塾を経営している。一男一女の母でもある。いまでも共感とシステム化の脳タイプという考えに興味は惹かれるが、研究者がなんらかの相違を見いだすようであるのは極端な事例においてのみだと考える。「すべて釣鐘曲線なんです。［……］その中央部分にいる子供たちには、性差はないも同然です」と、彼女は言う。

一方、バロン＝コーエンは出生前のテストステロン・レベルと脳内の性差の結びつきを確立しようと急いでいる。二〇〇二年に彼と別の大学院生であるスヴェトラーナ・ラッチマヤは、実験で観察した生後一二カ月の女児たちは、同月齢の男児たちよりも多く目を合わせたと主張した。この研究は二〇〇回以上、ほかの研究者によって引用されてきた。

さらに二〇一四年に、バロン＝コーエンと共同研究者らは、世界最大級のデータを用いた研究結果を発表した。一九九三年から一九九九年にデンマークで医療上の理由で妊婦から採取された一万九〇〇〇人以上の羊水サンプルだ。胎児期の高いテストステロン・レベルが自閉症と結びつき、「極端な男脳」になるという彼の仮説を確実に証明する一連のデータが存在するとすれば、それはこのサンプルだった。彼のチームはこれらの羊水サンプルのホルモン・レベルを測定して、赤ん坊がどれだけ多くのテストステロンにさらされていたかを確かめた。彼らはその後、これらの結果を、この一連の子供たちが成長したあとの精神科を含む医療記録と付け合わせた。これは驚くほど大きく、完璧に揃った被験者情報だった。

このデータベースには、自閉症スペクトラムの症状があると診断された一二八人の男性が含まれていた。だが、メリッサ・ハインズによると、バロン＝コーエンの結果は胎児期の高いテストステロン・レベルとこれらの男性のあいだに直接の関連を示すものではないという。「あれは最終試験のようなもので、テストステロンと自閉症スペクトラムと診断されることに相関関係はなかったのです。しかも、研究はこれ一件だけで、それが裏付けにはなっていません」

「極端な男脳」とテストステロンに明確な関連があるという証拠がないため、二〇一四年に研究結果を

『モレキュラー・サイカイアトリー』誌に発表した折に、バロン＝コーエンと共同研究者らは代わりに、テストステロンを含むが、女性ホルモンのプロゲステロンとエストロゲンもやはり含むホルモンの混合物と自閉症のあいだの相関関係がわかったと主張した。このように発表した理由を、彼は次のように私に語る。「その経路にある性ステロイド・ホルモンが互いに独立していないことにあります。それぞれはその前駆体から合成されるので、一つのホルモンのレベルが経路上の次のホルモンのレベルにじかに影響するのです」

ハインズはそれ以来、胎児期のテストステロン・レベルと先天性副腎過形成症を患う子供の自閉症的特徴との相関関係を独自に研究し、二〇一六年に『ジャーナル・オヴ・チャイルド・サイコロジー・アンド・サイカイアトリー』誌に発表した。彼女はそこになんの関連も見いださなかった。バロン＝コーエンはまたもや間違っていたことが証明されたのだ。

ハインズは、自分の研究分野で起きていることについてどう思っているのか、私は考えずにはいられない。彼女は「性差別主義」という言葉こそ使わないが、一部の科学者が生物学的な性差やジェンダーの違いに関しては、かならずしもその本領を発揮していないと考えてはいる。「彼らが意図的にやっているとは思いません。こうしたことは私たちが日々かかわっていることなのだと思うのです」と、彼女は言う。ジェンダー問題は、誰もが何かしら見解をもっているテーマの一つだ。そしてもちろん、誰もがそれをじかに経験している。となれば、この分野においてときに客観性が欠けるのは、驚くべきことではないのかもしれない。

「データから自分たちの意見を切り離すのは難しいものです」と、彼女は忠告する。「これは人の心が働きかけることなのだと思います。人の心は、男らしさを定義するものと、女らしさを定義するものを求めたがるのです。男らしさは、歴史においては心理的なものでしたが、現代では〔実際の活動における〕有益性となっていますから、これはシステム化のようなものです。かたや女らしさは育むことや温かさですから、共感のようなものです。というわけで、似たような形でこれを概念化してきた長い伝統があるのです〔……〕。ただ、そこからどう導かれるのかはわかりません。〔男女に共通した〕重なり合う部分も多々あるからです。ですから、誰かをテストして点数をだして、この人は男でこちらは女という具合にはなりません。個人差があまりにも大きいのです」

「非常に個人差もあり、重なり合う人びとに関して話をするときは、本当に特段の注意を傾けなければならないと思います」と、アン・ファウスト＝スターリングも同意する。

サイモン・バロン＝コーエンによる男脳と女脳の学説はほとんど意味をなさないと彼女は考える。出生前のテストステロン・レベルをその後の行動上の性差と結びつけるのは、「ともかくこれは説明上の多大な飛躍で、これほど大きな飛躍をすると、科学的にはほとんど説明にならないと思うので、私としては釈然としません〔……〕。確かに違いは見られるし、その結果に同意しないわけではないのです。私が同意しかねるのは、これが生来の、先天的なものを意味するという考えへの飛躍です。出産前のことにただ飛躍すると〔……〕きわめて重要で、きわめて社会的なことが起こっている発育期の時期全体を見逃すことになります」。

ファウスト＝スターリングは、生まれか育ちかを問うことを古臭いと考える生物学者と心理学者の前衛に属している。「体が社会のなかでどう機能するのかを確かめ、実際そうであるように、体を社会的に形成された存在として理解するためのよりよい見方があります」と、彼女は説明する。男と女は異なるかもしれないが、それは個々のすべての人が、隣の人とは異なるのと同じ意味で違うだけなのだ。あるいは、彼女がやはり述べていたように、「ジェンダーの違いは二個の別々のバケツに振り分けられるのではなく、連続体の上に〔点々と〕落ちてゆくものなのです」。

「人はえてしてこの問題をどちらか、といった形で考えがちだと思います」と、テオドーラ・グリーガも同意する。女児と男児は非常に異なるのか、それとも同じなのか。現在、形成されつつある科学的概念は、生物学的な差異はごくわずかに存在するかもしれないが、これらは社会によって容易に強化されるため、子供が成長するにつれてその違いがずっと大きく感じられるようになるというものだ。「違いは強化されれば、どこでも見つかるというのが、私の考えです。私たちはカテゴリー分けするのが好きで〔……〕カテゴリーを必要としているのです。そのため、いったんこうと決めて「これは女の子」、「これは男の子」とラベル付けをすると、私たちには根強い文化的な先入観がいくらでもありますから、能力の違いも生みだせるのかもしれません。たとえば、身体的能力でも、男児にたいしてはより活発になって、危険に立ち向かうよう後押しすれば、もちろん、のちに成長したときには、異なって見えるようになるでしょう。でも、だからと言ってその違いが生物学的なものだったというわけではありません」

いま私たちにある二元的カテゴリーの代わりに、すべての人を生物としてだけでなく、発達する「系」――育児と文化、歴史、経験によって、つねに変わりゆく無二の産物――として捉えるべきだと、ファウスト＝スターリングは考える。こうして初めて、世界のいたるところでなぜ女と男は互いにこれほど違って見えるのかという問題の核心に本当の意味で到達することができるのだ、と彼女は主張する。たとえ、数学の能力や知能、運動能力、およびその他ほぼどんな基準の研究も一貫して、男女は異なっていないことを示しつづけても、である。

玩具の好みが一歳以上になるまで現われないとすれば、そしてその他の違いはさらに年齢を重ねるまで目に見えてこないとすれば、一歳になるまでにほかに何が起こりうるのだろうか、と彼女は問う。たとえば、まともに探究されてこなかった研究の一つは、人生の最初の一年間に正確にはいくつの赤ちゃん用玩具を与えられるのか、そしてその玩具がどんな種類のものなのかを数える調査などだ。「男の子ならば、男児用の玩具をより多く目にするだろうし、女の子なら女児用のものをより多く見るだろうとは言えますが、正直に言えば、それを示すデータはありません」と、彼女は言う。

ファウスト＝スターリングは、最も新しい研究プロジェクトのなかで、子供と遊ぶ母親たちを撮影することによって答えに近づこうと試みた。彼女はある顕著な事例について語る。「生後三カ月の小さな男の子が、ただソファにもたれかかっているのです。自分でまだお座りできるほどの月齢にも達していませんが、いわばクッションで支えられています。母親はその子を遊びに引き込もうとしており、顔にやわらかい小さなフットボールを押しつけています。アメリカン・フットボールです。［……］このフットボールをその子に突きつけて、こう言うのです。「フットボールはいらないの？　お父さんみたいにフットボールをしたくないの？」その子はただクタッとした物体のように座っています。彼はどちらにせよ、なんの関心もないのです」

こうした行動の衝撃は、些細《ささい》なことのように見えるかもしれないが、長くつづくものとなりうる。「そのようなやりとりが最初の数カ月間に繰り返しつづいて、ある時点でその子が手を伸ばして摑むと、母親から非常に強い正の強化反応を得ることになります。生後四カ月か五カ月、六カ月ごろ、それができるぐらい大きくなったときにです」と、ファウスト＝スターリングは説明する。男児とフットボールのあいだのこの関係は、それによって母親がいかに喜ぶかを見て強化されるし、こうした玩具がその子にとってすでに馴染みのあるものになっているためでもある。「この子は大きくなって、ボールに身体的に触れ合うことがより可能になったころに、またそれを見るかもしれません。すると、ただボールを見て、あの玩具だとわかることが、ある種の喜びをもたらすかもしれないのです」。自分で玩具を選べるようになるころには、男の子はアメリカン・フットボールが大好きであるように見えるのだ。

ファウスト＝スターリングは彼女の研究チームが行なった母親たちの観察から、男児が女児とは異なる扱いを受けている証拠が浮かびあがってきたことも付け加える。それが成長の仕方に影響をおよぼしているのかもしれないのだ。「息子をもつ母親は、私が研究する集団でははるかによく子供を動き回らせます。場所を変え、一緒に遊びますが、話しかける時間は少ない。身体的に動き回らせているときに、母親たちはより愛情を示します」。このことは単に男の子が最初から体をより動かしたがるからかもしれないが、これもまた、充分に研究されていない発達プロセスのもう一つの要素なのである。

ファウスト＝スターリングの研究などは、練り粉の塊のような発育期の子供の初期の段階には、小さな親指の跡が無数についているという事実を補強するものだ。脳にたいするホルモンの影響や、その他の深く根ざした生物学的格差がかならずしも、両性間に見られる相違点を生む最も有力な理由とは限らない。男児と女児が互いに違って見えるように育つ理由は、文化と育ちのほうがよりうまく説明するかもしれない。

そしてかりにそうであるとすれば、文化における変化や、育つ過程での細かい違いが、こうした差異を覆す可能性もあるだろう。「障害と思われるものがあるとすれば、それが体内でどう発達し、どこからもたらされたのかを理解しても仕方ありません。ごく最初の段階から、体は文化によって形成されることを理解しなくてはならないのです」と、ファウスト＝スターリングは説明する。「誕生時に赤ん坊を放置すれば、その子の脳は発達しなくなり、かなり混乱した状態になります。子供に高度の刺激を与えて、それが通常の発達の範囲であれば、今度は思いもよらないあらゆる種類の能力を発達させるし、さもなければ発達させるだけの潜在能力がなかったということです。ですから、問題はつねに、発達がどう作用するかという点に舞い戻るのです」

メリッサ・ハインズは、テストステロンが行動上のわずかな性差の一部を説明するかもしれないことを示す、彼女自身の研究があるにもかかわらず、「生まれ」によって女の子の運命が決められる理由はないということに同意する。「テストステロンが出生前に特定の方向にさまざまなことを引き起こすのだと私は考えますが、だからと言ってこれは避けようがないものではありません。川のようなものなのです。そう望めば、その流れは変えられるのです」

川の流れを変えることは、思っている以上に易しい。そもそも変えたいと願う社会しだいなのだ。そして現状は、冷静かつ合理的な科学者ですら、男女間の違いを探し求める意欲を捨てきれない世の中なのだ。脳におけるテストステロンの影響は、一例に過ぎない。二〇一三年に、台湾、キプロス、イギリスからのチーム（そのうち偶然にも、指導者の一人はサイモン・バロン＝コーエンだった）が別の問題を浮き彫りにした。彼らは脳の容積と密度における性差を調べた数多くの独自研究を集め、そこから要約すると何が言えるかを試みた。翌年に発表された彼らの論文のなかで、同チームは男性の脳は通常、女性の脳よりも大きいと宣言した。その差は八ないし一三パーセントの範囲だった。

これは目新しいことではない。男性のほうが平均して女性よりもやや頭が大きく、脳もやや大きいことは昔から知られてきた。これは一世紀以上のあいだ科学雑誌にたびたび登場してきた研究結果なのだ。だが、それはどれだけ時が経過してもなくなりはしない一つの問題を示している。脳の研究者は差異を追及して男女それぞれの頭骨をあさり回わる衝動に、抗《あらが》えたためしがない。そして彼らがこの企てに固執する理由は単純だ。男性の脳が物理的に女性の脳と異なって見えるのであれば、おそらく両者の脳内でも異なったことが起きていることを裏付けることにもなるからだ。

4　女性の脳に不足している五オンス

女性の脳の明晰さと強靱《きょうじん》さは、「女心」と蔑まれてきたものに長年、やかましく浴びせられてきた侮蔑の不公正さを繰り返し証明する。
——シャーロット・パーキンス・ギルマン『婦人と経済』(一八九八年)

一九二七年九月二九日に、死んだ脳がニュースとなった。これはアメリカの大学新聞『コーネル・デイリー・サン』紙の五ページ目に掲載された。

その理由を伝える前に、この脳の持ち主について語らせてもらおう。これは教師で著述家でもあったアリス・チェノウェス・デイの脳だった。死亡時には、ヘレン・ハミルトン・ガーデナーというペンネームでより知られていた。一八七五年以降、ガーデナーはニューヨークに住み、そこで女性の権利を熱心に擁護するようになった。著作の一つ、『人生の事実と虚構』〔*Facts and Fictions of Life*　未邦訳〕は、結婚と不平等な教育を通して、社会によって従属的な立場に女性が置かれているやり方に抗議するものだった。ガーデナーの著作は、同時代のイライザ・バート・ギャンブル〔本書第1章〕の著作に相通ずるものがあった。ギャンブルもまた、科学的な「事実」が男女平等に向けた闘いにおいて、女性を抑え込むために使われるやり方に腹を立てていた。一八八八年に、彼女はワシントンDCで開かれた国際婦人連合の大会で、「脳における性差」と題した講演を行なった。その講演で彼女は、女性の脳は男性の脳よりも軽いために、その延長線上で、女性のほうが知的でないに違いないとする一部の科学者の主張に反論した。こうしたことを述べて注目を集めていた人の一人が、ウィリアム・アレグザンダー・ハモンドだった。ほかでもないアメリカ陸軍の元軍医総監で、アメリカ神経学会の創設者の一人である。

ガーデナーは、ハモンドが間違っていることを証明するのに必要な教育は受けていなかった。「顕微鏡や計測器を使って集められ、反論の余地のない統計に変えられた科学的事実を、あらゆる議論の論拠とする人びとが占めると考えられている分野で敢えて論争を始めるほど、解剖学や人類学の知識がある」人はほとんどいなかったと、彼女は嘆いた。科学者がそのような途方もない主張をしようと考えたら、彼女をはじめとする一般庶民は、それに対抗するために何ができただろうか?

「私はついに恐怖で震えながら、この学問について彼が知っていることを学ぶか、途上で命尽きるかだと決心した」と、彼女は公言した。彼女は結局、大御所のウィリアム・ハモンドに立ち向かえるくらい脳の生体構造を理解しようと、ニューヨークの医師エドワード・スピッツカのもとで働くことになった。スピッツカはアメリカ神経学会の会長にその後まもなく就任した。ニューヨーク周辺の二〇人の解剖学者や医師と文通しながら、ハモンドの統計を細かく分析できるようになるまで一年と二カ月の歳月を要した。

最終的に『ポピュラー・サイエンス・マンスリー』誌に投稿した見事なまでに巧みで機知に富む手紙のなかで、ガーデナーは自分が出会った専門家は誰一人として、出生時の脳の男女の違いを見極めることはできなかったことを明らかにした。成人のものですら、提示された脳が男性のものか女性のものかは、単に推測するしかない。両性間の重なりは、ともかく大き過ぎるのだ。彼女の最も鋭い見解は、人の脳の重量はいずれにせよ知能の尺度にはなりえないということだった。重要なのは、体重にたいする脳重量の比率、もしくは体の大きさにたいする脳の大きさなのだった。さもなければ、「ゾウが私たちの誰よりも深くものを考えることになりかねません」。それどころか、クジラのように巨大な生物が、それに相当する巨大な脳をもっていれば、天才なのだと予期すべきことになる。

彼女の議論は説得力があったが、有無を言わせぬほどのものではなかったようだ。ウィリアム・ハモンドは五ページにわたる長文の手紙を書いてそれに応えた（彼女の口調が「あまりにもひどい」ので、書くのをやめようかとも思ったと苦情を述べた）。彼女が言及した「二〇人の主要な脳の解剖学者」を嘲笑しながら、ハモンドは自身の研究結果を繰り返した。彼はさらに、「知的にいちじるしく発達していた男性一〇人」はとりわけ脳が重いことがわかり、平均で五四オンス〔約一五三〇グラム〕以上あったとも言い添えた。「そこで、ミス・ガーデナーと「二〇人の主要な脳の解剖学者」等々に、これらの脳のうち最少のものと同じくらい重量のある女性の脳を、人類学の記録や彼ら独自の膨大なコレクションから探していただくことにしよう」と、彼は反論した。

ガーデナーの手紙が掲載されてから一カ月後に、著名な進化生物学者でチャールズ・ダーウィンの友人であるジョージ・ロマネスも論争に加わった。「女性の脳の平均重量は男性のものよりも五オンス〔約一四二グラム〕不足していることを考えれば、単に解剖学的な根拠から、前者では知能がいちじるしく劣等であることを予期するよう心得ておくべきである」と、彼は『ポピュラー・サイエンス・マンスリー』で論じた。「事実には真っ向から向き合わねばならない。過去の女性が心理学的〔神経科学的〕なレースで失った地歩を、将来の女性が回復するのにどれだけの時間がかかるかは、なんとも言い難い。だが、最も好条件下で育んだとしても、また男性の頭脳に変わりはないと想定してすら〔……〕女性の脳に不足している五オンスが遺伝によって生成されるようになるには、何世紀もの歳月がかかるはずだということは、確信をもって予言できよう」

不足している五オンスをめぐる争いは激しいものであり、ヘレン・ハミルトン・ガーデナーの存命中には決着を見なかった。ウィリアム・ハモンドやジョージ・ロマネスのような科学者は、「彼らの事実の評判を汚し、その信念には目をつぶりつづけた」と、彼女は述べた。

ガーデナーは彼女らしく、自分の死後に脳を科学の手に委ねることを約束した。一九二五年に、彼女の脳はコーネル大学のワイルダー脳コレクションに収められた（いまも瓶に保存されてそこにある）。それゆえに、一九二七年にヘレン・ハミルトン・ガーデナーに関する記事が『コーネル・デイリー・サン』に掲載されることになったのだ。彼女の脳は重量を量られると、平均的な男性の脳よりほぼちょうど五オンス少なかった。だが、それによって彼女の正当性が否定されたわけではなかった。「ミセス・ガーデナーは、自身の脳の構造のなかに女性の脳が同等の男性の脳よりもかならずしも劣るものではない豊富な証拠を示していた」と、同紙の記事は明言した。彼女の脳はたまたま、コーネル大学の解剖学と神経学の教授であったバート・グリーン・ワイルダーの脳と同じだけの重量があったのだ。この脳コレクションそのもの名誉ある創設者である。

ガーデナーの主張は明らかになった。今日では、脳の大きさが体の大きさと関連することは明確に立証されている。インペリアル・カレッジ・ロンドンの脳科学の学科長ポール・マシューズは私にこう語る。「頭骨の大きさで修正しても、男女間にはごくわずかな差異はありますが、両者の脳は異なるよりもはるかに似たものです」。不足している五オンスの説明はついたのだ。

だが、今日ですらそれによって科学者は、男女で異なる思考がなされている証拠を求めて、脳を探るのをやめたりはしない。

「男のほうが見たり実行したりするのに苦労しない」

「最初に性差の研究に関心をもったのはいつのことでしたか？」と、私はペンシルヴェニア大学ペレルマン医学大学院の心理学教授、ルーベン・グアに質問する。一呼吸置いてから、「思春期以来ですかね！それ以前は、さほど興味がなかった」と、彼は冗談を言う。

ルーベンは二人のグア氏の片方で、もう一人は彼の共同研究者であり妻のラケル（同大学院の精神医学の教授で、インタビューの依頼には回答がない）で、グア夫妻は男女の脳がいかに異なり、それが何を意味するのかを理解することに研究者としての人生を捧げてきた。この分野における彼らの最初の実験は、ルーベンが三五歳だった一九八二年に発表された。健康な人の脳の血流を測定したところ、驚いたことに、彼らは女性のほうが男性よりも一五ないし二〇パーセントは血流速度が速いことを発見した。これはじつに思いがけない結果だったので、翌朝にはCNNの記者が研究室の外でインタビューをしに待っていたと、彼は私に語る。

これが、長年にわたって科学出版物の見出しを飾った一連のテーマの最初となった。タイミングもうってつけだった。一九七〇年代には、ジェンダー研究者や女性の権利の運動家たちが男女の生物学的な性差を探し求めるのは性差別主義だと主張したため、性差の研究は衰退期にあった。ちょうど、黒人と白人の違いを探ることが人種差別主義であったのと同様のものだ。だが徐々に、それが再び受け入れられるようになった。神経科学は、その前途に横たわる課題から判断すれば、まだ揺籃期にある分野だ。脳はこれまで誰も研究したことがないほど稠密《ちゅうみつ》で複雑な代物であり、そこには何十億もの神経細胞と、そのあいだを接続する考えられないほど洗練された網目がある。だが、新しい画像技術のおかげで、近年その理解は深まっており、科学者は脳の活動がこれまでになく細部にわたって理解できるようになった。こうした技術が、性差の追究を再燃させたのだ。二〇〇六年には、グア夫妻はアメリカのトーク番組『トゥデイ』に招待されて、同番組の医学関連編集者の脳と彼女の夫の脳のあいだの違いを、こうしたスキャナーの一つを使って突き止めて見せた。

脳における性差を探し求めることは、現代では社会的に受け入れられているだけでなく、ほとんど流行のようにすらなっている。「一九八二年当時は、私たちは荒野の一匹狼でした。いまでは誰もがこれをやっていますよ！」と、ルーベンは笑う。

一九世紀から変わったのは技術だけでなく、人間の頭骨内にあるものに関して私たちが知っていることもまた然りだ。研究者はもはや石炭の塊のように脳の重さや大きさを測ったりはせず、［スキャンした］結果が人間の行動や知力について何かしら語るのだと想定する。「もちろん、男性の脳も女性の脳も、その他の生物の脳と比較すれば、互いにより似ています」と、ルーベン・グアは認める。しかし、この類似点は別として、彼はそれでもやはり女性の脳は多数の点において異なっていて、このことがひいては、女性がいかに考え行動するかを明らかにするのだと確信している。「脳の全容量は体の大きさに見合っているが、脳内の組織の構成は違っていて、女性のほうが灰白質《かいはくしつ》の割合が高く、男性は白質の割合が高いのです」

この見解の上に、ジェンダーをめぐる争いの最近の戦場は広がっている。脳の大きさがなんらかの差異を生むことを証明し損なったため、グア夫妻のような科学者は代わりに、その構成に関心を向けたのだ。

人の脳の横断面は、切りたてのカリフラワーのように見える。花があるところはピンク味を帯びた灰色の部分で、灰白質と呼ばれる。これは一般に、エネルギーを消費する馬車馬的な部分であると考えられているところだ。灰白質で、脳細胞の組織は化学的信号を電気メッセージに変えて脳内に伝わるようにし、筋肉の制御や視力、聴覚、記憶、発話、思考といった機能を脳が担えるように助ける。このために、ときとして「灰白質」の用語はただ「脳」と言い換えられて使われる。

だが、脳にはカリフラワーのおいしい花の部分以外のところもある。硬い茎部分に相当するところには白質があり、脳細胞の細い紐《ひも》状の尾の部分が含まれており、それが遠く離れた脳のさまざまな部位同士を結びつける。これらは都市間を走る高速道路のように、脳にとって欠かせないものだ。白質内の結び付きを使って脳の構造を理解することは、神経科学ではかなり新しい動向だが、これはいまでは重要であることがわかっている。

こうした研究は、拡散テンソル画像という脳のスキャニングのかなり新しい技術によって支えられており、おかげで研究者はこれらの配線の結び付きの強さを描くことができるようになった。ポール・マシューズは私にこう語る。「これはゲームの流れを完全に変えました。それによって大規模の観察ができるようになるからです。脳全体を手際よく見られるのです」。かつては何年間もかかったような観察が、いまや午後の時間だけで終えられる。ルーベンとラケル・グアが大所帯の研究チームとともに、ある重要な研究で用いたのは、この技術だった。『全米科学アカデミー紀要』の二〇一四年一月号で発表されたもので、女性の脳がいかに男性の脳とは異なる配線になっているかを見つけだしたものだ。

二人の論文は、性差に関して毎年発表されている何百件どころか何千件にものぼる研究のなかでも際立っていた。理由の一つは、同チームが八歳から二二歳までの一〇〇〇人近い被験者という、非常に大きな集団を研究したことだった。このことは論文の科学的な価値を高めるのに一役買った。もう一つの理由は、その研究結果が劇的であったことだ。ルーベン・グアによると、一九九九年に彼が行なった研究から、男性は「脳のはるかに高い割合を白質が占めている」ことが明らかになっていた。一方、「女性は同じ容量か、それ以上の容量を脳梁《のうりょう》にもっている。これは白質の最大部分で、脳の両半球を結ぶ神経線維からなります」。二〇一四年のこの新しい研究は、白質のこれら二つの領域の内側にある接合部〔シナプス〕の強さを調べるために、容量以上のことにまでおよんだ。そして、男性は脳の左右の半球内部により多くの接合部があり、一方、女性は脳の両半球のあいだにより多くの接合部があることを裏付けるようだった。

発表された論文には、青やオレンジ、緑、赤の線が重ねられた脳の鮮やかな画像がちりばめられ、こうした経路の一部がいかに強力なものであるかが示されている。なかでも一枚の画像は世界中の新聞やウェブサイトに転載された。これは男性の脳内で半球内部を青い線が縦横に走る様子を示したもので、その下方には両半球のあいだにオレンジ色のジグザグ線があり、配線が密集する様子を示す女性の脳がある。これは見出しを飾るのにまたとない材料となり、男女がいかに異なった思考をするかをまさしく文字どおり表現したものとなった。

論文が発表されると、アメリカの『アトランティック』誌はすぐさま「男女の脳は実際に構造が異なる」と宣言し、イギリスの『デイリー・テレグラフ』紙は「男女の脳は両極端」と発表した。オンライン雑誌の『ザ・レジスター』は完全に納得してはおらず、皮肉を込めて「女性は駐車が下手と、公式発表」と書いた。

世界の人びとの関心を本当に捉えたのは、自分たちのデータが男女それぞれの振る舞いについて語るかもしれないと科学者が示唆した内容だった。同じ一連の人びとを対象に実施され、それに先立つ二〇一二年に発表された行動研究では、「顕著な性差」が見られたことが主張され、「女性は注意力と言語、顔の記憶、社会的認知テストで男性よりも優れており、男性は空間処理と運動、感覚運動速度に長けていた」とされていた。拡散テンソル画像を使って作成された新しい配線図は、こうした性差の一部を説明できるだろうとグアらは述べた。

「空間処理を行なうためには白質が必要です。三次元の物体をつくりだすには、さまざまな領域間が大量に相互接続している必要があり、異なった方向に頭のなかでそれを回転できなければならないのです」と、ルーベン・グアは説明する。これはどうやら、男性の考え方の特徴なのだ。「男のほうが見たり実行したりするのに苦労しないわけです」。このことが実際には何を意味するのか、私がたたみかけると、男性のほうが目で見たことに速く反応するかもしれないと、彼は述べる。たとえば、ライオンが襲いかかってくるのに気づいたら、男のほうが素早く逃げられるかもしれないのだ。一方、女性では「脳の言語と分析」にかかわる部位と、「空間的、直感的な部位」が結びついていると彼は考える。「女性は、言語による思考を直感とともにまとめるのに苦労しないのだと思います。直感力が優れていれば、その直感を少なくとも自分たちにたいしては、より明確に話すことができるでしょう」と、彼はやや曖昧に憶測する。

論文が公表されると、報道陣はペンシルヴェニア大学医学大学院から送られたプレス・リリースを頼りにすることになった。研究結果を一般大衆が理解できる言葉に言い換えることを目的としたものだ。その結果、このリリースは論文で実際に述べられていた内容を逸脱した主張をすることになった。ルーベン・グアと共同研究者らが明らかにした脳の配線の違いから示されるのは、男性は一つの仕事を実行するのに優れ、かたや女性は複数のことを同時にするのが得意だということだと、そのリリースは述べたのだ。グア自身は、この主張を裏付ける科学的証拠は見たことがないし、そんなことがどうしてプレス・リリースに書かれたのか自分でもわからないと私に認める。

論文の共同執筆者の一人で、ペンシルヴェニア大学で生物医学画像分析を手がける准教授ラーギニー・ヴァルマは『ガーディアン』紙に、「自分たちの頭のなかにあると考えられている多くの既成概念と結果が一致したことに、私は驚きました」と語り、こう言い添えた。「女性は直感的な思考に優れています。ものを記憶するのも得意です。話をする時、女性はより感情的にかかわります。相手の話すことをよく聞くのです」。『インディペンデント』紙には、彼女は次のように語った。「直感は、考えずに考えることです。本能的な感覚と呼ばれるものです。女性は男性よりもこの手のわざには優れていることが多く、それはよい母親であることと結び付いているのです」

男女のこのような特徴付けは、ときおり婉曲《えんきょく》的に、男女は互いに「補完し合う」ものなのだとして表現される。異なってはいるが、対等であると。男女はそれぞれに役立っているのであり、ただ同じ事柄においてではないのだという。これは一部の宗教書に言い伝えられてきた考えだが、社会における女性の役割をどう定義すべきか思想家たちが取り組むなかで、啓蒙時代のヨーロッパでも人気を博した考えだった。一八世紀の哲学者ジャン゠ジャック・ルソーは男女の平等に反論した——男女を問わず——多くの知識人の一人だった。彼の根拠は、男女は肉体的にも精神的にも同じではないことにもとづくもので、男女はむしろ別々の世界で棲《す》み分けるよう意図されているというものだった。補完というこの概念はヴィクトリア朝時代を通じてもてやはされ、最終的に一九五〇年代に郊外に暮らす中流階級の主婦に象徴されるようになった。このような主婦たちは妻として、母としての自然の役割を全うし、その夫は大黒柱としての役割を全うした。

ルーベン・グアによると、彼の研究結果は女性が男性を補完するというこの考えを強化するものだ。その結果が脳について何を語るのかと私が質問すると、「私は両性間の補完というものに感銘を受けています」と、彼は答える。「男女のいずれかが得意なことがあると、もう一方はそれが不得意であるかのようであり、何かしらの性差が一方に見られれば、それを補う効果が異性の側に見つかる。生物学的に、われわれは互いに補完するようにできているのです」

「特定の使命を帯びているのだと思う」

「これは一八世紀、一九世紀の問題です。本来はこうした用語を使って語るべきことではありません。なぜまだこんなことをしているのか、私にはわかりません」と、バーミンガムのアストン大学で認知神経画像を専門とするジーナ・リッポン教授はこぼす。ヨーロッパに現存する自立式レンガ建築物としては最大級の彼女の細長い研究室には、神経科学とジェンダーに関する本が随所にある。棚には小型の脳模型が二つと、頭骨の形をした白いコーヒーカップがある。彼女は神経科学者であり、かつ心理学者でジェンダー専門家という、各国にちらほら存在する少数ながら数を増やしつつある研究者の一人で、脳に顕著な性差が見られるという主張に必死の抗戦をつづけている。彼女は二一世紀において、かつてのヘレン・ハミルトン・ガーデナーの闘いを繰り広げているのだ。

リッポンはウォーリック大学で二五年間、女性と精神衛生に関するコースを教えるなかで性の問題に関心をもつようになった。男性よりも女性のほうがうつ病や摂食障害を患いやすく、こうした女性の病気は生来のものに起因するのだと、すなわち女であるがゆえに罹患しやすいのだとたびたび説明されることに彼女は気づいた。だが、そのような精神的問題には、むしろより大きな社会的原因があると確信した。そこから、生物学的な説明がこと女性の問題となると、いかに利用され、悪用されるかという問題に急速に惹かれるようになった。

「それで私はフェミニストの生物学者と呼ばれるようになりました」と、リッポンは私に語る。

二〇〇〇年に彼女はアストン大学に赴任して、神経画像による研究を始めたとき、最新の強力な画像技術が女性に関する研究にどのように使われているかを調べることに決めた。脳波検査（EEG）のような技術は、頭骨の表面からの電気信号を研究するためにすでに一世紀近くにわたって使われていた。だが、一九九〇年代になって、機能的磁気共鳴画像法（fMRI）――脳の活動における変化を血流が多い領域を測定することで追跡する技術――がこの分野を一新した。新しい研究が一気に増え、その多くは視覚に訴える脳の色鮮やかな画像を伴って登場した。

それとともに、「認知神経科学は誕生した」と、ポール・マシューズは私に教える。これは人がそれぞれに異なった作業をするときや、さまざまな情動を経験するときに脳の活動に何が起こるかを観察するうえで最も人気のある方法となった。

この新しい技術は明るい前途をもたらしたが、そこから描かれる画像はつねに好ましいものではなかった。女性にとってはなおさらだ。「新興の脳画像が語る物語と性差とともに、私たちがどこへ向かうのか二〇〇八年に再検討したとき、私は愕然《がくぜん》としました」と、リッポンは言う。ペンシルヴェニア大学でルーベン・グアが行なったものを含め、一部の研究は、ほぼあらゆることに脳の性差を認めたのだ。例としては、言語や空間認識能力を使う作業、朗読を聴くこと、心理的ストレスへの反応、情動の体験、チョコレートを食べる、猥褻《わいせつ》な写真を見る、においを嗅ぐことまでが含まれていた。同性愛の男性の脳は、異性愛の男性の脳以上に、異性愛の女性の脳と共通していると主張する人もいた。「無茶苦茶だと思ったので、とにかくこれにのめり込んでいきました。つまり、過去に女性が大学に行くと生殖器系に差し障りがあるから、行くべきでないなどと言っていたのと、まったく同じやり方で利用されているのです」と、彼女は私に語る。

リッポンだけが、こうした一部の脳研究に眉を吊り上げたわけではない。fMRIが作成する画像は、雑音や誤検出によって簡単に歪む。この技術が到達できる最高の解像度は一ミリ立方程度だが、多くの機械ではそれよりはるかに劣る。これは小さな容積のように聞こえるかもしれないが、脳のように緻密な臓器となると、実際には莫大《ばくだい》な範囲だ。わずか一ミリ立方でも、神経細胞は一〇万個ほど含まれており、接合部であれば一〇億はある。こうした限界を考えると、科学界の一部の人びとは自分たちが脳のスキャン画像からあまりにも多くを読み取り過ぎているのではないかと懸念を覚え始めた。

世界各地で、静かな批判として始まった声はクレッシェンドして高まった。二〇〇五年にクレイグ・ベネットという、当時、ニューハンプシャー州のダートマス・カレッジ修士一年目の学生が機器テストを実施したところ、脳のスキャン画像からほぼどんなことでも読み取れることが図らずも明らかになった。彼と院生仲間は冗談で、真面目な科学的調査を始める前に、まずはfMRIの機器のなかに入れられる最も風変わりなものを探し、それを機器の測定に役立てようと考えた。彼らはまずカボチャから始め、最後にはビニールで包んだ全長四六センチほどのタイセイヨウサケの成魚の死体を試した。数年後、脳画像における誤検出の証拠を探した際に、ベネットはこのサケの古いスキャン画像を掘りだした。その画像は、批判の声が正しいことを証明し、最高の技術ですら誤解を招きうることを明らかにしていた。魚の脳の真ん中に、しかも死んだ魚の脳に、小さな赤い活動領域が三つ集まっているのが示されていたのだ。

サケの実験は笑えるものであったが、これは神経科学におけるはるかに深刻な問題と見なされたものも浮き彫りにしていた。ベネットの魚のいたずらから八年後に、『ネイチャー・レヴューズ・ニューロサイエンス』誌がさまざまな神経科学研究の分析結果を発表し、疑わしい研究が信頼に足らない結果を生みだしているという手厳しい評決を下した。「生物医学研究から引きだされた結論の多く（おそらくは大半）が誤っている可能性があることが主張され、明らかになった」と、その論文は始まった。

著者らは事態を複雑化させる最大の要因の一つは、科学者たちが研究を発表するように途方もない圧力を受けており、科学雑誌は統計学的に有意に見える結果を発表する傾向があることなのだと説明した。大きな効果がなければ、科学雑誌はあまり関心をもたない。「その結果、研究者には結果を素早く発表できるような研究を実践しようとする強い動機が生まれる。そうした実践によって結果が本当の［……］効果を反映する可能性が減ったとしてもだ」と、筆者らはつづけた。神経科学では「統計学的な検出力の低さ」は「慢性病」なのだと筆者らは指摘した。要するに、科学者たちは小さなサンプルを使うなり、実際の効果を拡大するなりといった、お粗末な研究をするべく圧力をかけられており、それによって人目を惹く結果があるかのように見せるのだ。

ポール・マシューズは、fＭＲＩが登場したばかりのころは、多くの研究者が——彼を含め——意図せずにデータを解釈し損ねて、ぼろをだしていたと認める。「そこでできたエラーは、根本的な統計学上のエラーで、われわれはみんなやらかしていました」と、彼は言う。「いまではそれに関してはより慎重になっていますが、それでもエラーをだすことはある。非常に恥ずかしいことです。これは自分がやり終えた作業がなんであれ、そこから結果を引きだしたいという強い衝動から生まれるものです。なにしろ、それ以上はできないので［……］。大半の人は、それが圧倒的多数ではなくとも、わざとごまかすわけではない。彼らがやりがちなのは、探究してきたために興奮していて、自分がデータを探究した度合いを、または探究した結果の意味を、誤って述べることです」
問題は少なくとも認識された。とはいえ、ジーナ・リッポンは性差に関する研究は、それが大きな反響を呼ぶテーマでありつづけるがために、お粗末な研究による悪影響を受けつづけると考える。科学者や科学雑誌にとって、性差に関する人目を惹く研究は、瞬時に世界規模の宣伝ができることに等しいのだ。

大多数の実験と研究からは性差はなんら示されていないのだと、彼女は言う。だが、それらは発表される研究ではない。「これは氷山なのだと私は説明します。水の上にはわずかしか顔をだしていませんが、それは最も小さいながら最もよく見える部分なのです。この分野であれば研究が発表されやすいからです。でも、水面下には膨大な量があり、そこでは性差は見つかっていません」。世間は氷山の一角だけを見ることになるのであり、それが性差を強調する研究なのだ。

ルーベンとラケル・グアは、相当量の研究によってこの氷山の目に見える一角に貢献した、とリッポンは言う。「彼らは特別の使命を帯びているのだと思うのです」

二〇一〇年の著書『ジェンダーの幻想』のなかで心理学者のコーディリア・ファインは、それ自体が証明されていないジェンダーの既成概念に頼る科学研究を表わすのに「神経性差別主義《ニューロセクシズム》」という用語をつくった。ルーベン・グアが脳の白質に男女間の性差があるとした二〇一四年の研究は、「きわめて神経性差別主義的」なものと呼ぶに値するものの一つだとジーナ・リッポンは私に語る。

「ルーベン・グアが生涯をかけて情熱を注いでいるのは、脳に性差があることを調査し、列挙し、突き止めて証明することなのです」と、彼女は言う。「心理的な性差にたいする非常に強い信念をもち、それを脳の特徴という観点から説明しているのです。それが彼のライフワークで、彼の研究所はまだこうした資料を作成しています。圧倒されるような量の研究ですが、それも掘り下げてみるまでです。場合によってはひどく難解な説明になっていますが、実際にはその一部はかなり欠陥があることがわかります」

グアを批判する人びとはたとえば、社会的認知テスト、空間処理、運動速度に関して男女で異なった振る舞いが見られるというグア夫妻の根底にある前提に疑問を呈した。男女間の行動と心理面における差異はほぼいずれもわずかであるか、存在しないことが、研究によって次々に明らかになっている。メリッサ・ハインズをはじめとする研究者は、微細運動技能、空間的可視化、数学能力、言語流暢性に関することでは、男児と女児のあいだに目に付く差異はあったとしても、ほとんど存在しないことを繰り返し示してきた〔本書第3章〕。

白質に関する論文となると、ルーベン・グアと共同研究者が存在すると主張する性差はいずれも、男性のほうが体も脳の容量も大きいという事実によって説明が付くのだとリッポンは説明する。脳が大きくなるにつれて、その他の部分も大きくなるが、脳を正常に機能させるために何が重要であるかしだいで、その比率は変わる。「これを拡大縮小の問題としてみると、灰白質と白質は脳の大きさと相関して変わるので、このことすら大きさが関係するのです」

グア夫妻は統計効果の本当の規模についても、有意というのが実際どの程度かも明言したことがないと指摘する人もいた。「すべての接合部のうちどれだけの割合が異なっているのかは、グアらが本気で取り組まなかった問題です」と、ポール・マシューズは言う。グアと同僚たちは数多くの経路から、何かしらの性差をたまたま示した可能性のあるものをいくつか意図的に選《え》り好みし、彼らが描いた脳の青とオレンジの図にそれらを選択して使ったとして非難した人すらいた。このことはまた、選ばれた経路がすべて活発に使われていることも窺わせるが、かならずしもそうなるわけではない、とリッポンは言う。「これは男女のあいだにはこうした二項対立があり、私たちは完全に別々なのだと思い込むものです」と、彼女は言い添える。ときには私たちの脳は性的二形なのだとして説明されることもある。つまり、同種ながら完全に異なった二つの形態をとるという意味だ。ペニスと膣が二形性の体の部位であるのと同じ意味においてである。グア夫妻の白質に関する論文の最後にある絢爛《けんらん》たる画像から判断すると、性差は絶大なものに見えた。神経科学者でテルアビブ大学の教授であるダフナ・ジョエルは、もともとこの論文を発表した『全米科学アカデミー紀要』への手紙のなかで、こうした苦情を代弁した。「読者の記憶に残るいちばんのメッセージが、単に別々の惑星であるだけでなく、別々の銀河からきた被験者から集めたような「男脳」と「女脳」に関するものであるのは、驚くに値しない」と、彼女は書いた。

確かに、より最近の研究からは、脳の部位における性差は科学者がかつて考えたほど大きくないことが示唆される。たとえば、『ニューロイメージ』誌で二〇一六年に発表された論文は海馬――女性のほうが大きいと多くの研究者が主張した脳の領域――が実際には両性とも同じ大きさであることを証明した。シカゴのロザリンド・フランクリン医学大学の神経科学の准教授リーズ・エリオットに率いられた研究者らは、発表された七六本の論文の結果を調べて、総合すると六〇〇〇人の健康な人びとのデータを分析した。エリオットらの結果は、少なくとも物理的な見地からは、女性のほうが言語を使った記憶力が良く、社交術に長け、感情をより豊かに表現するはずだという思い込みを一掃するのに一役買った。

エリオットはまた、この手の分析が脳梁の太さにも性差はないことを示したとも述べた。平均して女性のほうが太いとルーベン・グアが主張した、白質のまさしくその領域だ。

「男女の型どおりの性差の説明を試みる人にとって、脳における性差は抗しがたいものなのです」と、彼女はその論文が発表されたとき記者たちに語った。「小さなサンプルにもとづいたものであっても、彼らは大評判となります。でも、複数のデータセットを使って、男女双方の非常に大きなサンプルを合体できれば、これらの性差がしばしば消えるか、些細なものとなることがわかります」

「科学は政治的空白で活動するわけではない」

「批判はたわごとだ、批判はたわごとなんですよ」と、カリフォルニア大学アーヴァイン校で神経生物学と行動を研究するラリー・ケイヒル教授は主張する。ルーベン・グアの研究にたいするジーナ・リッポン、ダフナ・ジョエルなどの攻撃は、「誤った」もので「偽り」なのだと彼は私に語る。脳の性差は、「小さいものから中ぐらいのものや巨大なものまで多岐にわたる」のだと彼は言う。そしてこの性差のスペクトラムのうち巨大なほうに白質における性差があるのだ、と。脳の大きさを拡大するだけで差異の説明がつくという説に彼は同意しない。

過去一五年にわたって、ケイヒルは女性の脳は男性の脳と同じではないことを証明するための「十字軍」と彼が呼ぶものに加わってきた。「私の言い分としては、これは自分で探し求めた問題ではない。問題のほうが私を探し当てたんですよ」と、彼は私に説明する。「私はほかの研究者と変わらない神経科学者で、生殖に関連したごく限られた領域のほかは、男だろうが女だろうが、なんら違いはないという前提のもとに幸せに研究に勤《いそ》しんでおりました」。ところが一九九九年に、彼は情動的な記憶と関連するアーモンド形をした脳の部位、扁桃体《へんとうたい》に性差があることを発見した。「私は二〇〇〇年にそのことを発表し、それがルビコン川を渡った〔決定的〕瞬間となったわけです」と、彼は語る。

彼は「十字軍」の遠征にでたとき、年長の研究者から、当時、政治的に厄介な領域と見なされていたところへは入り込まないほうがよいと忠告された。だが、彼はそれでも先へ突き進んだ。「私は子宮からでたときから頑固で、何かについて自分が正しいと確信したら、「機雷がなんだ！　全速力で前進！」と言うほうです。それこそ私がやったことで、それでよかったと思っております」。関連の文献を調べたところ、人間の脳には説明のつかない性差があるという考えを裏付ける論文が「数百本」見つかったと彼は主張した。「性差は、生殖に直接に関連する脳の奥深くのわずかな構造にのみ関係するというわけではない。そうではないんです。性差はそこらじゅうにあるわけです」

ルーベン・グアなどの科学者は、彼らのデータから人間の行動について何が言えるかを推測するだけの資格が充分にあると、ケイヒルは考える。「彼らはそうした性差が何を意味するかについて、至極妥当な推測を行なっている。ちょうど私やあなたが、解剖学的な性差が何を意味するかについて、至極妥当に推測するようなものですよ」

ジーナ・リッポンにとって、これは面倒な闘いとなった。「私たちを性差否定論者と呼ぶラリー・ケイヒルのような人びともいますが、これはフェミニズムであれ、自分が身を投じていると考えるどんな運動であれ、そのさまざまな段階において向けられるのと同種の攻撃です」と、彼女は私に語る。「私は偏執症ではないし、陰謀論者でもありませんが、この分野には非常に強い、かなり強烈な反発があります。こうした議論は奇妙な具合にいくらか許容されていますが、人種や宗教の話となればそうはいきません」。科学界で性差別主義について積極的に発言するため、彼女はときおり反論する女嫌いの男性からeメールを送りつけられる。なかでもひどいメールには、自分の生殖器の写真が添付されている。

最近生じた別の衝突は、イギリスのチェスのグランドマスター、ナイジェル・ショートとのあいだの出来事だった。二〇一五年に彼はチェスの雑誌に挑発的な記事を書き、チェスの最高レベルに女性の競技者がこれほど少ない理由の説明を試みた。「男女の脳は生まれつき非常に異なった回路が具わっているのだから、同じように機能するはずがないではないか?」と、彼は問いかけた。「妻のほうが私よりもはるかに高い心の知能を具えているのを認めることに関しては、なんら問題がない。同様に、彼女はうちの狭い車庫から車を外にだすことを私に頼む際に、恥じることはない。一方がもう一方より優れているのではなく、われわれはただ別の技能をもっているのだ」。彼のコメントが広く拡散したとき、リッポンはBBCラジオ4の番組「ウーマンズ・アワー」に招待され、それについて語ることになった。「女はチェスができないから、女性のチェス競技者は大勢いないのだと彼は考えています。実際には、女性はチェスをしないのです」と、彼女は主張した。女性のチェス競技者は、プロのチェスには攻撃的で男っぽく、性差別主義的な雰囲気があって、寄りつけないのだと語った。

リッポンによれば、彼女の研究分野では科学的データが巷《ちまた》で取り沙汰された場合にはとくに、政治問題と化すのを否応なしに見ることになるという。「科学は政治的空白で活動するわけではないのです」と、彼女は言う。「ほかの科学に比べるとより客観的な科学もあるとは思います。でも、この分野は人間を相手にしているのであって、人間は大型ハドロン衝突型加速器ではないのです」。素粒子物理学とは異なり、神経科学は人間に関するものであり、人が自分自身をどう見るかに深刻な影響をおよぼすものだ。「これは人がよく知らない問題ではないのです。あらゆる人の人生に関することなのです。誰にでも脳はあるし、誰にでもなんらかのジェンダーはある［……］。共学の学校に通っていたか、男女どちらもが働く環境で仕事をしてきたか。そこには男子も女子もいる。そこで性差を見るわけです。だから、本当は［性差など］何もないのだと言うと、それは間違っていると言うんです」。彼女は研究に関して講演する際に、自分の目でそうした現状を見てきた。「学校訪問をして女子生徒に話をすると、学校全体から期待されることが以前よりもはるかにジェンダーを意識したものになっています。こうしたものは有害な既成概念であって、女子生徒たちの将来がそれによって影響を受けています」

アイルランドのメイヌース大学を拠点とする社会心理学者のクリオーナ・オコーナーによると、白質に関するルーベンとラケル・グアの研究は、性差に関する研究がいかに素早くジェンダーに関する人びとの幅広い既成概念に吸収されるかを示す典型例だという。二人の論文が二〇一四年に発表されたとき、彼女はその反応を監視することにした。そこで発見したのは衝撃的なものだった。「この論文はあらゆる主要な全国紙で報道されていたのです」と、彼女は私に語る。「論文から汲みとられた主要な意味は、男女はきわめて本質的で原始的かつ不可避な形で根本的に異なっているという事実だけでした」

オコーナーは何千もの人びとがネット上でコメントをし、ツイッターやフェイスブックのようなソーシャル・メディアでこの研究について論じていることを知った。「会話が発展するにつれて、文化やジェンダーの既成概念がどんどん科学的情報に影響をおよぼすようになり、挙げ句の果てにはもともとの科学論文では述べられてすらいなかった問題の発見だとして、この研究が語られるようになったのです」と、彼女は言う。人びとはプレス・リリースに書かれていたこと――ただし論文には書かれていなかったこと――すなわち、女性は複数のことを同時に処理するのが得意だという考えに飛びついた。まもなく、人びとはこの研究を利用して男性のほうが論理的で、女性はより感情的だと主張するようになった。「この二項対立はプレス・リリースにも元の論文にも書かれていませんでしたが、この研究について議論されているときに、自然発生のような形で言われ始めたのです」と、彼女は言う。

生物学的な性差やジェンダーに関する脳の研究では、こうした歪んだ反応はよくあることなのだと、オコーナーは私に語る。「最初の情報発表がどれだけ中立的な立場であっても、人はえてして徐々に文化のなかに浸透している既成概念や関係性を引っ張りだして、そこに当てはめるのです」と、彼女は説明する。これは人間であることの一部だ。私たちは新しい情報があると、それを分類し、たとえ偏見に満ちたものであっても、すでに理解していることを利用してその情報を理解しがちなのだ。

このように振る舞うべく人を促す別の要因は、自分が属している社会制度を正当化しやすいことだ。自分の周囲にいる誰もが、女性のほうが男性よりも理性的でなく、駐車が下手なのだと考えていれば、その前提を強化する情報がわずかでもあれば、それを自分の頭のなかに貼りつける。明らかに思われることを裏付ける研究は正しく見えるのだ。一方、それに逆らうものはなんでも、異常なものとして片付けられる。だからこそ、ジェンダーの既成概念に盾突く理論が打ち立てられると、私たちはそれを受け入れ難いと思うのだ。

しかし、こうした諸々のこともまだ、答えのでない問題を一つ残している。男女の脳がさほど違わないのだとすれば、ルーベン・グアやラリー・ケイヒルのような研究者はなぜ性差をそこに見つづけるのだろうか？

「脳を二つ見れば、それぞれに異なっている」

今世紀の初め、ロンドン子たちは誰もが知る労働者集団に関する新事実に驚かされた。ごく細い小路や最も目につかない裏道まで、完璧なナビゲーション能力があることで知られるロンドンタクシーの運転手の脳が、その業務によって物理的に改変されていたのだ。

「ザ・ナリッジ〔知識〕」として知られる知的偉業、すなわち、二万五〇〇〇本の通りと、目印となる数千の建物・構造物の場所を暗記することが、タクシー運転手の脳内で記憶を司る領域である海馬の大きさを変えていた可能性をユニヴァーシティ・カレッジ・ロンドンの神経科学者エレナー・マグワイアが発見したのである。この発見は非常に多くの意味合いをもつものだった。一九七〇年代以来、科学者がとりわけ動物実験を介して発展させてきたある考えを裏付けるのにこれが一役買ったのだ。つまり、脳は石に刻んだように子供のころに確定されるのではなく、実際には生涯を通して鋳造し直せるものだという考えだ。

「こうした変化はなんとも小さいが、それでも測定可能なものです」と、ポール・マシューズは言う。音楽家、バスケットボール選手、バレエダンサー、ジャグリングの曲芸師、数学者に関する研究から、脳の可塑性は本物であることが立証された。性差の研究においては、このことは重要な問題も生じさせる。度重なる経験と新しい作業を学ぶことが人の脳を改変できるのであれば、女性であることの経験もまた脳を変えうるのだろうか？　そうなれば、可塑性は成人の脳にときおり見られる性差を説明しうるのか？

ジーナ・リッポンや心理学者のコーディリア・ファイン、およびニューヨークのレベッカ・ジョーダン＝ヤングとスイスのベルンのアネリス・カイザーという二人のジェンダー学者によれば、可塑性は人びとが神経科学で性差について語る際に奇妙にないがしろにされてきた現象なのだという。「私たちの脳は実際には年中たくさんの情報を吸収しており、そこには自分と接するほかの人びとの態度や、自分への期待なども含まれます」と、リッポンは語る。彼女は自分の研究から、単に学習による優れた偉業や心の傷となるような経験だけが脳に影響をおよぼすのではなく、社会によって女の子や女性が扱われるような、長期にわたる微妙な出来事にも影響力があるという見解へ傾きつつある。

この考えは一方でさらに大きな、さらに急進的な新理論に織り込まれてゆき、脳の組織にときおり見られるわずかな性差が、いかに出現するのかを説明するかもしれない。リッポン、ファイン、ジョーダン＝ヤング、カイザーは、生物学と社会は「絡まり合っている」のだと主張してきた。どちらも可塑性という仕組みを通して互いに協調しながら作用し、私たちがジェンダーと呼ぶ複雑な絵を描きだすのだ、と。

彼女らの考えは、ジェンダーの違いが時間とともにいかに移り変わるかを示す証拠によって裏付けられており、その数は増している。アメリカにおける一九七〇年代、八〇年代の研究では、例外的な数学の才能がある男の子の数は、そうした才能のある女の子よりも13対1で多いことを明らかにした。当時、これは衝撃的なほどの不釣り合いだと見なされた。だが、それ以来、アメリカの心理学者のデイヴィッド・ミラーとダイアン・ハルパーン（ハルパーンはアメリカ心理学会の元会長である）は、この比率が4対1、もしくは2対1ほどに低い数値にまで急落していることを指摘した。二〇一四年に『トレンズ・イン・コグニティヴ・サイエンシズ』で発表した論文では、アメリカの学校で行なわれた数学の試験の成績でも格差は同様に縮まっていると二人は言及する。

だが、どうなっているのか？　数学的能力が生物学に根ざすもので、性差が固定したものであれば、年月とともにこのような変化が見られるとは誰も考えないだろう。そのうえ、性差はどこでも同じだろうと考える。ところがそうではない。たとえば、アメリカの幼稚園のラテン系の子供たちでは、男の子ではなく、女の子が算数のテストで最高得点を取ることが多い。「世界中どこでも男は数学が得意だという概念に逆らって、平均的な数学試験における性差は多くの国では見られず、若干の国では逆転している（女性のほうが得意）」と、ミラーとハルパーンは述べる。特定の時と場所では生物学的な性差と思われたものは、結局のところ文化的な差異となりうるのだ。

可塑性と〔生物学と社会の〕絡まり合いは、ロンドンタクシーの運転手が通りの配置を覚えているように、文化が生物学に連鎖的な反応を引き起こしうることを暗示する。たとえば、特定の玩具で遊ぶことが、子供の生物学的な発達に強い影響を与えうることが判明している。「私たちは脳が上達させてくれることがうまくできるようになる。何かに上達するにつれて、脳がそれをできるよう変えてくれるのです」と、ポール・マシューズは説明する。たとえば、アクションゲームやブロックで遊ぶことは、空間認識能力を高める。したがって幼児期に男の子が遊ぶものとして、たまたま人形ではなくブロックのセットをもらうとすれば、男性のほうが空間認識能力に優れているという既成概念は、物理的に生みだされているのだ。社会が実際に、生物学的な変化を生みだす結果となっているのである。

裏を返せば、悪影響のある既成概念にさらすことは、そうした子供たちの能力を損なうことにもなりうる。ミラーとハルパーンが言及するある研究では、女は数学ができないという既成概念を思いださせられた女性たちが、数学のテストでいっそうお粗末な結果をだすことが示され、論議を呼んだ。「既成概念による脅しを取り除けば、男女はともに学業の成績を向上させられる」と、二人は書いた。

脳にこれだけの影響がおよび、現状のごとくジェンダー分けされた社会では、脳にいま見られる以上の性差がないことのほうが、実際には驚くべき事実なのだとリッポンは言う。だが、ジェンダー以上に私たちに影響をおよぼす要因はほかにもたくさんある。可塑性と絡まり合いからは、人生はそれぞれに異なるという単純な理由から、個々の脳はいずれも唯一無二であるに違いないことが窺われる。それゆえに、集団間の違いを見つけようとすると、あちこちで間違いが生じるのだとダフナ・ジョエルは主張する。脳内の性差を示す証拠は、どの脳もその隣の脳とは異なっているために、統計学的に問題が生じるのだ。

神経科学と心理学の研究では同じものを対象としながら、なぜしばしば異なった結果がでるのかを、このことがいくらか説明するかもしれない。ある研究で性差があるとは認められず、別の研究では性差があったと主張する場合、科学者はときおりなんらかの間違いがあって、〔誤って陰性とされる〕偽陰性が生じたに違いないと思い込む。「彼らは、なぜ性差が見つからなかったのかを説明するために、多くの説明をします」と、ジョエルは言う。「おそらく実際には性差はなく、誰かが性差を見つけたのが単なる偶然で、それは実際には偽陽性なのだとは決して言わないのです。科学ではまずそう考えるべきなので、これはとりわけ驚くべきことです。つまり、性差が見つからなければ、おそらく理論のほうが間違っているのだと考えるべきなのです」

そう考えると、多様な環境や偽陰性やお粗末な実験が、男女の脳に性的二形が見られる証拠を曖昧にしているわけではないことがわかる。そうではなく、そもそも脳に性的二形はないのだ。「どの脳もそのほかの脳とは異なっているのです」と、ジーナ・リッポンは説明する。「私たちはもっと指紋に対処するようなアプローチを取るべきなのです。脳には個々の特性といったものがあり、それはその人の人生経験に当てはまるものなのです。そのほうが、全部を一緒くたにしてなんらかのカテゴリーに押し込めようとするよりは、はるかに興味深いものになります」

二〇一五年末にオンライン上の『全米科学アカデミー紀要』に発表されたダフナ・ジョエルの理論は、脳は明確に男性または女性のものである以上に、さまざまな特徴をもつ独自の「モザイク」なのだと述べる。どの人にも、男性に一般的な形態の特徴と、女性特有の特徴が見つかる可能性がある。それを説明するために、彼女はポルノグラフィーとテレビの連続メロドラマを例に挙げる。ポルノを見るのは、男性と強く関連付けられた趣味だが、すべての男性がポルノを見るわけではないし、ポルノ好きの人でメロドラマを見るのが好きな人もいて、後者は女性と一般に関連付けられる趣味なのだ。重なり合うすべての多様な関心事を寄せ集めれば、どんな人のなかにもジェンダーが入り混じったものが見つかるだろう。「もちろん、特徴の大半はただの中間的な形態で、男性にも女性にも共通するものなのです」と、ジョエルは言う。

脳全体でさまざまな性的特徴を探るという考えは、ジョエルを開眼させるものとなった。その着想を得たのは、ラットで環境要因が一部の性差を反転する効果があることを報告する研究からであった。「子育て中に母親がどれだけストレスを感じていても、どこに住もうが、何を食べようが、生殖器は変わりません。生殖器にたいして性別が与える影響は固定していて、始終変わりません。でも、脳にたいする性差の影響は実際にはその反対であることがわかると、つまりなんらかの条件下で一方の性に見られるものが、別の条件下では異性側に見られることがわかったことで、自分が脳にたいする性別の影響について考える際に、生殖器にたいする性別の影響を潜在的なモデルとして使っていたことに気づいたのです」と、彼女は私に語る。「モデルとして、これはよくありません」

研究者が脳をこのように見ることはめったにない。彼らは総じて、扁桃体や海馬など、脳の一つの領域だけを研究するか、数学の能力やポルノを見るといった特定の行動だけを調べる。脳と行動を全体として見ることは、性差の問題ではきわめて異なった結果を生みだす。ジョエルの調査からは、男女双方に関連付けられている特徴について脳にばらつきが見られる人の割合は、研究によって、二三パーセントから五三パーセントにおよぶことが明らかになる。一方、彼女が分析した研究のなかで、純粋に男性的、もしくは純粋に女性的な脳の特徴を具えた人の割合は、ゼロから八パーセントなのだ。

「脳を二つ見れば、それぞれに異なっているわけですが、任意の二人のあいだでどれだけ異なるかは予測がつきません」と、彼女は説明する。この論法からすれば、平均的な男性の脳や、平均的な女性の脳などというものは存在しえない。私たちはみな、それぞれ一人ひとりが、混合体なのだ。私たちの脳には型どおりの性差などないのである。

ジーナ・リッポンやアン・ファウスト＝スターリング、メリッサ・ハインズ、コーディリア・ファイン、ダフナ・ジョエルなどの女性研究者たちの新鮮な視点を得たところで、性差にたいする科学の取り組み方をすぐさま変えることはないかもしれないが、少なくとも、女性の脳は男性のものとは本質的に異なり、さもなければ両者は同一と考えるしかない、という昔ながらの考えに再考を促すことにはなるだろう。これらの研究者たちは白か黒かで分ける過去の考え方を調べ、真実はより灰色に近いことを明らかにする。

カリフォルニア大学バークリー校の哲学者で名誉教授でもあり、現在はヒューストン大学を拠点とするアン・ジャープ・ジェイコブソンは、脳科学におけるこの代替的アプローチを表わす用語として「ニューロフェミニズム」という言葉を考案した。これは既成概念を覆し、脳を客観的に見ようと試みるものだ。「多くの研究は、本質主義と人びとが呼ぶ前提から始まります。つまり、男と女は本質的に異なり、性差は本当に基本のようなものだとする考えです」と、彼女は私に語る。

「性差と両性の類似性をめぐるこの疑問の問題点は、私たちはみんな異なっていて、かつ似ていることにあるのです」と、ダフナ・ジョエルは言う。「脳内の性について研究したいと考えると、人はすぐさま性差の研究だと解釈するのです。でも、ここですでに多くの仮定がなされていて、その第一は脳には男女という二つの集団があるというものなのです。これは科学的に示されるか、証明される必要のある前提なのです。ところが彼らは「これは確固たる根拠なので、ここから始める」と言うのです。私はその確固たる根拠とは何かを尋ねているのです」

ポール・マシューズは、このアプローチが神経科学のための有益な矯正手段となりうるとして同意する。「ある一時点で男女を比較して、それが意味をなすようにするのは複雑な問題です。男女は対立するものとしては実際にはうまく定義されていないからです。個々の脳には非常に多くのばらつきがある。実際、解剖学的なばらつきは、これまでわかっていた以上にはるかに大きいのです。ですから、男性ならすべて例外なく一定の特徴を具えた脳があるという考えは、ありえそうになく思えます。むしろ、あまりにもありえないため、脳の一部をより男性的だとか、より女性的だとか特徴付けようとする考えが、実際には役に立たないと私は思います」

ルーベン・グアは、脳内に性差があることが例外ではなく通常だという確信を変えることは拒むが、このごろでは自分が使う言葉を変えていると私に認める。「脳の構造における性差について語る際に、多くの人が性的二形という用語を使っています。これについては私自身も同罪だ」と、彼は言う。「実際に使っていたんだが、もうそうは言わない。なにしろ考えてみれば、二形について語るときには、実際には性的二形について語っているからです。異なる形態の話をしているんです。ペニスと膣は確かにそうであって、これは性的二形です。乳房があるのは二形だが、脳については、二形だとまでは言わない。脳の構造には有意な差異が、性差があるとは言うが、それが二形というレベルにまでなるとは私は言いませんね」

私たちの体と脳における性差に関するこの研究にはすべて、その根底になんらかの物語がある。

ルーベン・グアやサイモン・バロン＝コーエンのような神経科学者が、男女間には深い格差が見られると主張するとき、そうした格差がただ自然発生したわけではないことに彼らは気づいている。そこに格差があるとすれば、それには理由があるのだ。グアはその格差を、私たちがいかに「互いに補完するようつくられている」かを明らかにするものとして説明し、人類は両性間でなんらかの形で労働を分担しながら進化したに違いないと述べた。女のほうが共感しやすく、本能的なので、おそらく育児をするようにつくられている、と彼はほのめかす。男のほうが見るのも実行するのも得意だと、彼は言い、それは男が生まれながらに狩猟者で建設者であることを示すのかもしれないとする。バロン＝コーエンも、男はえてしてシステム化し、かたや女は共感すると主張する。

「自分の仕事が七〇キロ近いものをもちあげることで、それができないとすれば、どうしてその職業に就きたいと思いますかね？」と、グアは私に尋ねる。

この手の論理を突きつけられて議論するのは難しい。しかし、女性が何を得意とするように進化したのか生物学が教えるものを推測しようとすること自体が、彼の職務を超えていないのかどうかは疑問である。

進化という視点は、私たちの体が昨日今日でつくられたわけではないことを思いださせる。人間の体は何千年もの歳月をかけてつくられ、その一つひとつの部位が環境の圧力にゆっくりと適応して、なんらかの需要により応えるようになってきた。乳房や膣から脳の構造と認知能力まで、私たちが目にするあらゆる差異または類似性に関して、そこにはなんらかの進化上の目的があったに違いない。生物学者が人間の体と脳に見られると主張する性差と両性の類似性が、人間の過去の物語と結びつくのはこの点なのだ。女性のほうが男性よりも長生きするとすれば、それを説明するものがこの話のなかにある。男女の脳がかなり似たようなものだとすれば、その理由もまたここにある。女の子がトラックよりも人形を好むとすれば、私たちは遠い過去から綿々と女たちがいかに生きてきたかを理解することで、その理由を見いだせるのかもしれない。

進化生物学者はこの物語を解読する、ほぼ不可能に近い仕事をやってのける。男女は、ルーベン・グアが述べるような形で相互に補完していたのか、それとも同じ仕事をして子育てを分担していたのだろうか？　女性は焚《た》き火のまわりにしゃがんで子供の世話をし、男性の狩猟者たちが家にベーコンをもって帰るのを待っていたのか？　それとも彼らはみな独自に暮らし、自分自身の食べ物を狩猟していたのか？

彼らは一夫一婦制だったのか、乱婚だったのか？　男はつねに女を支配していたのか？

これらは科学では決して答えのでない疑問かもしれないが、それを試みるすべはある。過去を覗《のぞ》く一つの窓は、人間に最も近縁の動物である大型類人猿〔ヒト科霊長類〕を研究する霊長類学者から提供される。ヒトはおよそ五〇〇万年前にこの科から分岐した。この科の霊長類〔チンパンジー、ゴリラ、ボノボ、オランウータン〕がどう交流し合うかを研究することで、私たちが現在のような種になる前、基本的にどんな暮らし方をしていたのかが見えてくる。もう一つの窓は、進化心理学者が更新世の暮らしを思い描くことによってもたらされる。およそ二〇万年前に、現生人類が現在の私たちのような姿に解剖学的に進化したころを含む時代である。さらに考古学からの証拠として道具や骨などもある。現代の狩猟採集民の暮らしを観察することで、人類学者もまた初期の女性たちがどう暮らしていたか想像図を描くことができる。

私たちの進化の物語について書くのは易しいことではなく、これはまた論争に苛《さいな》まれるものでもある。一九世紀のチャールズ・ダーウィンの研究が示すように、そこから描かれる物語は往々にして時代の風潮によっても左右されてきた。進化生物学の父ですら、性差別主義の文化にあれほど影響されていたために、女性は劣っていると信じていたのだ。こうした古い考えを覆して、この誤った物語を書き直すまでには一世紀以上の歳月を要したのである。

5　女性の仕事

私たちはいまだに、男女を問わず、かなりの割合の人びとが、女は家庭にのみ居場所があり、家庭にいたいのだと信じる世界に暮らしています。女は相手の男よりも多くの功績を遂げようと望んではいけないのだと。

――ロザリン・サスマン・ヤロー、一九七七年一二月のノーベル生理学・医学賞受賞を記念する晩餐会スピーチ

カリフォルニア大学デイヴィス校の名誉教授で、霊長類学者、人類学者であるサラ・ブラファー・ハーディの広い邸宅までの長い道の両側には、乾燥した畑がつづいている。彼女はサクラメントに近い、ほとんど何もないこの地に、夫とともにクルミ農園を切り開いた。木々は若く、羊やヤギが草を食《は》んでいる牧草地も新しい。ひょろ長い銀色のクルミの木立は、二人が自分たちで植えたものだ。過去に経験しかけたように、山火事でそのすべてが呑み込まれるのではないかという不吉な予感のもとに夫妻は暮らしている。

だが、どんな火事もまずはハーディ自身と闘うことになるだろう。七〇歳の彼女は、その存在自体が自然の一つの勢力となっている。霊長類の行動がヒトの進化について何を語るのかを探るハーディの研究は、ある科学者から聞くところによれば、彼女を泣かせることになった。女性に関するその画期的な考えゆえに、彼女は元祖ダーウィン主義フェミニストと呼ばれるようになった。

霊長類学は今日、ジェーン・グドールやダイアン・フォッシーなどの初期のパイオニアたちに導かれ、女性主流の分野となっている。だが、一九七〇年代にハーディが研究者として活動し始めたころは、男性に仕切られていただけでなく、当時の社会通念もヒトの進化はおもに男性の行動によって後押しされてきたというものだった。男たちは、できる限り多くの異性を惹きつけてより多くの子孫を残す確率を高めるよう迫られており、支配をめぐって攻撃と競争を繰り返し、獲物を狩るときは創造力を駆使し、知恵を使う必要があった、というものだ。

進化上で人間と最も近縁の種として、霊長類は当然ながら似たようなパターンをたどっただろうと推測された。男性の霊長類学者は調査地に赴くと、おもに攻撃や支配力、狩りなどに注目するのだと、ハーディは私に語る。雌はつねに見向きもされなかった。雌は受け身で、性的にはおとなしく、通常は力が強く体格で勝る雄の意のままになっていると信じられていた。実際、初期のチンパンジーの研究——たまたま雄がとりわけ攻撃的で優位な種——はこれを裏付けていた。

ハーディにとって事態が変わったのは、彼女自身が実地調査にでて、雌に関するこの説明がいかに間違っているかを目にしたときだった。

まずはインド北西部のラジャスターン州の一地域、マウント・アブへの旅から始まった。ここはハヌマンラングールの名で知られるサルの一種の生息地である。ハヌマーンはヒンドゥー教の猿神の名前で、力と忠誠心の象徴であり、「ラングールは非常に長い尾をもつという意味のサンスクリット語」なのだと、彼女は大きな研究室で説明してくれる。部屋には額装された霊長類のスケッチが飾られている。「優雅で美しい灰色のサルで、手足の先と顔が黒いのです」。雄のラングールが同種の赤ちゃんザルを殺していることを、ハーディは聞いていた。それはじつに奇妙な現象なので、何かとてつもなく不適切なことが生じているに違いないと科学者たちは考えた。動物は自分たちの群れにとって害となるような行動は、ともかく取らないものだと彼らは考えた。考えうる唯一の原因は、雄ザルの気が狂ったというものに違いなかった。過密状態がおそらく、攻撃性を生む病理学的な温床となったのだろう、と。

真実はさらに奇妙なものだった。このサルたちをじっくり観察したハーディは、赤ん坊殺しが気の狂ったサルによる偶然の事故などではまったくないことに気づき始めた。日々の暮らしのなかでは、雄のラングールは赤ん坊にたいしてなんら暴力を振るわないことに彼女は気づいた。「地面に寝そべっている雄のラングールの上で、幼いラングールがその雄をトランポリンのようにして跳ねているのをよく見ました。その雄は、群れのなかの赤ちゃんザルにまったく寛容でした。そこには病的なものは何もなかったのです」

珍しい子殺しはむしろ、入念に計算されたものであることがわかったのだ。そしてこれは、繁殖集団の外からきた雄によって引き起こされていたのである。「赤ん坊の姿が見えなくなったのに最初に気づいて、後から実際に雄が赤ん坊を攻撃するのを見たとき、その行為はサメがやるような、まさに目標に向かった忍び寄り行動だったのです。しかも連日、毎時間です」。このような残酷な子殺しを雄に犯させたのは、赤ん坊がいなくなれば、母ザルは再び相手を探す必要があるだろうという予測だった。赤ん坊を殺さなければ、雌ザルが授乳を終えて、再び排卵を始めるまでもう一年待たなければならない。雌はそれまで交尾はしないのだ。

科学者にとって、この考えは衝撃的だった。サルが同種の健康な幼いサルを、単に自分自身の血統を受け継がせるために殺す選択もすることを、ハーディは示したのだ。子殺しは、動物の研究におけるやりがいのある分野となっていった。ハーディが見た行動パターンは、一九七七年の著書『アブのラングール——雌雄それぞれの繁殖戦略』〔*The Langurs of Abu: Female and Male Strategies of Reproduction* 未邦訳〕に詳述され、それ以来、五〇種以上の霊長類だけでなく、その他の動物でも報告されている。

だが、こうした子殺しについて彼女が興味を惹かれたのはそれだけではなかった。それは雌のハヌマンラングールによる驚くべき反応の仕方だった。雌たちは受け身ではなかったのだ。雌は子ザルが攻撃的な雄によって殺されるのを、ぼんやりと見過ごしはなかった。むしろ雌ザルたちは群れをなして、こうした雄を追い払うために抵抗したのだ。この観察結果もまた、自然の霊長類の行動に関して長年考えられてきたことに疑問を突きつけた。それは雌が子を守るために激しく防衛するだけでなく（これは予測されたかもしれないが）、攻撃を加え協力することもあるという事実を明らかにしたのだ。

前提を疑うことは、驚くべきドミノ効果をもたらしうる。ハーディによるその後の研究は、雌の霊長類は性的におとなしいという世間的常識とは裏腹に、雌のラングールが乱交することを証明した。雄のラングールが攻撃するのは、馴染みのない雌がかかえている赤ん坊だけであり、自分が交尾した雌の子には決して手をださないことにハーディは気づいたのだ。そこで、できる限り多くの相手と交尾することで、自分の赤ん坊が雄によって殺される確率を下げる戦略に雌のラングールはでているのかもしれない、とハーディは述べた。

霊長類学者にとって、もはや雌は無視できない存在となった。

サラ・ハーディは、この分野で女性であることが、それまで認識されていなかった行動に彼女が気づいた理由の一つだと信じる。ほかの研究者が敢えて見逃していたことを調査してみようと、彼女は意欲を掻き立てられたのだ。「雌のラングールが群れを離れた場合、あるいは妊娠中でありながら雄を誘惑した場合、男性研究者ならば、『まあ、あれは単なる変わり者だ』と言って、その雌がどこへ行くのか、何をしているのか追跡して調べようとはしません。女性研究者のほうがこうした状況に共感するか、興味をそそられるのかもしれません」

彼女の研究は、霊長類の理解における大転換を記したばかりか、個人的にも開眼させられる体験となった。ハーディはテキサス南部の、保守的な家父長制の家庭で育ったのだ。人間以外の霊長類の世界で雌たちがいかに競争心に燃え、性的に自己主張するかに気づいたことは、人間社会で女性がなぜそれとは違って考えられているのかという疑問を彼女にいだかせた。霊長類のなかでも、とりわけチンパンジー、ボノボ、ゴリラ、オランウータンのようなヒト科のサルは、人間自身の進化的な起源を理解する手段として、長年、科学で利用されてきた。ヒトは、チンパンジーやボノボとほぼ九九パーセントのゲノムを共有する。遺伝子的には、私たちはあまりにも近縁であるため、霊長類学者はつねづねヒトを、大型類人猿の一種と呼んでいる。したがって、その他の雌の霊長類がその行動にこれほどのばらつきを見せうるのであれば、進化生物学者はなぜまだ女性を生まれながらにしてより穏やかで、受け身で従順な存在として特徴付けるのだろうか？

だが、男性の研究仲間に女性の視点から霊長類を見させようとする試みは苦戦した。一九七〇年代にハーディがマウント・アブの実地調査から戻ると、周囲ではフェミニズムの復活を含め、社会変化が起きていたにもかかわらず、科学界はまだ相当に男性中心の世界だった。あるとき学会の席で、フェミニズムが自分にとって何を意味するのか定義するよう求められたとき、ハーディはこう答えたのを覚えている。「フェミニストは、単に男女平等の機会を主張する人です。要するに、民主主義であることなのです。そして、私たちは誰もがフェミニストなのであって、そうでないとすれば、そのことを恥じるべきものです」。だが、平等な機会は、少なくとも彼女の分野ではつねに奨励されてはいなかった。彼女の研究も、その他多くの女性科学者の仕事も、男性の同業者の仕事とは異なる扱いを受けた。彼女の研究を認めようとしない人もいたし、その考えを取り入れることなどはもってのほかだった。

ハーディは以前、ほかの女性研究者らとともに女性だけのパーティを互いの家で開き、自分たちが直面する問題を話し合っていた。こうした催しは冗談で、「幅広い議論」と呼ばれていた。議論すべき話題は多数あった。彼女の同僚で、有力な進化生物学者であるロバート・トリヴァースはあるとき記者に、ハーディは研究に勤しむ代わりに、母親業に専念すべきだと語ったことがあった（いまではトリヴァースを許しているのだと、彼女は私に言う。一方、トリヴァースはこの発言は内輪の話のつもりで、これが大っぴらになったのは残念だったと私に語る）。

憤慨したハーディは、霊長類の研究を利用して、自分の男性同僚にたいしてそれとなく発言すらした。

「雄のヒヒがいかに社会組織の基礎となったかについて書いていたのです。雄同士は競い合いますが、優位の雄が互いに結託をして、雌に近づきやすくするのです。そこで、私はこれを遠回しにアメリカの大学で起きている事態にたとえたのです」と、彼女は回想する。「もちろん、これは男性の教授たちを指していて、部下の研究者と肉体関係をもったとして非難されると、お互いの援護に回るのです。研究者生活を通して、こうした事態はつづいていました」

ハーディのフェミニズムと科学は、その真っ只中で出合った。それは単に彼女の専門分野にいる一部の男性の行動からだけではなく、雌の行動を無視した科学理論は不完全であることに気づいたからでもある。「科学では、雌雄双方の選択圧に注意を傾けること、それがともかくよい科学なのです。それがともかくよい進化理論なのです」と、彼女は私に語る。

きわめて重要な未開拓分野の一つは、彼女が考えるには、母親を理解することであり、ヒトの進化において母親がいかに女性の役割を定義してきたかを知ることだ。これは彼女を子殺しの暗い現象に舞い戻らせることになった疑問だった。

「人間における協力的養育がますます重要になってくる」

私はカリフォルニア南部のサンディエゴ動物園のサルの区画にいる。ここは世界最大級の動物園だ。ふわふわした毛の二歳のボノボに私は釘付けになっている。その雌の子ザルは枝から床に飛び降りる際に、母ザルの毛にうれしそうに摑まる。地上で楽しげに転がるあいだの数秒間は母親から手を放し、それからまたすぐに戻る。私にも二歳児がいる。ボノボの行動は、私自身の息子との密接な関係を思い起こさせる。ボノボの子には、同じようないたずら好きな側面が見られるし、息子の生意気な笑みすらどこか感じさせる。母ザルと子ザルは、人間そっくりに互いを見つめ合う。私たちのあいだの類似性は不気味なほどだ。

このように間近に接してみると、人間がボノボやチンパンジー、ゴリラ、オランウータンと並んで、もう一種の大型類人猿としてときに見なされる理由がわかり始める。だが、私たちのあいだには多くの共通点があっても、私とボノボの母親のあいだにはある重要な違いが存在する。ガラスの檻《おり》越しに私が覗いていたあいだずっと、この母ザルが子ザルから離れるところを一度も見ていない。いついかなるときも、子ザルは母親が守ることのできるごく近い周囲から一度も抜けだすことはない。一方、私の息子は広大な動物園のどこか向こう端で父親と一緒にいる。

人間の母親業は、チンパンジーやボノボのように母が一手に引き受ける仕事にはめったにならない。これは私たちの大半が、子供としての、または親としての自分の経験から知っていることだ。ロンドンの自宅にいるとき、私の息子は通常、週の半分は彼の父親か、祖母、保育園のスタッフを含む、ほかの人びとに面倒を見てもらっている。ときには、おばや、おじ、友達も手を差し伸べる。私が出張するときは、何日間も息子の顔を見ずに過ごす。これは珍しいことではない。乳幼児期に一度も母親のそばを離れずに過ごした人はまずいない。

霊長類は異なる。サラ・ハーディによれば、霊長類には三〇〇近い種がいて、そのうちの半数ほどは雌ザルが子ザルから離れるところをまず見せない。子ザルのほうは、ときには何年間も母親にぴったりとくっついている。「自然の状況では、オランウータン、チンパンジー、ゴリラの赤ん坊は四年から七年は乳を飲み、当初は母ザルから引き離すことはできず、昼夜を問わず一〇〇パーセント、腹と腹をぴったりとつけたまま過ごす。野生のチンパンジーの母親がかかえている赤ん坊を自発的に手放すのが観察された最も早い時期は、三カ月半だった」、とハーディは二〇〇九年の著書『母親と他者——相互理解の進化的起源』〔*Mothers and Others: The Evolutionary Origins of Mutual Understanding* 未邦訳〕のなかで記す。同書には、彼女が以前に自分で撮影した雌のラングールの写真が掲載されている。この雌は赤ん坊を溺愛していたため、その子が死んだのちも死体を抱きつづけていた。

ほかの研究者からも似たような観察例があった。「母ザルが死んだ子をかかえているのは、霊長類の世界では珍しくありません」と、ロンドンに拠点を置く人類学者のドーン・スターリンは請け合う。彼女はアフリカ、アジア、南米で数十年間、霊長類を研究してきた。ガンビアでアカコロブスを調査したときは、一匹の雌が「蛆《うじ》の湧いた子を何日間もかかえたままで、その毛づくろいをしたり、木の枝分かれしたところに死骸を突っ込み、地面に落ちないようにしてから餌を食べたりして、ほかの誰にもその子を触らせようとしませんでした」。こうした出来事との遭遇から、霊長類の赤ん坊は母親の体の延長のようなものので、まさしく母親の一部で、切り離せない存在なのだという印象を彼女はもった。

人間においては、母親はただ子供を守ろうとするだけで、常時それほど寄り添いはしない、というのが普遍的なパターンのようだ。これは今日の大都会に住む親たちだけに言えることではなく、世界中のどこにでも共通することだ。子供を育てるには、本当に村〔村中の人びと〕が必要なのだ。

人類の進化の歴史を把握しようとする人類学者にとって最良の事例研究は、狩猟採集民として、太古の祖先が暮らしていたような生活を営む人びとを見ることだ。現代の狩猟採集民は希少でその数は減る一方だが、彼らは自生植物や蜂蜜を集め、猟をするなど、土地から必要最低限のものを得て暮らす。彼らは人間の過去を覗くには不完全な窓となる。それは一つには、個々の共同体は環境しだいで隣同士でも異なるからであり、また長年のあいだに彼らにも文化の波が押し寄せてきて、その暮らしを変えているからだ。だが、彼らの生活様式と行動を観察することで、私たちはいまでも、動物を家畜化し農耕を始める以前の何万年も前に、人類がどのように暮らしていたのかという一端を感じとることができる。

最も研究されてきた狩猟採集民の集団の一部はアフリカにいる。すべての人類はもともとこの大陸から移住した。それゆえに進化の研究者にとってアフリカの狩猟採集民は、まず間違いなく最も信頼できる情報源となる。そこにはアフリカ南部のカラハリ砂漠に暮らすブッシュマンおよびブッシュウーマンのクン族、タンザニア北部のエヤシ湖付近に住むハッツァ族、コンゴ民主共和国のイトゥリ雨林で暮らすエフェ族などがいる。サラ・ハーディは、これら三つの社会はいずれも、他家の子供にも親代わりの役目をはたす、アロペアレントとして知られる人たちがいると指摘する。

この制度を彼女は、「協力的養育《コーオペラティヴブリーディング》」と呼ぶ。『母親と他者』のなかで、彼女はこう書く。「クン族の乳幼児は、二五パーセントほどの時間は他者によって抱かれている。これはその他の霊長類とは大きく異なる点だ。これら霊長類のあいだでは、生まれて間もない子ザルが母親以外のサルに抱かれることは決してない」。ハッツァ族のあいだでは、新生児は生まれた直後の数日間に、三一パーセントの時間をアロペアレントによって抱かれている。四歳未満の子供では、母親以外の人びとに抱かれている時間が三〇パーセントほどある。エフェ族など、中央アフリカで移動しながら採集生活を営む共同体では、母親は産後すぐから赤ん坊の世話を所属する集団とともに分かち合い、この方法がつづく。エフェ族の赤ん坊には、生まれた当初の時期には父親を含め、平均で一四人の世話係がいる。

ヒトと類人猿のあいだの大きな違いの一つは、出産の仕方だ。チンパンジーのメスは出産前に群れを離れて、隠れる場所を探し、捕食者や生まれたばかりの子に危害を加えるかもしれない他の個体から隠れる(チンパンジーは肉を喜んで食べるが、同種の子を殺して食べるかどうかは知られていない)。一方、人間はその正反対のことをする。出産を控えた母親にはほぼかならず、予定日になると手助けをしてくれる人びとがいる。私の場合は、一つのチームと言えるほどで、そこには夫と姉妹、医師たち、それに助産師が含まれていた。ニューメキシコ州立大学のウェンダ・トレヴァサンとデラウェア大学のカレン・ローゼンバーグの二人の人類学者は、出産が孤独な営みとなる人類の文化はごくわずかしかないと述べた。助っ人《ヘルパー》はじつに重要であるため、女性は彼らを当てにするよう進化したとすら、二人は主張する。彼女たちの理論によれば、人間の分娩《ぶんべん》のぎこちない方法と、出産のさなかに母親が手助けを求める感情的な欲求は、私たちの祖先が子を産んだ際にも介助してくれる人びとがいた事実への適応なのかもしれないという。

こうした証拠はいずれも、協力的養育が人間の暮らしに古くからある普遍的な特徴であって、近年になって創造されたものではないことをにおわせる。「人間がもつおもな特徴の一つは、われわれが大型類人猿の世界のウサギのようなものだということです」と、イェール大学の人類学教授で、人類の進化における父親の役割を研究したリチャード・グティエレス・ブリビエスカスは説明する。「ヒトはその他の大型類人猿と比べて、つまりチンパンジーやゴリラ、オランウータンと比べて、繁殖率が非常に高い。そして、人間は非常に長期にわたって世話を必要とする子孫をじつに大量に残すことが多いのです」

多くの霊長類は一匹の赤ん坊が成獣になるまで、次の子を産むのを待つ。雌のボノボは、かりに自分の毛にしがみつく何匹もの子ザルを引きずり回さなければならないとすれば、餌を探し回り、森のなかをすみやかに移動するのに苦労するだろう。特筆すべき例外を二つ挙げるとすれば、ティティ属とタマリン属のサルだろう。どちらも中南米に分布するサルで、父親が驚くほど子育てに参加する。ドーン・スターリンは私にこう語る。「ペルーでティティ属のサルの群れを研究したとき、赤ん坊は通常、父親に抱きかかえられ、大半の時間を父ザルと一緒に過ごしていました。父親が子育てに全面的にかかわっているのです。母親は実際にはただのミルク・バーで、母乳を分泌する二つの乳首に過ぎません」。ヒトと同様に、ティティ属のサルも協力して子育てをする。飼育下にあるこの属のサルからは、赤ん坊はもともと母親よりも父親になついている可能性すら感じられたと彼女は言う。

タマリン属のサルもやはり両親双方が、ともかく協力することで暮らしている。「タマリン属のサルは、理由は判明していないが、双子を産むのです。しかもその双子の体格がかなりいい」と、リチャード・ブリビエスカスは言う。「したがって、それでも育つようにする唯一の方法は、父親がなんらかの形で育児をした場合ということになります。さもなければ、母親がこの非常に大きな双子を育てあげる可能性は非常に低い」。この子育て支援は欠かせないものであり、助けがもう得られないとなると、タマリンは子ザルの育児を放棄することで知られている。ニューイングランド霊長類研究センターで暮らす群れからのデータによれば、タマリンのペアは一方が死ぬと、子ザルの生存率が急激に落ちると、サラ・ハーディは指摘していた。「母親に育児を手伝う年長の子がいる場合は、育児放棄する確率は一二パーセントだが、どんな助けも得られないとなると、その確率は五七パーセントになる」

このような育児放棄やネグレクトはめったに起こらない。科学者が野生にいるサルを観察した何千時間ものあいだに、母ザルが自分の子を意図的に傷つける様子が見られた例はごくわずかしかない。霊長類の母親は、とりわけ最初の赤ん坊については、うまく世話できないことがあるが、子を敢えて放置して死なせることはまずない。このことは——衝撃的に思えるかもしれないが——ヒトが進化上の近縁種とは一線を画するもう一つの特徴だ。

人間の母性本能は、赤ん坊が生まれた途端に自動的に入るスイッチではない。

これは、人類学者のサラ・ハーディによる過激な提言だ。世界のどこでも、母親たちは、自分の赤ん坊に惚れ込むまでに時間がかかると認めており、なかにはそうならない人がいることも知られている。不運な事例では、母親は故意に新生児の育児を放棄し、殺してしまうこともある。これはまったく不自然なことではないかもしれない。つまるところ私たちは、母性本能はその他の生物と同様に、人間においても強く、たちどころに生じるものだと思い込んでいるのだ。母性本能は、女性であることの根本的な部分と見なされている。そのあまりに、子供が欲しくない人や自分の子供を拒絶する人は変わり者とされ、悪い人間とすら見なされることが多い。だが、現実には、私たちが信じたいほど、母親が子供にたいして即座に愛着を覚えない場合のほうがより一般的なのだと、ハーディは述べる。

これは協力的養育の名残だ、というのが彼女の主張だ。タマリン属のサルのように、ヒトは子供を育てるうえで助っ人の協力を当てにする。妊娠中に放出されたホルモンと出産は、母親が赤ん坊と絆をつくる一助にはなる。だが、この絆は周囲の事情しだいで影響を受けるかもしれない。母親が置かれた状況がとりわけ過酷であれば、すべてを諦める以外に選択肢はないと感じるだろう。

イギリスでは、年間三〇人から四五人の赤ん坊が殺されていると研究では推計されている。そのおよそ四分の一は子供が生を受けた当日に殺されている。キングズ・カレッジ・ロンドンの精神医学研究所の講師、マイケル・クレイグが二〇〇四年に発表した研究によると、こうした嬰児《えいじ》殺しは容易に報告されないままとなるので、これは低く見積もられた数字のようだ。だが、報告された数字が示すだけでも、乳幼児はその他どの年齢層よりも殺害される危険が大きい。出生後すぐに殺される赤ん坊に関しては、加害者として最も多いのは一〇代の母親で、とくに未婚で、妊娠したことを非難するような親とともに暮らしている場合が多い。彼女たちの大半は、精神病患者であるか心を病んでいるために赤ん坊を殺すのではなく、自分が置かれた絶望的な状況のせいなのだと、クレイグは言う。

サラ・ハーディは、とりわけ陰惨な歴史的事例を調査した。一八世紀にフランスの都市部では、九五パーセントもの母親が赤ん坊を見ず知らずの乳母の元へ送りだしていた。二〇〇一年にユタ大学で行なった一連の講義で概説された彼女の研究からは、これによって赤ん坊が生き延びる確率が大きく下がることを母親たちが承知していた可能性が示唆された。それでも、当時の文化ではそう定められていたために、母親たちはそれに従ったのだ。死を招くこの慣習は、人間のすべての母親が新生児を何がなんでも守るわけではないことの証拠だと、ハーディは主張する。前述したように、女の嬰児殺しは今日でもアジアでは、母親が共犯者となって実行されることがある。社会がやはり、出産にたいする人びとの反応に影響を与えているのだ。

協力的養育の根本的な重要性に関するハーディの仮説を証明するのは困難だ。現代社会で妊娠中の女性の身に降りかかる多様な圧力を考えればなおさらである。だが、それはまた自分一人では対処できないときに女性が味わうであろう罪悪感から解放するだけの力ももつものだ。人間が生まれながらにして協力的養育者——アロペアレントが家族の一員である生物種——であるならばなんら手助けもなくやり遂げることを女性に期待するほうが理不尽となる。フェミニストのハーディにとって、こうした研究には明らかに政治的な意味合いがある。なぜ政治家が中絶を違法とすべきではないのか、女性が育てられないと感じたり、欲しくなかったりする赤ん坊を産むようになぜ強制してはいけないかを、こうした研究が裏付けるからだ。それはまた、政府が母親によりよい福祉と保育援助を提供することがいかに重要であるかも強調する。家庭内で支援を得られない母親であれば、なおさらだ。

少なくとも証拠の重みからは、人間が子供を女手一つで育てるようには進化しなかったという考えが有利であるようだ。子育ては母親だけが負う責任ではなかったのだ。「いま判明しつつあるのは、われわれの思考という観点からは、人間における協力的養育がますます重要になってくるということです」と、リチャード・ブリビエスカスは言う。この考えと、それが意味することにたいする証拠が増えるにつれ、人類の物語においてアロペアレントがいかに重要であるかが明らかになってきている。そこから興味深い疑問が浮かぶ。母親が一人で子育てをするように進化しなかったのだとすれば、母親の周囲では誰が最も援助の手を差し伸べてきたのだろうか？

「人間では男性の関与の仕方に大幅な可塑性が見られる」

サラ・ハーディは昨年、初孫が生まれた際に、家族でちょっとした実験を行なう機会に恵まれたのだと私に語る。娘の家に着くと、彼女は自分と夫の唾液のサンプルを採取した。新生児としばらく過ごしたのちに、彼女はもう一度唾液を採取した。これらのサンプルを分析すると、夫と彼女はどちらもオキシトシン、つまり愛と母性的な愛着に関連するホルモンが増えていることが明らかになったのだ。

子供との感情的な結びつきが、たとえそれが親ではない人とのあいだでもいかに強いものとなりうるかは、私たちの体が露呈する。赤ん坊との肌の触れ合いが、母親のホルモン・レベルに多大な影響を与えることは、科学者には昔から知られていた。これらのホルモンは、母親が自分の子供とどう結びつくかにも影響する。母親でない人びとも、こうしたホルモンの変化を経験できることが、いまでは判明している。

かつて進化生物学者は、母親への援助の手は、父親が真っ先に中心となって差し伸べていただろうとよく想定してきた。二〇〇六年の著書『男たち——進化と生活の歴史』〔*Men: An Evolutionary and Life History* 未邦訳〕のなかで、リチャード・ブリビエスカスがまさしくそう述べていた。そして、数百年のあいだ、多くは一夫一婦制の核家族で暮らしてきたという観点からは、これは的を射ているように思える。たとえ育児にじかにかかわらずとも、食糧をはじめ、父親が家庭にもち帰る物資的な援助は子供たちを元気に生かしつづけるうえで欠かせないものであったに違いない。

だが、近年の一部の研究はそれに賛同しない。二〇一一年に『ポピュレーション・アンド・ディヴェロップメント・レヴュー』誌に発表されたある論文では、ロンドン大学衛生熱帯医学大学院のレベッカ・シアと西オーストラリアのエディスコーワン大学のデイヴィッド・コールが、父親、祖父母、きょうだいの存在が子供の生存にどれだけ影響をおよぼすかに関して発表された研究を探せる限り見つけて、それをまとめあげた。家族のほかのメンバーはじつに重要であり、子供が二歳を過ぎれば、たとえ母親が不在でも、その他の家族がその衝撃を和らげることさえできるのを二人は発見した。だが、こうした助けがどこからもたらされるかのほうが、驚くべきものだった。年上のきょうだいは、母親を除けば誰よりも役立つ効果があった。これにつづくのが祖母で、そのあとが父親だった。「父親はどちらかと言えばあまり重要ではなかった。彼らが子供の生存を高めていたのは、全事例のうちわずか三分の一強だった」と、シアとコールは書いた（祖父はその他の家族の誰よりも役に立たなかった）。

このことは、父親による実際の育児が重要でないことを意味するのではない。ただ、父親の手はつねにそこにあるわけではないのだ。二〇〇九年にニューメキシコ大学の人類学者のマーティン・マラーと共同研究者らは、東アフリカの隣り合う別々の共同体で、男性がどれだけ子育てに尽力しているかを研究した。その一方の狩猟採集民ハッツァ族では、父親が掃除から食事の世話まですべてにかかわり、野営地にいるあいだはその時間の五分の一以上を、三歳未満の子供の相手をして過ごしていることがわかった。もう一方のダトガ族と呼ばれる牧畜民でありかつ戦士の社会では、子供の面倒を見るのは女の仕事だという強い文化的信念があることがわかり、男は寝食を別にし、乳幼児とあまりかかわってはいなかった。男性たちのホルモン・レベルは、育児方法における違いを反映していた。育児にかかわる父親――ハッツァ族――はダトガ族の父親よりもテストステロンの生成が少なかった。

「人間では男性の関与の仕方に大幅な可塑性が見られるのです」と、リチャード・ブリビエスカスは述べる。「したがって、誰よりも子煩悩《こぼんのう》で面倒見のいい父親にもなれて、そうなればすべてが素晴らしく快適になります。また、いくらかかかわってただ家に食糧や生活資源をもち帰るだけの父親にもなれるし、嬰児殺しのような究極的でひどく恐ろしい事態にもなりうるわけです」。社会が男性に子育てへの関与を求めれば、彼らはそうなるし、上手にできるようになる。社会が手出ししないことを男性に求めれば、彼らはそうなることもできる。この可塑性は、人間特有のものだ。「ほかの大型類人猿や、その他の霊長類では、そのような事態はとにかく見られません。彼らは一つの戦略に固定されているのです」と、ブリビエスカスは言う。

人間の進化の歴史のなかで、子供の世話が母親だけでなく、父親やきょうだい、祖母などによっても分担されてきたのだとすれば、家庭生活として私たちがいだく従来の肖像画にはひびが入り始める。育児を実践する父親のいる核家族は、明らかにどこでも規範となるわけではない。たとえば、子供に「父親」が一人以上いる社会が若干ある。南米のアマゾン川流域には婚外の情事を受け入れる社会があり、女性が一人以上の男性と関係をもったのちに妊娠すれば、彼らすべての精子が胎児の形成を助けるのだと信じられている。研究者からは、これは「分担可能な父性《パーティブル・パターニティ》」として知られる。この地域では分担可能な父性がいかに一般的であるかを立証したミズーリ大学の人類学者、ロバート・ウォーカーとマーク・フリンは、子供たちはこうした家族のあり方から恩恵をこうむっていると主張する。父親の人数が多ければ、子供たちが生き延びる確率も高まる。彼らは生活資源も多くもち、暴力からもより身を守れる。

こうしたことはいずれも、初期の人類のあいだの暮らしのあり方は、いくらでも入れ替え可能であった可能性を指し示す。一夫一婦制が標準ではなかったかもしれないのだ。女性たちは、四六時中、自分の子供に縛られていなければ、自由に外へでて食べ物を手に入れられただろうし、狩猟にすらでかけていたかもしれない。チャールズ・ダーウィンが女性を理解するうえで根拠としたヴィクトリア朝時代の理想——母親は家庭で子供の世話をし、父親がベーコンをもって帰ってくるのを、腹を空かして待つ——は、行き場を失っている。

「人類の半数を締めだす理論は偏っている」

一九六六年四月のことだった。

人類学における重鎮たちの一部がシカゴ大学で集まり、世界の狩猟採集民を対象とした研究で、この時代に急速に数を増しているのは何かを議論した。このシンポジウムは、「マン・ザ・ハンター〔狩猟者の男／人〕」と題されていた。そして、これは人類の進化についてある世代の科学者たちが考える方向性を決めるのに役立つものだった。

このイベントの名称は、それにふさわしいものだった。参加していた誰もが思い込んだように、名称中の「マン」は本当に男を指していたのであり、すべての人間を意味していたわけではない。狩猟採集社会ではほぼどこでも、女性が定期的に狩りにでかけるような事態は知られていない。それでも、この特定の活動は人類の進化史において最も重要なものだと信じられていた。狩猟することで男たちは集団になり、獲物を効率よく狙えるように協力し合うようになる。狩猟によって男たちは独創的にならざるをえなくなり、石器をつくりだした。狩猟はまた人間の言語の発達を促し、それによって効率のよい意思疎通が可能になったのかもしれない。そして、家庭に肉をもち帰ることで、男は自分にも、女たちや腹を空かせた子供にも、大きな脳を発達させるのに必要な栄養がぎっしり詰まった食べ物を提供することができ、今日の人間のような賢い生物になったというものだ。

狩猟がすべてだったのである。

「非常に現実的な意味で、われわれの知性、関心事、感情、基本的な社会生活——こうしたものはすべて狩猟による適応の成功がもたらした進化上の産物なのだ」と、このシンポジウムについて一九六八年に書かれ、やはり『マン・ザ・ハンター』と題された本のなかで、人類学者のシャーウッド・ウォシュバーンとチェット・ランカスターは述べた。獲物を仕留めることの重要性は劇的なものであり、のちに一九七六年にハリウッドの脚本家から人類学者に鞍替えしたロバート・アードリーの書によって、幅広い読者層に知られるようになった。「それはわれわれが狩猟者だったからであり、生きるために殺し、動物界全体に匹敵するだけの機知に富んでいたからであり、われわれはそれゆえに自分たちがつくりあげた世界でも生き延びるだけの機知に恵まれているのだ」と、彼は『狩りをするサル』のなかで書いた。

だが、一部の人類学者にとっては、過去をこのように特徴付けるやり方は的外れだった。一つには、それは女性の役割をまったく矮小化していた。すでに性差別主義が易々と見逃される時代ではなかったのだ。大学では女性学やジェンダー研究のコースが創設されるようになり、女性の科学者や社会科学者がそれぞれの分野で台頭しつつあった。霊長類学は女性中心の学問になる途上にあった。ならば人類学者はどうしてまだ女性は単に人類史における助手でしかなかったと主張できたのだろうか？　この大会が終わるころには、一団の科学者が——その多くは女性だったが、男性もいた——腹を立てており、その数は増していた。すでに数十年間、隅に追いやられていた狩猟仮説が、進化の物語から女性を丸ごと消し去ろうとしていたのだ。

一九七〇年にはこれらの科学者の感情を捉えて、サリー・リントンという人類学者がアメリカ人類学会の年次総会で挑発的な反撃を繰りだした。それは「ウーマン・ザ・ギャザラー〔採集者の女〕——人類学における男性偏向《バイアス》」と題されていた。彼女の言葉はイライザ・バート・ギャンブルの言葉を彷彿《ほうふつ》とさせた。八〇年ほど前にチャールズ・ダーウィンやその同時代人にたいする批判を発表した人だ。リントンは自分の専門分野を、「歴史上の特定の時期に欧米の白人男性によっておもに発展した」ものだとして激しく糾弾した。この偏向を考えれば、男たちが狩りにでかけていたあいだ、女たちがいったい何をしていたのか、人類学者が見逃していたのは驚くべきことではないと彼女は述べた。

「人類の半数を締めだす理論は偏っている」と、彼女は断定した。「このような再構築は確かに独創的ですが、これは人類の半数——男性という半数——だけが進化にかかわってきたという圧倒的な印象を与えるのです」

彼女が苦情を述べていたのは主として、狩猟採集社会の女性がなぜか家族のための対等な稼ぎ手ではないとする概念だった。一九六六年の「マン・ザ・ハンター」のシンポジウムに集まった専門家たちも、それが真実でないことはすでに知っていた。それどころか、食糧を調達するうえで女性がはたした重要性の絶大さを立証したリチャード・リーが、組織委員の一人だったのだ。彼の実地調査からは、大型動物の狩猟こそしなかったものの、女性は根菜などの食べられる植物や、小動物、魚など、その他あらゆる種類の食糧を手に入れる役割をはたしていたことを明らかにした。男は狩猟者だったが、女は採集者だったのだ。

採集はまず間違いなく、狩猟よりも重要なカロリーの供給源であった。一九七九年にリーは、アフリカ南部のクン族の狩猟採集民のあいだでは、女性の採集者がこの集団の食生活における食糧の三分の二もの量を調達していたと書いた。家族を養うだけでなく、女性はたいがい料理と住居の設営、狩りの手助けにも携わっていた。しかもこうしたことすべてを妊娠と育児と同時にやっていたのだ。

狩猟を重視することで、人類学者はわざと女性を無視したのだとリントンは考えた。狩猟仮説は、人類の進化について主張されているほど多くを説明するはずはないと彼女は論じた。男たちによる狩りが人間における意思疎通や協力、言語の原動力となったのだとすれば、男女のあいだになぜこれほどわずかにしか身体的性差がないのだろうか？　どんな人間社会でも、最初の社会的な絆は明らかに母子間で築かれたはずであり、狩猟者間ではなかったはずだと、彼女は述べた。また、子供を育てるうえでの知的な難題についてはどうなのか？「好奇心とエネルギーにあふれながら、まだ自立していない人間の乳幼児の世話は難しく、骨が折れます。乳幼児は見守ってやらねばならないだけでなく、その集団の習慣や危険、知識などを教え込む必要もあるのです」

リントンの情熱的な講演のタイトル「ウーマン・ザ・ギャザラー」は、「マン・ザ・ハンター」に対抗する女性側の標語として見なされるようになった。そして、これは女性を人類の進化史の中心に据えようと決意を固めた研究者たちのスローガンとなった。

エイドリアン・ジルマンは、いまやカリフォルニア大学サンタクルス校の著名な人類学者だが、一九七

○年にサリー・リントンがアメリカ人類学会で講演したころは、教職に就いて数年目だった。「あれは本当に心情を代弁していました」と、彼女は私に語る。私たちはサンフランシスコのジルマンの自宅で、テーブルに積みあげられた書類や本を前にして座っている。一冊の本には、一九八一年に彼女が一章だけ書いたもので、『ウーマン・ザ・ギャザラー』という題名が付いている。

「女性は人目に付かなかったのです。それがどんな状況であったかは想像が付きません。この本は女性を初めて目に見える存在にしたのです」と、ジルマンは言う。彼女はリントンに深い感銘を受けており、彼女の考えをたどって、それに即した確かなデータを集め、狩猟採集民や霊長類、化石の観察から証拠を掘りさげようと決意した。狩猟採集民と暮らして、その生活を分析する詳細な研究を通して、彼女のような人類学者や民族学者はようやく、こうした社会の女性が実際にはどれほど移動を重ね、活動的によく働いているかを理解するようになった。

解明しなければならない一つの重要な神話は、人間の過去において男性がつねに発明の中心にあり、道具を使用してきたというものだった。これは正しくないと、ジルマンは確信している。チンパンジーは食べ物を手に取り、それを自分だけで、その場で食べることが多いが、人類は歴史のどこかの時点で、食べ物を集めて、家にもち帰り、分かち合うことを始めた。彼らにはこうした食糧すべてを入れておく容器が必要になっただろうし、集めているあいだに赤ん坊を運ぶための抱っこ・おんぶ紐《スリング》も必要となったはずだ。これらは人類の最初の——おそらくは狩りのための石器以前の——発明であった可能性があると、ジルマンは言う。そして、それらは女たちによって使われただろう。一方、最古の道具の一つは「掘り棒」だったと思われる。ジルマンによれば、今日でも採集民の女性は掘り棒を使って根菜を掘りだし、小動物を殺している。こうした棒は、スイス・アーミー・ナイフくらい多目的なのだ。

掘り棒、抱っこ・おんぶ紐、食材を入れる袋のすべてに共通することは、それらが木か皮革、もしくは繊維でできていることで、それはすなわち歳月とともに分解し、消失してしまうことを意味する。これらは、考古学者が狩猟のために使われたと想定する耐久性のある石器とは異なり、化石記録にはなんの痕跡も残さない。これは女性の発明が、また結果的に女性自身が、進化論の研究者からないがしろにされてきた理由の一つなのだと、ジルマンは言う。

ほかの生物からは、狩猟と道具づくりが雄だけの領域ではないことを示すヒントも見つかる。霊長類学者のジェーン・グドールはチンパンジーをつぶさに観察したことによって、雌のほうが雄よりも、単純な道具を使って硬い殻のある木の実を割るのが上手であることを示した。これは一つには、雌のほうがその作業に長くかかわっているからだ。ジルマンは二〇一二年に『イヴォルーショナリー・アンソロポロジー』誌に投稿した論文で、チンパンジーは母親からシロアリの「釣り」の仕方を学び、若い雌は雄よりも長い時間、それを眺めて過ごしていると指摘した。一部のチンパンジーは、噛《か》んで先端を鋭く尖《とが》らせた棒を使って、リスのような小動物を狩るところすら目撃されている。「この方法で狩猟するのは圧倒的に雌であり、なかでも若い雌が多く、雄よりほぼ三倍はよくこれを実践している」と、彼女は書く。

狩猟採集民がどれだけ多くのカロリーを家族のもとにもち帰るか、その内訳が男女でどう違うかを計算した科学者もいる。その研究結果は、女性によって家庭にもち帰られる食べ物が、すべての家族を生かしつづけるのに欠かせないという以前の観察結果を裏付ける。

狩りから得られるカロリーへの男性の貢献度は格差が激しく、社会とそれを取り巻く環境の双方に左右されると、リチャード・ブリビエスカスは言う。彼は東アフリカではクン族と、パラグアイ東部ではアチェの狩猟採集民と実地調査を行なった。「たとえば、何年も前に私が研究した集団のアチェ族では、女性はカロリーの六〇パーセントをもち帰っていました。クン族などの集団では、男性がもち帰るのはカロリーの三〇パーセントです。彼らが追う獲物のタイプにおいても差はでて、たとえばクン族は、キリンのような非常に大型でリスクの高い獲物を追い求めていました。一か八かの賭けというわけです。一方、パラグアイのアチェ族が狩猟する最大のものは、小型のブタほどの大きさのアメリカバクです。彼らは大量の小動物を捕まえるのであって、こうした獲物ははるかに安定して供給される。したがって、環境によって本当に異なるんです」

二〇〇二年に『ジャーナル・オヴ・ヒューマン・イヴォルーション』に発表された論文で、ユタ大学の教授であるジェームズ・オコーネルとクリステン・ホークスは、狩猟はめったに安定した食糧供給源とはならないことを裏付けた。二〇〇〇日以上におよぶ狩猟と死肉あさりを観察したあげくに、たとえばタンザニア北部のハッツァ族は、三〇日間の狩猟で大型動物の死骸を家にもち帰ることに成功したのはわずか一日だけであると二人は推計した。調査対象となった部族社会のうち、男性がすべての食糧を家にもち帰るところは皆無だった。最悪の事例では、半分をはるかに下回っていた。このことは、多くの土地では、男による狩猟に頼れば、一家は飢えることを意味する。

「一家の食い扶持《ぶち》を稼ぐこと以上のものが、男の仕事を説明するうえで必要だった」と、ホークスと共同研究者らは書いた。狩猟採集民の男性が、女性がえてしてやるように小さい獲物を追ったり採集したりする代わりに、大型動物を狩りつづけた理由は、それによって他者に見せびらかす機会が得られ、自分の地位を上げて、伴侶を惹きつけることができたからだろうとホークスらは主張した。

家族が生きるために誰がより貢献したかという疑問は、論争の争点となりつづける。ホークスの見解には、カリフォルニア大学サンタバーバラ校のマイケル・ガーヴェンと、アリゾナ州立大学のキム・ヒルが反論した。二〇〇九年に『カレント・アンソロポロジー』誌に「男たちはなぜ狩りをするのか?」と題した論文を発表した彼らは、狩猟仮説を再び取りあげた。おもに女性が行なう食べられる植物の採集もまた、食糧供給源としてはリスクの多いものになりうると彼らは主張した。たとえば、植物は季節ものであることが多い。パラグアイのアチェ族をはじめ、狩猟採集社会の男たちは、より安定供給される小動物も確かに狙うので、自分たちの狩りの腕前を見せびらかそうとするだけではないというものだ。

ペンステート・カレッジ・オヴ・ザ・リベラルアーツの人類学教授であるレベッカ・ブライジ・バードは、ガーヴェンやヒルのような研究者が狩猟仮説に固執するのは、彼らがたまたま研究した社会、とりわけアチェ族のせいだと考える。「過去における狩猟採集がどんなものかに関する考えは、研究者が大半の時間を過ごした社会に影響されうる」と、彼女は言う。「オセアニア、東南アジア、サハラ以南のアフリカでは、女性は生産活動に多く貢献している。南米など、その他の地域では、生産活動に女性があまり従事しない」。これまでの証拠からは、狩猟仮説は「旧式で滑稽」なものにほかならないと彼女は考える。

狩猟仮説をめぐる別の神話は、言語と知性に関する問題だ。狩猟者の男たちが人類の意思伝達を発達させ、脳のサイズを変えたという人類学者の考えは正しかったのだろうか?　サラ・ハーディによる霊長類の母子の研究は、言語はおそらく狩猟を通じてではなく、むしろ赤ん坊と育児者のあいだの何気ない複雑なやりとりを介して進化したのだろうというサリー・リントンの考えを支持する。何世代にもわたって、他者が考えていることや感じていることを判断するのが少しだけ上手な赤ん坊が、最もよく面倒を見てもらえる可能性が高くなった。「赤ん坊は他者とかかわり、他者に訴えなければならないのです。ほかの人が好むであろうことを理解しなければならないのです」。かかわりを求めるこうした気持ちが、意思を伝えたいという当初の衝動となり、私たちの祖先を後押ししてチンパンジーのような単純な鳴き声から、洗練された言語にまで向かわせたのかもしれない。

より最近の研究によってこの考えは勢いを得ている。二〇一六年の夏に、ニューヨーク州ロチェスター大学の脳・認知科学科のスティーヴン・ピアンタドーシとセレスト・キッドが『全米科学アカデミー紀要』に育児は人間の知性を向上させる主要な要因の一つであったかもしれない証拠を発表した。その他の哺乳類と比較すると、人間の赤ん坊は生まれたときにはひときわ未熟で無力である。こうなる一つの理由は、頭が――人間の大きな脳を収める空間をつくるために――非常に大きく、生まれるのがもっとあとになれば、母親の産道をとうてい抜けられなくなることにある。「これら子供たちの世話をするために、今度はもっと多くの知性が必要となり、よって脳はさらに大きくなる」と、ピアンタドーシとキッドは書く。連鎖的に《ランナウェイ》つづく進化のプロセスが、つまり脳が肥大し、赤ん坊はさらに早く生まれるようになったことが、人間がいかにこのように知性を具えたかを説明できるのかもしれない。

こうしたことすべてが私たちに示す図は、過去に一部の進化生物学者が描いた、定住地に留まり、扶養される弱い女性という図からは大きく異なっている。

「これらの女性たちにできることを見てみると、実際にはかなり強いのです」と、エイドリアン・ジルマンは私に語る。『ウーマン・ザ・ギャザラー』で彼女が書いた章に、人類学者のリチャード・リーが撮影した衝撃的な写真が掲載されている。そこには妊娠七カ月のクン族の女性が、運動選手のようにカラハリ砂漠を大股で歩く姿が写っている。彼女は三歳の子を肩車しており、一方の手に掘り棒を振りかざしながら、集めた食糧を家にもち帰るために背負っている。

進化の背景に照らし合わせてみれば、これだけ力持ちであることの意味がわかる。現代の定住による生活様式と、ほっそりとして華奢《きゃしゃ》な体型が、大柄な力持ちであることよりも女性美の理想としてもてはやされるために、私たちは女性の体に本来は何ができるか気づかなくなっているのだ。だが、現代の狩猟採集民の暮らしがなんらかの判断基準になるとすれば、私たちの女性の祖先は肉体的な重労働をたくさんこなしてきただろう。必要最低限のその日暮らしは人類が数百万年のあいだ生き延びてきた方法だが、これはじつに厳しい生き方なので、ほかに選択肢がなかったのだろう。人類はその後、およそ一万年前に定住して自分たちで食糧を生産するようになった。今日でも、世界各地で何百万という女性がいまなお生き延びるにはきつい重労働をこなす以外にすべがない。

女性はとりわけ持久走が得意であることで知られていると、ミネソタ大学で進化生物学専門の研究所を運営するマーリーン・ズックは言う。二〇一三年の著書『私たちは今でも進化しているのか?』〔邦訳版は二〇一五年刊〕で、女性の走る能力は老齢になるまでごくゆっくりとしか衰えないと彼女は書く。女性は妊娠中であっても、長距離を走りつづけることで知られてきた。その一例がアンバー・ミラーだ。彼女は二〇一一年にシカゴ・マラソンを走り、その七時間後に出産した経験豊かなランナーだ。イギリスのランナーで、女性のマラソンの世界記録保持者であるポーラ・ラドクリフも二度の妊娠中を通して練習をつづけ、競技に参加した。

人類の初期の歴史の大部分は、人類がアフリカをでて世界各地へ移動した時代であり、このとき女性たちは何百、何千キロという距離を、ときには過酷な環境条件のもとで旅をしつづけた。彼女らが妊娠していたり、乳幼児をかかえていたりすれば、日々身体面に降りかかる圧力は、男たちが直面したものよりもはるかに大きかっただろう。「このような状況下で生殖し生存するだけでも、自然選択とはまさにこのことです！」と、エイドリアン・ジルマンは言う。「女性は生殖しなければならないのです。それはつまり、九カ月間身重であるということです。授乳もしなければなりません。その子供たちを連れ歩かなければならないのです。進化によって形成されたヒトの雌であることには、何かしらの意味があります。その途上には多くの死があり、それが実際にそのことを説明できるのです」

これは、女性のほうがなぜ生物学的に男性よりも長生きするのかという謎すら説明するかもしれない。「女性の体型、女性の精神には、ともかくその全体の組み合わせに何かしら意味があり、それは何万年どころか、何百万年もの歳月をかけて磨き抜かれて生き残り、世界各地に拡散したものなのです」と、ジルマンは言う。

その日暮らしの過酷な現実は、男女双方に柔軟性ももたせ、仕事を分担させるようにもなっただろう。「狩猟採集社会について言えることは、誰もがあらゆる作業を学ぶため、人間の労働がさほど厳密に分業されてはいないということです」と、ジルマンは説明する。私たちの遠い過去の、何千年も前には、男たちはもっとずっと育児と採集に加わっていて、かたや女性は狩猟者であった可能性もかなりあるのだ。

「女で狩人であるということは、本人が選べる問題」

「川をさかのぼると、弓矢をもった二人の女性が見えたのです。あれは一九七二年のことでした」と、人類学者でハワイ大学マノア校の名誉教授であるバイオン・グリフィンは回想する。彼と同僚の人類学者アグネス・エスティオコ゠グリフィン（ご夫婦である）は、現在暮らしているフィリピンから接続の悪い回線を通じて私と会話している。

バイオンは、フィリピンのルソン島にでかけた、目の覚めるような最初の旅について説明する。この島に、ナナドゥカン・アグタとして知られる小さな狩猟採集民が暮らす社会がある。今日では林業と農業、および人びとの移住によって、アグタ族の生活様式は様変わりし、その日暮らしをやめて、周辺の農地へ移り住むようになっている。彼らは世界各地の狩猟採集民とこの運命をともにしている。だが、四〇年前、グリフィン夫妻は幸運にも彼らの昔ながらの生活様式の最後の日々を目にすることができた。ナナドゥカン・アグタ族は当時、弓矢と犬を使うイノシシやシカなどの野生動物の狩猟と漁労によって生計を立てていた。

アグタ族の一風変わっているところは、女性が狩猟と漁をする点だった。

女の猟師は前代未聞ではない。一九七〇年代には、オーストラリア北岸にいるティウィ族から極寒の北極圏に住むイヌイットまで、世界各地に散らばる女の狩猟者のことが科学文献でわずかながら言及されていた。だが、ナナドゥカン・アグタではおそらくこれらのどの社会よりも、女性が熱心かつ頻繁に狩りにでていた。「この集団では、何よりもまずかなりの数の女性が狩りをすることに気づいたのです」と、バイオンは私に語る。「弓をもっていない女性はたくさんいましたが、代わりにナイフを使うか、もしくは切り落とした若木に紐で括《くく》りつけたナイフを用いて、追い詰めたシカや、犬が食いついているイノシシにとどめを刺していた［……］。そして、狩りが大好きな女性も何人かいることがわかりました。しかも、狩りが非常に得意なことがわかったのです」

アグタの女たちは、食糧を手に入れる別の手段があるときでも狩りをしたと、アグネスは言い添える。あるとき、男たちが何日間も狩猟にでかけた際のことを彼女は説明する。根菜や果実を採集するか、地元の農家と取引する代わりに、女性らは集団になってみずからでかけて、イノシシを殺した。「狩りにでることを、彼女たちは選んだのです」と、アグネスは言う。バイオンはこう付け足す。「状況はさまざまで、女性たちが赤ん坊や子連れで森のなかを移動中などに、機に乗じて狩りを始め仕留めるものから、狩りを長年経験してきた若い祖母や熟年女性たちが行なうものまで多岐にわたります。つねに手を貸したり面倒を見たりという通常のおばあさんの仕事以外には、育児で本格的に必要とされていない層です」

アグネスは一九八五年にこうした研究結果の一部を論文で発表した。アグタの健常者は男も女も誰もが、やすで魚を獲る方法を知っていると彼女は述べた。集団のなかで一四歳より上の女性二一人のうち、一五人は現役で狩りをしており、四人は元狩猟者で、狩りの仕方を知らないのは二人だけだった。彼女が観察したすべての狩猟の旅のうち半数では、男女がともに狩りをしていた。違いがあるとすれば、彼女たちは女性が狩りをする場合によく行なうやり方を踏襲していた。たとえば、女性は決して一人ではでかけず、恋人と密会しているのではないかと疑われるような真似は避けていた。女の狩人は獲物を仕留めるときに犬の手助けを借りることも多かった。

「女で狩人であるということは、本人が選べる問題です。一部の仕事の実践を生物学上の理由で妨げるなどというのは、アグタ族には考えられないことなのです」と、アグネスは言う。「授乳しているあいだは一時的には女性が狩りに積極的に参加する機会が減るけれど、だからと言って女性がこうした活動へ参加するのを排除するわけではまったくありません」

これを可能にした鍵は、協力的養育だった。アグタの女性は、乳飲み子は狩りに連れだし、大きな子供たちは家族のほかの誰かに預ける。もしくは、女性が狩りにでかけるあいだ、その姉妹が赤ん坊の世話をしたかもしれない。「若い女性だって、野営地に残って小さな子供やいとこ、きょうだいの子守や監督はできたでしょう。協力的養育は非常に重要な要素だと、私は思います」

グリフィン夫妻が調べれば調べるほど、ナナドゥカン・アグタの人びとは男女ともに同じ仕事ができ、そう期待されていることが判明した。「総じて、彼らは自分たちがやりたいことをやっていました」と、バイオンは言う。男性のみ、あるいは女性のみに限定された仕事の領域はなかった——例外はおそらく他の部族の殺害だろう。男たちの集団が敵の襲撃にでかけるときは、女たちは集落に留まっていた。「一部の男性は、料理などを含め、あらゆる種類の育児をこなしていました。ほかの男たちは、まあ料理などには、さほど手をだしませんでした。誰もがあらゆる仕事をしていたと思います。ただし、籠を編む人はほとんどいませんでした。男性は女性と一緒に家を建て、赤ん坊の世話をし、彼らはともに薪を拾い、料理をし、籾摺《もみす》りするだけの米があるときは、［竪杵《たてぎね》で］ついていました」

かつての生活様式は失われつつあるが、ナナドゥカン・アグタ族は、女性が出産し授乳するという生物学的な事実を超越して、人びとが従事するほぼあらゆることに文化が影響を与えることを明らかにした。育児や料理、食糧の調達、狩猟など諸々の仕事を分担するやり方は、年によって日付が変わる祝日〔のように変更可能〕なのであった。女は主婦になるのが自然で、狩人になるのは不自然だとか、父親が育児に直接かかわるのは両性間の永遠の掟を破るなどという生物学的な決まりは存在しないのである。

となると、アグタ族が進化生物学者に突きつけるジレンマは、なぜアグタ族は例外であり、通常ではないのかという疑問だ。ほかの地域にいるすべての女性の狩猟採集者たちは、なぜ狩りにでかけないのか？　そして、人類のすべての社会はなぜ同じように平等主義にならないのか？

男女平等は近代の発明であって、啓蒙されたリベラルな社会の産物なのだと、私たちはときに想像する。だが、人類学者たちは昔から、多くの社会では男女が対等に存在してきたことを知っている。

ユニヴァーシティ・カレッジ・ロンドンを拠点とする人類学者マーク・ダイブルは、パラナン・アグタとして知られるフィリピンの別のアグタの社会を研究し、自分のデータを別の狩猟採集民の集団、すなわちコンゴ共和国にいるムベンジェレと呼ばれるバヤカ族の下位集団のデータと合わせて分析した。彼の研究からは、狩猟採集民の社会構造と高度な男女平等には関連があることが明らかになる。これは、平等が初期の人間社会の特徴であり、農耕や牧畜が始まる以前からのものだった証拠だと、彼は述べる。

二〇一五年に『サイエンス』誌で発表されたダイブルの研究では、これら二つの社会における数百人の成人の細かい系図が作成されている。「彼らの家系図については、当人たちと同じくらいわれわれはよく知っています。誰が誰とまたいとこか、などということすらわかっているのです」と、彼は私に語る。これらの系図は、狩猟採集社会で一緒に暮らす人びとが総じて、互いに血縁関係にないことを明らかにする。女性はかならずしも夫の家族と一緒に、あるいは近くに住まないし、同じことが男性と彼らの妻の家族に関しても言える。ときには、彼らは家族間で入れ替わることもあるし、近い親族とはまったく暮らさない場合もある。

選べる場合には、援助と保護が得られるので、通常は拡大家族とともに暮らすことを彼らは好む。「それぞれの人びとは親族と一緒に暮らしたくないわけではありません」と、ダイブルは説明する。「ただ、誰もができる限り多くの親族と暮らそうとすれば、そのことが共同体を近い血縁関係にすることに制約を課すことになります」。そしてこれは結果的に、男も女も誰と一緒に暮らすかあまり選べないことを意味する。意思決定は男女平等になされているに違いない。「このことは社会組織を変革させる効果がありますす」

人類の進化の過程でこうした取り決めが通常であったとすれば、それは人間の発達のいくつかの側面を説明しうるだろうとダイブルは考える。「人間には血縁でない人びとと協力する能力があり、そこが霊長類に見られるものと異なる点です。霊長類は会ったことのない個体とかかわるのを、非常に警戒します」。これは複雑な社会を築くには欠かせないことだ。人が血縁でない人とは協力できなければ、私たちが知るような文明は、ともかく存在しえなかっただろう。二〇一四年に『*PLOS ONE*』誌に発表されたアリゾナ州立大学の人類学者、キム・ヒルと同僚らによる研究は、狩猟採集民が確かに広く他者とかかわり合うことを裏付ける。パラグアイ東部のアチェ族とタンザニアのハッツァ族を対象にした彼ら自身のデータからは、一人の人の交友範囲には生涯にわたって一〇〇〇人もの人が含まれることが示唆される。

それとは対照的に、雄のチンパンジーはおよそ二〇匹のほかの雄としか、かかわり合わないだろう。

このことはいずれも、パラナン・アグタ族とムベンジェレ族の暮らし方が人類の過去においては通常であったかもしれない可能性を指し示す。歴史学の研究では、女性が権力を掌握していた母系社会の存在を立証するよい証拠は見つからなかったかもしれない。しかし、だからと言って人類が平等主義でなかったことを意味するわけではない。

「いまでは狩猟採集社会が、完全に平等ではなかったにしろ、こと男女の平等に関しては不平等さが少なかったという点では、おおむね意見の一致が見られています」と、アトランタのエモリー大学の人類学教授メルヴィン・コナーも同意する。彼は多年にわたってアフリカで狩猟採集民の実地調査をつづけてきた人だ。研究してきた社会では、役割の専門化がほとんど進んでいなかった、と彼は語る。商人も祭司も政府も存在しない。「集団力学の規模ゆえに、男性は女性を排除できないのでしょう〔……〕男女は、平等ではないにしろ、ともに参加し、女性は少なくともその三〇ないし四〇パーセントは貢献していました」

ナナドゥカン・アグタの女性がそれほど長期にわたって狩りをつづけながら、他の部族では女性がもっと早くに狩りをやめていたとすれば、一つの理由はその環境にあったかもしれない。ルソン島の熱帯林には、南アメリカなど、世界の他の地域に比べて大型の危険な動物が少ない、とバイオン・グリフィンは言う。女性が狩りをしない理由を調べあげたマイケル・ガーヴェンとキム・ヒルは、死ぬ危険が高まるにつれて、女性は狩りを避ける傾向にあるのだろうと言う。これは集団全体の生存にとって重要なのだ。子供にとって母親を失うことは、父親を失う以上にはるかに危険なことだからだ。社会や環境によっては、狩猟はただ危険なだけでなく、女性が何日間もつづけて本拠地から遠く離れた場所へ行く事態にもなりかねない。育児やその他の仕事にたいする社会からの支援が限られたものであれば、女性は男性ほど多くの時間を狩りの腕を磨くことに費やせなくなり、獲物を仕留めるうえではあまり役に立たなくなるかもしれない。

バイオン・グリフィンは、女の狩人という考えに抵抗するのはたいがい、狩猟と母親業が両立することを受け入れられない進化生物学者なのだと私に語る。だが、彼とアグネス・エスティオコ＝グリフィンに言える限りにおいては、アグタ族のあいだで狩猟によって子供がより大きな危険にさらされることはなかった。むしろ、食糧がさもなければ限りなく不足した社会では、狩猟は誰にも行き渡るだけの食糧をもたらしていた。

オーストラリアで女性の狩猟採集民を研究したレベッカ・ブライジ・バードも、これに同意する。「狩猟に経済的な生産性があって、それが予測できる活動ならば、女性が狩りをしない理由はありません」。彼女が私に示した一例は、トレス海峡諸島に住むオーストラリアの先住民社会のメリアム族の例だった。メリアム族は熟練した海の民だった。男たちは大物を釣りあげて家にもち帰ることを期待して、岸辺から釣り糸を垂らして過ごすことが多いが、女たちは岩礁で貝類などを探すことを好み、成功率は後者のほうが高い。その結果、女性による水揚げ高のほうが男性の獲物よりも安定しており、生産性が高いこともある。「多くの場合、大型動物の狩りはあまり生産性の高いものではありません」と、ブライジ・バードは言う。「大半の環境にいる大半の狩猟採集民では、日々の糧の大多数は小動物だろうと私は推測しています。そして、それらの小動物をおもに調達するのは女性たちなのです」

オーストラリア大陸からのもう一例としては、西オーストラリアのアボリジニーのマルトゥ族がいる。マルトゥ族にとって狩猟はほとんどスポーツだ。動物を競走で追い詰めるのは、とりわけ女性たちが極めた技だ。「マルトゥの女性が狩りをする際に好む獲物の一つは、野ネコです。これは生産性の高い活動ではありませんが、女性たちが自分の捕獲の腕前を見せびらかすチャンスなのです。女性たちはこれらのネコを追いかけることで、悪名を馳《は》せています」と、ブライジ・バードは私に語る。狩猟は夏の酷暑のなかで行なわれる。「女たちがこれらのネコを追いかけます。走ってネコを疲れはてさせるのです。それに注ぎ込まれる努力ときたら、途方もない量です」

パラグアイ東部のアチェ族――女性は狩りをしない社会――のあいだですら、そう望めば女性がまだ狩りができることを示す証拠がある。アリゾナ州立大学の進化人類学者のアナ・マグダレーナ・ハータドは、アチェの女性がいかに男性狩猟者のための「目と耳」となって行動するかを記録した。彼女は共同研究者らと以前に、アチェの女性が乳幼児をかかえながら狩猟している現場を見たことがある。「アチェの女性は狩猟する能力があるが、ほとんどの場合、狩りにでることは避ける」のだとハータドらは結論づけた。女性たちの関心はむしろ、その他の仕事にあったに違いない。

家庭と仕事に関することとなると、生物学上の規則は、なんら規則は存在しなかったというのが規則のようだ。出産と授乳という現実は定められているものの、文化と環境も女性の身体的要求と同じくらい、女性の生き方を決定付けるのである。

研究生活を通して外部から暮らしを覗いてきた人びとにとって、私たちの既成概念に逆らう希少な人間社会を記録することは、個人の生き方を変えるものにもなりうる。インタビューの終わりに、バイオン・

グリフィンとアグネス・エスティオコ＝グリフィンは、自分たちの家庭では男女別の労働分担はないのだと私に語る。ちょうど、夫妻が長年研究してきたナナドゥカン・アグタ族のあいだに、そうした分業体制が何も見られなかったように。「だから、夕食の支度をするのでこれで失礼します！」と、バイオンはフィリピンからの回線を通して笑い、それから電話を切る。

私はその晩、ロンドンの自宅で自分が料理をしていることに気づいてがっかりする。

6　選り好みはするが貞淑ではない

世界が私たちのものでもあって、なんら罰を受けることはないと信じられるのであれば［……］。女性の欲望の力はじつに大きく、社会は女性がベッドでも世の中においてでも欲するものを真摯《しんし》に考慮しなければならないだろう。

――ナオミ・ウルフ『美の陰謀』（一九九〇年）

いま大学にいるとして、異性の知らない人物がにじり寄ってくる。「キャンパスであなたのことが気になっていました。とても魅力的だと思って」と、その人物は言う。いつの間にか、この謎の人物が自室に誘い、一緒に寝ようと言いだす。

これは誰かをナンパする手段としてはひどく陳腐なものかもしれないが、もしこの方法で誘いに乗ったとすれば、あなたはまず間違いなく男性だろう。このシナリオは、一九七八年にフロリダ州立大学で実施された実験の一部だった。男は女よりも行きずりのセックスに寛容かどうかをめぐっての、教室内の論争に決着を付けるために、心理学の教授であるラッセル・クラークとイレイン・ハットフィールドによって考案されたものだった。心理学者たちの方法は単純なものだった。実験心理学のクラスから一連の若いボランティアを募った。誰一人として見た目は悪くなかったが、ずば抜けて魅力的というほどでもない若者たちで、大学構内にいる人びとに近づいて、先ほどのセリフを繰り返してもらったのだ。このセリフのあと、次の三つの誘いのいずれかがつづいた。すなわち、デートにでかける、自分のアパートに行く、一緒に寝る、のいずれかだ。

結果は歴然としていた。男女どちらも見知らぬ人とのデートに同意する確率は同じくらい高かったが、女性は誰一人として一緒に寝ようとはしなかった。一方、男性の四分の三は、知らない女性とのセックスに意欲的だった。心理学者たちが一九八二年に実験を繰り返すと、結果はほぼ同じだった。女性はこのような誘いを受けると仰天する場合が多い、と研究者らは述べた。「どうかしているんじゃない？　私に構わないでちょうだい！」と、一人の女性は言った。男性の場合は事情が異なり、断るために謝ることすらあった。「実際には、彼らは性的関係をもつことよりも、デートへの誘いを受けることを心よしとしなかった」と、クラークとハットフィールドは書いた。

二人は何年ものあいだ、この論文を発表しようと苦戦した。掲載できそうな科学雑誌が、あまりにも軽薄な内容だとして懸念を示したためだ。一九八九年にようやく『ジャーナル・オヴ・サイコロジー・アンド・ヒューマン・セクシュアリティ』に「性的申し出の受容性に見られる性差」という題名で発表されると、これは有名な論文になった。つまるところ、これは誰もがセックスと男女両性について知っていると考えていたことを、ほぼ立証するものだったからだ。男は生まれながらにして一夫多妻の関係を好み、〔二人の女性と〕長期の関係に縛られるときは、ただ自然に逆らっている。一方、女性は一夫一婦の関係を好み、つねに完璧なパートナーを求める、というものだ。

これは男と女が根本的に異なる生き物であるという事実に行き着くのだ、と言う生物学者もいる。両者ははてしない進化の闘争にはまり込んでいるのだ。男は女であれば誰でも見境なく追いかけ、できる限り多くの子供の父親となる可能性を高めようとする。一方、女は子孫を残すうえで最上の父親を念入りに探すあいだ、望ましくない男の目に留まらないように試みるというものだ。チャールズ・ダーウィン自身が、一八七一年に有名な『人間の由来、および性に関連した選択』を著わした際に、この考察を科学史に刻んだのである。

この考えは一九四八年に、別の交配実験において試されもした。ただし、これは人間ではなく、果実が腐ったときに現われるごく小さなハエで行なわれた。

生殖に関することとなると、最も研究しやすい生物はすぐに交尾し、いくらでも繁殖する種だ。人間はそのような生物ではない。

アンガス・ジョン・ベイトマンは賢明にも、キイロショウジョウバエを選んだ。短い生涯を忙しく生き、生後数日で性的に成熟し、一度に数百個の卵を産む生物だ。ベイトマンは植物学者および遺伝学者で、一九四八年にはロンドンのジョン・インズ園芸学研究所で働いていた。このハエが生物学者の最良の友となるのは、遺伝子変異によってそれぞれの個体が、丸まった翅《はね》や細い目など、遺伝したものしだいで、互いにやや異なって見えるからなのだ。こうした違いをたどることで、ベイトマンはどれがどのハエの親であるかを確実に選ぶことができた。ここから、彼はどのハエが繁殖に成功していたかを知ることができたのだ。

ハットフィールドとクラークの実験のように、ベイトマンの実験も単純なものだった。彼は三匹から五匹の成虫の雌と、同じ数だけの成虫の雄を選び、ハエが繁殖ゲームでどのように行動するかを観察した。雄のハエの五分の一は子孫を残すことができなかったが、雌ではその割合はわずか四パーセントだった。だが、繁殖に最も成功した雄のハエは、最も成功した雌のハエの三倍近い子孫を残した。雌はいずれも求愛されないことはなかったが、いちばん不首尾に終わった雄はつねに拒絶されつづけた。この実験は、こうした種の雄はより乱交型で相手を選ばず、かたや雌はもっと選り好みをし、ほとんど乱交しないというダーウィンの昔からの理論を立証するものだった。

「雄は雌と喜んでつがいになり、雌は受け身ではあるが選択するというのが一般的な見解であるとダーウィンは解釈した」と、ベイトマンは書いた。彼が研究したショウジョウバエの一種は、「その規則の例外ではないようである」。

配偶相手をめぐって同性間で争わなければならない場合、異性が求める形質を進化させようとする多大な圧力がかかるのだとダーウィンは推論した。競争に打ち勝つだけの強さも必要となる。彼はこの進化のプロセスを「性選択」と呼んだ。そして、彼の観察結果は、雄のほうが雌よりもこの圧力にはるかに多く直面することを暗示していた。この理論は、私たち人間をはじめ、一部の生物では雄が雌よりもおおむね大きく強いことを説明するだろう。これはまたライオンのたてがみや、クジャクの青と緑の華やかな羽などの自然の驚異も説明する。異性を惹きつけること以外に、ライオンにたてがみが必要な理由も、クジャクにあれほどかさばる豪華な羽が必要な理由も見当たらないようなのだ。

「ほぼかならず、相手を選ばない雄の熱心さと、選り好みをする雌の受け身の態度が組み合わさっている」と、ベイトマンは書いた。彼のショウジョウバエの実験は、性選択が雌よりも雄により強く作用するというダーウィンの理論を強化した。一部の雄のハエは色男で、その他は能なし、ということだが、それは意欲がないためではない。競争がじつに激しく、少数の雄がその他よりも格段に成功していたのだ。一方、雌のハエは自分たちが望みどおりに雄を選べると知って安穏《あんのん》としているようだった。雌はこの圧力をほとんど受けていないようだった。それどころか、ベイトマンによれば、ごくわずかな雌はおそらく自分の都合に合わないと見ると、しばらく交尾を控えたがることすらあった。

ベイトマンのショウジョウバエの観察からの見解は、私たち人間を含むその他の生物についても推定され、性選択についての科学界の関心を再び高めることになった。だが、すぐさまにではない。彼の論文は顧みられないまま数十年が過ぎた。彼が性選択について再び書くことはなかった。彼のショウジョウバエの実験は二四年後に、ロバート・トリヴァースという若い研究者によってようやく一般に知られるようになったのだ。

本書の執筆時点では七四歳になっていたトリヴァースは、生物学者にしては変化に富んだ人生を送ってきた。

トリヴァースの自伝――『ワイルド・ライフ』〔「野生生物」と「奔放な人生」の両義〕とふさわしい題名が

ついている——を宣伝する自身のウェブサイトには、彼が服役していたことや、ジャマイカで同性愛の男性を暴力から守るための武装集団を組織し、ブラック・パンサーの革命運動の創始者の一人のために、逃走用の車を運転したことが描かれている。かつて記者に、サラ・ブラファー・ハーディは生物学者として研究するより母親業に専念すべきだと語ったのも、彼だった〔本書第5章〕。

今日、トリヴァースはジャマイカの田舎に地所を購入してそこに暮らしている。私が電話でインタビューをすると、この土地を彼や従業員は「男の街《マン・タウン》」と呼んでいるのだと語る。周囲に女性がまるでいないからだ。最近はどこで研究をしているのかと尋ねると、彼は雇い主であるニュージャージーのラトガーズ大学と係争中なのだと言う。

彼の人生がいかにワイルドであったにせよ、トリヴァースは世界屈指の影響力のある進化生物学者として考えられており、なかでも研究生活の初期に構築した理論で知られている。一九七二年に彼が発表した、一九四八年のアンガス・ベイトマンのショウジョウバエの実験に関する論文は、研究者によって少なくとも一万一〇〇〇回は引用されてきた。「親の投資と性選択」と題されたこの論文は、今日の研究者の性選択にたいする理解の仕方に根底から影響をおよぼした。

当時、トリヴァースはハーヴァード大学の若い研究者で、窓の外で求愛するハトを観察していたとき、チューターの一人からベイトマンの研究を調べてみてはどうかと提案された。その日のことを彼はありありと記憶している。博物館に行ってその論文をコピーしたときは、「ゼロックスの機械の側面に自分の睾丸をぴったりと押しつけていましたよ」と、彼はしわがれた笑い声を立てて私に語る。その論文を読むや否や、彼の「目から鱗《うろこ》が落ちたわけです」。それは彼の研究生活における転機となった。

トリヴァースは、女性が男性に比べて相手を選ぶうえで選り好みをし、乱交しないのは、誤った選択をしたときに失うものが多いからだと気づいた。人間の場合を考えてみよう。男は多くの精子をつくり、かならずしも自分の子供に投資する必要はないが、女は受精できる卵が一度に二つしかなく、そのあと九カ月間妊娠したうえに、何年も授乳や育児がつづく。「一瞬考えてみると、その論理は明白でした。女はその二個の卵をつくるのに多くを費やし、男は一日で精液をつくり、これは些細なことです。学生に講義をするときには、この一時間のあいだに教室内にあるすべての睾丸が一億個の精子を生成していたんだと指摘することがある。これは相当な数の精子だが、その行き場はないんですよ」

ベイトマンのショウジョウバエの観察に関する一九七二年の論文のなかでトリヴァースはこう書いた。「雌の繁殖成功率は、最初の交尾後、増えたとしてもあまり変わらず、二度目のあとはまったく増えなかった」。雌は、さらなる相手を射落したところで、なんら得るものがないのだろうと、トリヴァースは述べた。妊娠するには雄が一匹いれば事足りるのであり、それ以上に妊娠することはできない。「大半の雌は一度か二度以上、交尾には関心をもたなかった」

このことは、親の投資が変われば、性行動もまた変わることをほのめかす。父親が子育てに大きく関与する一雌一雄でつがいとなる生物では、こうした役割は理論的には逆転する可能性がある。雄が子に時間とエネルギーを投資すればするほど、配偶相手を選ぶに当たって選り好みをし、雌は雄の注意を惹くためにさらに競合するようになるかもしれない。実際のところ、一雌一雄の一部の鳥では、雌が雄を追いかける。

もちろん人間では、多くの男性は子育てに母親と同じくらい多くの投資をし、信頼できる父親となっている。だが、ベイトマンは育児にかかわる父親や夫であることが、男の根底にある性的本能をかならずしも変えないと考えた。一雌一雄の生物で、雌雄の数がほぼ同数であっても、昔の性行動のパターン――相手を選ばない熱心な雄と、相手を選ぶ受け身の雌――は「遺物として存続することが予想されるかもしれない」と、ベイトマンは書いた。ベイトマンのこの論文から二四年後に発表された彼自身の論文のなかで、トリヴァースはこう述べた。「雄の育児に強い選択圧がかかる種では、混合戦略が雄にとって最適な進路となる確率が高い。すなわち、一匹の雌の子育ては手伝い、それでいて自分が援助はしないほかの雌に求愛する機会は見逃さないというものだ」

要するに、男が浮気をする進化上の衝動を免れた可能性は低いと、彼は言っているのである。

「性差別主義に聞こえることが、学説を禁ずる正当な理由にはならない」

一九七八年八月号の『プレイボーイ』誌に、扇情的な記事が掲載された。「男は自分の女を裏切る必要があるのか？　新しい科学はそうだと言う」と、その表紙は豪語していた。挑発するような見出しの隣にある写真は、偶然にもセクシーな秘書の記事に関連して、白いガーターベルトを付け、ストラップ付きハイヒールを履いたモデルのものだった。上司にぴったり寄り添って立つ彼女の足下には、メモ用紙とペンが、ぞんざいに投げ捨てられていた。

ロバート・トリヴァースの論文の発表は、科学者が性行動を理解するうえでの分水嶺《ぶんすいれい》となっただけでなく、日常の暮らしのなかで一般の人びとが性行動を理解するうえでも転機となった。性選択の理論は二〇世紀に則して改良され、たちまち男女それぞれの性的関係の習慣を説明する道具になった。一度は忘却されたも同然だったベイトマンの理論は、一連の普遍的原理として本格的に変貌を遂げ、何百回も引用されて、揺るぎない礎《いしずえ》として考えられるようになった。その礎の上に、いまでは性差に関する研究が丸ごとそっくり築かれている。

一九七九年には著名な人類学者で、現在はカリフォルニア大学サンタバーバラ校の名誉教授となったドン・サイモンズが、反響を呼んだ著書『人間のセクシュアリティの進化』〔*The Evolution of Human Sexuality* 未邦訳〕で、男は性的に目新しさを求め、女は安定を求めるという考えを強化した。「親の最低限の投資と、生殖の機会と制約における多大な性差は、体の構造面ではわずかな性差しかない種であるホモ・サピエンスが、精神面では多大な性差を示す理由を説明する」。サイモンズが唱える説の一つは、女性のオーガズムは進化上の適応ではなく、男性のオーガズムの副産物だというものだ。ちょうど男性の乳房が女性の乳房の痕跡であるようなものだ、と。女性がオーガズムを経験するとすれば、それは生物学上の幸運な偶然なのだと彼はほのめかす。

当時、プリンストン高等研究所にいたクリフォード・ギアツはこの説に感銘を受けることなく、『ニューヨーク・レヴュー・オヴ・ブックス』誌に古い詩を引用してサイモンズの本を要約した。「ヒガマス、ホガマス、女は一夫一婦《モノガマス》。ホガマス、ヒガマス、男は一夫多妻《ポリガマス》」

このような懐疑的な見方があったにもかかわらず、サイモンズの書が刊行されてから二〇年も経たないうちに、この科学は主流となった。ロバート・トリヴァースの研究は、人間の行動をさらに進化生物学の領域に引き入れることによって、今日、進化心理学と呼ばれる一つの研究分野を丸ごと誕生させる一助となった。この分野で世界的に有名な学者の一人が、現在、テキサス大学オースティン校で教えているデイヴィッド・バスだ。一九九四年刊の著書『女と男のだましあい――ヒトの性行動の進化』〔邦訳版は二〇〇〇年刊〕でバスは、「男女で欲望は異なるので、彼らが示す資質は異ならざるをえない」と書き、こう言い添えた。「進化の歴史において女性は、数人の一時的な性的パートナーからよりも、一人の配偶者を介して子供のためにより多くの生活資源を獲得することが多かった」ため、女性が生まれながらに一夫一婦制を好むのは理に適っている、と。

この考えは、一九九八年に認知心理学者のスティーヴン・ピンカーが『ザ・ニューヨーカー』誌に書いた記事のなかで再浮上した。「男はいくつになっても少年」という題で、ピンカーは進化心理学を用いてアメリカ大統領ビル・クリントンを擁護した。ホワイトハウスのインターンだったモニカ・ルインスキーとの浮気が表沙汰になったばかりのときだ。「人間の衝動の大半には、太古からの進化論的な理由がある。有史以前の男は五〇人の女と寝て、五〇人の子供の父親となることができ、そのような好みを共有する子孫をもつ可能性が高かっただろう。一方、五〇人の男と寝た女には、一人の男と寝た女と変わらない数の子孫しかいなかっただろう」。ピンカーはドン・サイモンズの本を「画期的」だとし、ロバート・トリヴァースの研究を「記念碑的」と表現した。

チャールズ・ダーウィンの性選択に関する当初の研究範囲は、もちろん性行動をはるかに超えたものだった。この理論は単に交尾習性に関するだけでなく、異性を惹きつけるための選択圧がより魅力的で賢くなるよう強いることで雄にどう大きく作用して、進化発生に影響するかを解き明かすものだった。一八七一年の『人間の由来』にダーウィンはこう書いた。「男女の知能におけるおもな違いは、何に取り組むにしても、男は女よりも高度な卓越ぶりを発揮することによって示されている〔……〕。したがって、男は結果的に女よりも優れるようになった」

一世紀以上ののちに、性選択理論のこの物議を醸す側面まで甦《よみがえ》ることになった。二〇〇〇年に、ニューメキシコ大学の進化心理学者ジェフリー・ミラーが、「人間の精神《メンタル》進化論」と彼が名づけたものを探究するなかで『恋人選びの心——性淘汰と人間性の進化』〔邦訳版は二〇〇二年刊〕を刊行した。人間が進化してきた過去において、女性は歌ったり話したりするのが上手な男性への好みを進化させたのだろうと彼は書く。男は創造力に富み、より知的で、歌うのと話すのがうまくなるにつれ、魅力を増して、恋愛に成功するようになる。賢い男がより多く性交渉をし、賢い子孫を残してきた「連鎖的《ランナウェイ》につづくプロセス」を通して、人間の脳はこれほど早く肥大することができたとミラーは主張する。

「ナイチンゲールは雄がよくさえずり、クジャクは雄が視覚に訴える見事な飾り羽を見せびらかす。人間でも男性のほうが人前で歌ったり話したりすることが多く、絵画も建築物も数多く生みだす」と、ミラーは書き、のちにこうも述べる。「男のほうが多くの本を書く。男は講義することも多い。講義のあとに質問することも多い。委員会に男女がどちらもいれば、議論の中心となるのは男だ」。男は、優れるように進化したため、こうしたすべてのことに長けているのだと彼はほのめかす。

これは女性にとっていささか不公平ではないかと考える人にたいしては、ミラーは答えを用意する。「科学のゲームでは、性差別主義に聞こえることが、学説を禁ずる正当な理由にはならない」と、彼は昔ながらの言い訳を使って読者に助言するのだ。

「雌が複数の相手と交尾するのは、ごくごく一般的なこと」

性選択理論の中心には、少なくともそれが人間に応用された場合には、男性は乱交型で相手を選ばず、かたや女性は非常に相手を選び、性的には受け身だという考えがある。女は選り好みをし貞淑だというものだ。これはすべて、アンガス・ベイトマンの原理に帰するものだ。彼が実験したショウジョウバエと、一九七八年にフロリダ州立大学構内でクラークとハットフィールドが試した人間の被験者によって例証されたことだ。男は見知らぬ人とでも寝るが、女はそんなことはしないのだと。だが、これが真実だとすべての人が納得しているわけではない。

今日、ベイトマンの原理に反旗をひるがえす研究はいくらでも存在する。実際には、これらは何十年ものあいだに増えつづけたものだ。サラ・ハーディが四〇年前にマウント・アブのハヌマンラングールで行なった研究は、雌のサルが一匹以上の雄と交尾することで得をする事実を明らかにした。生まれた子の父親が誰かわからなくすれば、雄たちが子殺しに走る可能性を減らせるからだ。ガンビアのアブコ自然保護区でアカコロブスの生態を間近に研究するなかで、ドーン・スターリンも雌の霊長類が性に関していかに自信に満ちているかを描いた。「雌はセックスに関することとなると、どう見ても積極的だった」と、彼女は『アフリカ・グラフィック』誌の二〇〇八年号に自身が見たサルの一群について書いた。「毎年、数カ月間、森は雌のフーリガンの一団に乗っ取られる。彼女たちは見栄を張り、雄に色目を使い、緊張した雄を茂みのなかに誘う」

ヒトとより遠縁の種でも、雌が複数の雄と関係をもつ同様の証拠を研究者らは見つけている。一雌一雄制であると考えられてきた多くの鳥も、そうではないことが明らかになっている。雌のルリツグミは夜間に別の雄と密会するために、かなりの距離を飛ぶことが目撃されている。トラフサンショウウオ類やキリギリス類、キマッシマリス、プレーリードッグ類、ゴミムシダマシ類などは、これらの雌が多くの雄と交尾した場合に繁殖により成功することを示している。

「これはかなり広範囲にわたるものです。どこにでも見られると言う人すらいます。雌が複数の相手と交尾するのは、ごくごく一般的なことです」と、ミズーリ大学セントルイス校の動物行動学者スレイマ・タン゠マルティネスは言う。大学院時代には、ほかの人と同様にベイトマンの論理に納得していたと彼女は私に語る。「あれは非常に単純な考えなのです。私たちがもっている文化的な既成概念からすれば理に適っているので、それを受け入れてしまうのです。科学者としていわば一人前になってからようやく、私は疑問をいだき始め、ベイトマンとは一致しない証拠が見えだしたので、その証拠をもっと徹底的に調べるようになりました」

タン゠マルティネスは何年もかけてベイトマンの原理に関連した証拠を分析し、彼の考えに関する論文を多数発表した。彼女の結論は、証拠の重みだけでも科学者にこの原理の再考を余儀なくするのに充分なはずだというものだ。実際、パラダイム・シフトはすでに起こりつつあると彼女は考える。女性の性の本質の幅広さにたいする科学的な理解が進んだことによって、動物界における本当の多様性がもっと網羅されるようになった。多くの種の雌は、受け身でおとなしく一雌一雄を好むどころか、積極的で力強く、一匹以上の雄と関係をもつことを大いに望んでいるのだ。

だが、変化は遅々として進まない。これは一つには前途に横たわる膨大な抵抗ゆえである。サイモンズは一九八二年に、サラ・ハーディの著書『女性の進化論』〔邦訳版は一九八二年、八九年刊〕——おとなしく貞淑な女性のイメージに矛盾する証拠を多く掲げた書——にたいする書評を書き、なかでもとくに、マウント・アブの雌のラングールでは、性に関して積極的で競争心のある雌が進化上、有利であるかもしれないという彼女の見解に眉を吊りあげた。「女性の性の本質に関する自身の考えを推進するために、ハーディはそのような本質が存在するという疑わしい証拠を提示する」と、サイモンズは蔑むように書いた。

ハーディによれば、彼女のような観点への敵意はなくなってはいない。「この歴史は、関係する研究者の性別を含めたバックグラウンドを考慮しない限り、理解することはできない」と、彼女は一九八六年に上梓した『科学へのフェミニスト的アプローチ』〔*Feminist Approaches to Science* 未邦訳〕の一章に書いた。ハーディは、ドン・サイモンズが人間の性的関心について書いた一九七九年刊の本にたいする自身の書評で、彼のような人びとの考え方を「一九世紀からの紳士的な微風」と皮肉った。ダーウィンの時代と同様に、科学者たちは性選択理論を女性にとって不公平であるだけでなく、真実にとっても不公平な形に曲解しているのだと、彼女は考える。

「性選択はすばらしく洞察力に富んだものです。ダーウィンはそれをまさに正しく見抜いていました」と、ハーディは私に語る。問題はそれがあまりにも狭義で、すべてを説明していなかったことにある。ベイトマンの原理に逆らう非常に有力ないくつかの証拠は、その他の生物には存在もしないものだが、人間自身にはあるのだと、スレイマ・タン＝マルティネスは言う。「ベイトマン〔の原理〕が当てはまるなどと言うのが、控えめに言って、非常に気が進まない領域があるとすれば、それは人間なのです」と、彼女は警告する。「これ〔こうした短絡な関連付け〕は大きな間違いだと私は思います」

「約半数の社会では、女性の不倫は一般的であるか、大いに一般的だと言われます」と、ブルック・スケルザは言う。カリフォルニア大学ロサンゼルス校の人間行動生態学者である彼女の研究室の隅にはベビーサークルがある。私自身も働く若い母親なので、すぐさま彼女に共感する。

スケルザの場合も同様に、女性に共感をいだいているからこそ、世界各地で研究してきた文化に彼女は独特な見識をもつようになった。そうした文化の一つは、ナミビア北部で半遊牧生活を送る土着の畜産農業社会のヒンバ族だ。女性のセクシュアリティ〔性に関連する諸々の事象〕の本当の幅広さを理解するうえでヒンバ族が欠かせない理由は、性的自由のスペクトラムにおいてヒンバの女性は先端にいるからだ。ヒンバ族の文化は、女性が既婚者である時期にほかの男と関係をもつことに寛容な姿勢を示し、世界のほぼどの地域よりも女性が誰とセックスするかについて多くの自主性と選択肢を与えている。

スケルザはヒンバの女性に結婚暦についてインタビューをするなかで、彼女らはどの子供が夫とのあいだの子であるかは教えるが、それ以外の子供については「オモカ」という現地語を使用することに気づいた。「これはもらい水を意味します」と、スケルザは説明する。「ですから、婉曲表現です。基本的には、これは未婚のまま、あるいは浮気によって生まれた子を指すために使われる言葉です」。夫たちもかなり大っぴらに妻のどの子供が自分の子で、誰が別の人の子だと思っているかを認める。

ヒンバでも男女が互い嫉妬しないと考える理由はないと、スケルザは言うが、彼らのあいだの文化的規範では、女性でも男性と同様に浮気は許容されており、夫たちはそれをただ受け入れなければならない。

この事実は、女性はセックスに熱心でなく、一度に一人以上の相手と性的関係をもちたがらないというアンガス・ベイトマンの理論に根底から疑問を突きつける。

二〇一〇年にスケルザがヒンバ族の実地調査を始めたとき、女性たちからなぜ彼女の小屋には男が訪ねてこないのかと聞かれた。「なぜって、「ご覧のとおり、既婚者だから」と、私は言いました。すると彼女たちは、「それはそうだけど、でも別に構わないでしょう。ここに彼はいないのだから」。そこで私は、恋愛結婚だったのだと説明を試みたのです。そうすれば理解してもらえると思ったので。すると彼女たちは言うのです。「別に構わないでしょう。大丈夫、大丈夫。彼に知られることはないから、大丈夫よ」。ヒンバ族は実際、恋愛とセックスに関して頭のなかで非常に異なる考えをもっています。つまり、一方で夫を心から愛していると言いながら、それでも離れているときは別の人とセックスをすることが、自分にとってなんら悪いことではないというわけですから。彼女らにとって、それは罪ではないのです」

ベイトマンのショウジョウバエの実験について論じた一九七二年の論文のなかで、ロバート・トリヴアースは雌にとって、このような行動をとることは進化上なんら利益にはなりえないと述べた。妊娠するには男が一人いれば充分であり、それが女の生殖能力の限界となる。愛人がたくさんいても、より多くの子供をもてるようにはならないのだと。だが、ヒンバ族ではそれが事実ではないことをスケルザは発見した。「浮気による子供が何人かいることは、実際に子孫繁栄《リプロダクション》において総合的にはよい結果になったのです」

彼女はまだデータを集めて、この現象を説明する理由を解明する途上にある。これは単なる偶発的な相関関係かもしれない。おそらく、最も生殖能力があって質の高い女性であれば、どちらにせよ子沢山になり、より多くの相手を惹きつけるからだ。もちろん、別の要因もある。すべての男が同じように生殖能力があるわけでも、よい父親になるわけでもない。だが、彼女は女性がほかの男性と関係をもつことで、より多くの子が誕生し、かつ生き延びる別の理由を加える。たとえば、経済的には、それによってより多くの生活資源や保護が得られるようになるのだ。

もう一つは、性的な相性だ。ヒンバ族のあいだでは見合い結婚が一般的なので、女性はかならずしも自分の好みの夫を得られるとは限らないことになる。浮気は、女性たちが家庭では頼りになる献身的な夫という恩恵を得て、かつ家を離れたところでは性的により相性のいい男性（たち）も得ることで次善の策となるのだ。

少なくとも別の生物では、雌が好みの雄を選ぶことができる場合に、その子孫は生存する確率が高いことを示す研究がある。アメリカの動物行動学会の一九九九年の大会で、当時はアセンズにあるジョージア大学にいたパトリシア・ゴワティと、マニトバにあるデルタ水鳥・湿地研究所のシンシア・ブルームが、雌のマガモにこうした効果が見られることを報告した。マガモは一雌一雄のつがいとなるが、雄はしばしば雌に激しく嫌がらせをして交尾を迫る。雌が嫌がらせを受けずに好みの相手を選ぶことができた場合は雛《ひな》がよりよく育つと、ゴワティとブルームは『サイエンス・ニュース』で語った。別のチームとの研究で、ゴワティはハツカネズミでも同様の結果を観察している。

だが、ヒンバ族は人間の行動の虹《スペクトラム》に見られる一条でしかない。ヒンバの女性がこのような性的自由を得ているのは、ヒンバ族の社会の一風変わった組織の仕方にその一因がある。女性は結婚したのちも母親や実家と密接な関係をもちつづけるため、反対または支配されることなく、夫と別れて好きなことをするのが容易なのだ。さらに、財産が父から子へ相続されるのではなく、兄から弟へ、あるいは姉妹の息子たちへと受け渡される。これはつまり、子供が確かに自分の子であるかどうかを知ることに、男性があまり頓着しないことを意味する。自分の牛を相続する相手はそれが誰であれ、血縁者であることが保証されているのだ。

二〇一三年に『イヴォルーショナリー・アンソロポロジー』誌に発表された論文、「選り好みはするが貞淑ではない――女性における複数相手との性交渉」のなかで、スケルザは女性に一人以上のパートナーがいる若干の場所をほかにも挙げている。中国のモソ族は、女性が一家の長となり、財産が女系で相続される世界で数少ない社会の一つだ。モソ族は「走婚」〔妻問婚〕と呼ばれるものを実践する。この制度では女性は望むだけ多くの相手と性的関係を結べるようになる。自分の好みの愛人が、夜になるとただ部屋に訪ねてきて、朝になると帰ってゆくのだ。モソ族を際立たせているのは、伝統的に男性が子供たちに経済的あるいは社会的な支援をあまりしない点だ。

同様に、女性が一家の稼ぎ手として多く貢献するその他の小規模な社会でも、女性は性的により自由であることが多い。アメリカでは、「収監率の高さや失業の結果、男性の生活資源の信頼度が低い部分集団では、女性の親族が非常に有益な心の支えとなり連続一夫一婦制《シリアル・モノガミー》〔離婚・再婚を繰り返す形態〕のパターンが一般的となっている」と、スケルザは指摘する。

南アメリカで「分担可能な父性」〔本書第5章も参照〕を実践する孤立したいくつかの社会が、もう一つの事例となる。赤ん坊の父親に一人以上がなれるという考えである。二〇一〇年に『全米科学アカデミー紀要』に掲載されたこのテーマの論文のなかで、ミズーリ大学コロンビア校のロバート・ウォーカーとマーク・フリン、およびアリゾナ州立大学のキム・ヒルが次のように書いた。「分担可能な父性全般というスペクトラムの末端では、ほぼすべての子供に共同父親とされる人が複数いて、婚外の関係は通常であり、性に関する冗談は日常茶飯事である」

フィンランド、イラン、ブラジル、マリなど、世界のさまざまな地域の集団で子孫がどれだけ残っているか追跡調査を行なったなかで、セントアンドリューズ大学のジリアン・ブラウンとケヴィン・ラランド、およびカリフォルニア大学デーヴィス校のモニーク・ボーガーホフ・マルダーも同様に幅広いばらつきがあることを発見した。二〇〇九年に『トレンズ・イン・エコロジー・アンド・イヴォルーション』に発表された論文で、データは「ベイトマンが予測した普遍的な性別の役割とは矛盾していた」と、三人は述べた。

こうしたことはいずれも、おとなしく貞淑な雌という生物学のモデルを打ち砕くのだと、スケルザは言う。私たち自身の性文化とはまるで異なる文化をもつヒンバ族の研究から、彼女は男女が互いの関係においてどう振る舞うかは、生物学よりも社会とはるかに関係することを学んだ。「彼らが恋愛をしないわけではありません。この社会ではセックスが恋愛に取って代わったわけでもありません。彼らは嫉妬します。でも、そこにある文化的規範ゆえに、男性もそれに対抗する行動を本格的に取れずにいるのです。たとえば、自分の妻を殴るなどの行動にでれば、世界の一部の地域ではそれがまったく許容される反応であっても、彼らの社会では反感を買うでしょう。そのような男はおそらく罰金を払い、その行動を罰せられる結果になるようです」

性行動に違いがあるとすれば、ヒンバ族では女性のほうが男性よりも相手をよく選ぶようだと、スケルザは言う。「彼女たちはまだ選り好みをするのだと思います。でも、選り好みをするからと言って配偶者が一人だけで、その人と生涯連れ添わなければならないという意味ではないと思います」

こうした諸々の反論を受けたことで、アンガス・ベイトマンの往年の原理と、そのあとにつづいたさまざまな学説はどうなるのだろうか？

証拠が増えつづけるにつれて、研究者たちは雌が一般に雄に比べて受け身で貞淑だという科学の通説にさらなる疑問を突きつけ始めた。フロリダ州立大学による一九七八年の有名な実験は、男性のほうが見知らぬ相手との行きずりのセックスにたいし圧倒的に乗り気であることを明らかにしたものだが、この実験ですら繰り返され、驚くべき結果となった。

「この実験は事態の全容を語っていないと思っていました」と、ドイツのヨハネス・グーテンベルク大学マインツの心理学者アンドレアス・バラノヴスキーは言う。二〇一三年の夏に、彼は同僚のハイコ・ヘヒトとともにクラークとハットフィールドの有名な研究を再び実施してみることにした。ただし、当初の結果に影響をおよぼした可能性があると彼らが感じたいくつかの要因を、今回は制御してみた。彼らはデートとセックスに関する個人的な観察結果に突き動かされていた。フロリダ州立大学の実験は、女性の行動の本当のスペクトラムを捉えてはいないと、彼らは直感的に思ったのだ。「ここドイツで、あるいはヨーロッパ全般で私が経験することとは違っていました。そのうえ、ほかの研究仲間や友人の経験とも違っていたのです」と、バラノヴスキーは私に語る。「女性の友人たちからは、誘われた体験や、通常は男性とどう性的関係に入るかを教えてもらいましたが、それもやはりデータにはまったく表わされていなかったのです。だから、あれはどちらかと言えば、妙だなと」

バラノヴスキーとヘヒトは、女性は数々のもっともな理由から理性によって、見ず知らずの相手とセックスにおよぶのをためらうよう仕向けられていたのだろうと推測した。そこには、簡単にナンパされることへの社会的汚名や、より明白な理由として襲われる危険などが含まれる。「当初の研究結果が、カクテルバーなどのより自然な場所や、研究所などの安全な場所に設定した場合にも言えるのか見極めたいと考えた」と、彼らは二〇一五年に『アーカイヴズ・オヴ・セクシャル・ビヘイヴァー』誌に投稿した論文に書いた。当初の実験からあまり逸脱しないように、彼らは再現実験を大学構内とバーの双方で実施した。

どちらの場所でも、彼らはクラークとハットフィールドの結果とかなり似た結果を得た。すなわち、デートに同意する数は男性のほうが女性よりも若干多く、セックスには男性のほうがはるかに多く同意した。だがどちらの場所でも、フロリダの実験ほど熱心にデートもしくはセックスを望む男性はまるでいなかった。これはクラークとハットフィールドが間違っていたことの証拠ではないが、時と場所によって結果が異なることは明らかに示していた。

男女それぞれが取る一つの典型的な行動などは存在しないことを示した点でも、この実験はきわめて重要だった。当初の実験はともかく、代表的な事例ではなかったのである。「あれは実際には一次元的で、一九七〇年代のアメリカの大学構内のデートの状況を表わしていたのです。それがあの実験について私が感じたことでした」と、バラノヴスキーは言う。「二人が正式な手続きを踏んでいたかを疑ったわけではありません。踏んではいたと思います。ただ、あれは二人が実験を行なった場所の縮図だったのです」

バラノフスキーとヘヒトのデータが本当に興味深いものとなったのは、研究所内での実験だった。被験者には本物の相手から純粋にデートに誘われたのだと信じ込ませたかったので、彼らは相手探しの相性マッチングの研究だということにして手の込んだ計略を練った。一〇人の見知らぬ異性の写真を見せて、その全員があなたとならデートに行くかセックスを前提に会ってみたいのだと実験参加者それぞれに伝えるのだ。参加者が〔そのうちの誰かと〕会うことに同意したら、安全な環境で実際に会ってもらい、バラノヴスキーとヘヒトのチームはその出会いの前半部分を撮影することにした。

研究に参加した男性は全員がデートに行くことに同意し、写真のなかの少なくとも一人の女性とはセックスすることを承諾した。かたや女性では、デートに同意した割合は九七パーセントで、最初の実験とは異なり、「ほぼすべての女性がセックスに同意した」と、バラノヴスキーは言う。

これは、脅威のない環境であれば性差は有意に少ない証拠だと、彼らは論文に書いた。フロリダの実験で女性を思いとどまらせていたのは生物学ではなく、別の理由であったかもしれない。それはまず間違いなく、暴行されることへの恐怖や〔男女で異なる〕道徳の二重基準など、社会的、文化的な理由だろう。だが、研究所を舞台とした場合でもバラノヴスキーとヘヒトが確実に気づいた一つの性差は、女性は提示された写真のなかから選ぶ相手の数が少ない傾向にあったことだ。ブルック・スケルザがナミビアのヒンバ族で知ったように、女性は男性よりも選り好みはするが、より貞淑なわけではないのである。

「すべてが申し分のないふりをしつづけることはできない」

「ベイトマンの原理のようなものは、私にしてみれば実際には意味をなしません」と、現在はカリフォルニア大学ロサンゼルス校の教授であるパトリシア・ゴワティは言う。

私たちは、ロサンゼルス郡の広大な州立公園、トパンガの山の上にある彼女の自宅のパティオに座っている。周囲にはいたるところに野生動物がいる。インタビューの途中で、野生のシカが近くまでやってくる。ゴワティは動物の専門家で、進化生物学者であり、かつ扇動者である。五〇年におよぶ研究生活をかけて、彼女は自身の専門分野の根本的な前提に疑念を呈しつづけ、性差別主義を締めだそうと試みてきた。彼女が標的としたことで最もよく知られるのは、一九四八年にアンガス・ベイトマンがショウジョウバエで行なった実験だった。

「私が科学者になったのは、フェミニストになったのと同時期でした。それは偶然だったのです」と、彼女は私に語る。ゴワティのフェミニズムは衰えたことがない。一九六七年にニューヨークのブロンクス動物園の教育課に最初に就職したころと変わらず、フェミニズムはいまも彼女に影響を与える。「一九六〇年代末には、国中どこでも意識を高めるために集会するグループがあったのです。意識を高めるというのは、ただ話をして、当時、現われ始めたフェミニズムと関連した考えに意識を向けることでした」。このようなフォーラムを通して、彼女は自分の母親を含め、歴史を通じて女性がいかに抑圧されてきたかを理解し始めた。彼女たちは勝ち目の乏しい闘いのなかで実績を積んだ。「私の世代では多くの女性が、性別を隠すためにイニシャルで著作を発表したのです」と、彼女は私に語る。

ゴワティは、同年輩のサラ・ハーディやエイドリアン・ジルマンらと同様に、進化生物学がいかに女性を無視し、誤解してきたかという事実に怒りを覚えていた。ベイトマンの原理は、なかでも彼女を怒らせたいくつかの主張の根底にあった。彼女はルリツグミの繁殖行動を三〇年にわたって研究したが、一九七〇年代に雌がつがいの相手でない雄と逢いびきするために、遠くまで飛んでいる可能性を主張したとき、それをまったく信じてもらえなかった。男性の研究仲間はその考えを受け入れられなかったのだ。彼らは代わりに、雌のルリツグミはレイプされたに違いないと彼女に言った。

「ベイトマンの原理がもたらす弊害の一つは、雌に見られる多様性を曖昧にしていることです」と、彼女は言う。「だから突如として、雌に関してはおもしろいことが何もなくなるのです。この問題について私が気に入らないことの一つがそれです。そこに性差別主義が根づいているのだと、私は思います。教義の信条とでも言うようなものです」

ゴワティは科学実験の究極の試金石は、それを再現できることにあるのを知っていた。そこで一九九〇年代に、ベイトマンの論文をつぶさに研究したあとで、彼女は完全に同じ実験をやってみることにした。ジョージア大学の同僚であるレベッカ・スタイニシェンとワイアット・アンダーソンとともに彼女が発見したことは、ベイトマンとは最も根本的なところで矛盾していた。「われわれは対面させてから最初の五分間の雌雄の動きを観察した。ビデオ記録からは、雄が雌に近づくのと同じくらい、雌も雄に近づくことが明らかになった。雄が雌に関心をもつのと同じだけ、雌も雄に関心があることが推測された」と、ゴワティらは二〇〇二年に『イヴォルーション』誌に投稿した論文に書いた。

この再現実験から、ショウジョウバエで観察したとベイトマンが主張したことが、実際どう確認されるにいたったのかというジレンマが引き起こされた。さらに調査を進めるなかで、ゴワティはすぐにベイトマンの研究の問題点に気づいた。その後、二〇一二年に『全米科学アカデミー紀要』で発表した論文で、彼女はジョージア大学の研究者ヨンキュ・キムとワイアット・アンダーソンとともに次のように書いた。「ベイトマンの方法は交尾相手がゼロの被験体を過大評価し、一匹以上の相手を得た個体を過小評価しており、雌雄ごとの子孫の数を体系的に偏った形で推計していた」。ベイトマンは親として父親よりも母親を少なく勘定していたと三人は主張した。子孫を残すには両親が必要なので、生物学的にこれはありえないことだ。

もう一つの間違いは、ベイトマンが親を突き止めるためにショウジョウバエに求めた遺伝子変異が、これらのハエの生存率に影響していたことにあった。不具合が生じるほど小さい目や変形した翅といった、体を衰弱させる深刻な変異を二つ受け継いだハエは、ベイトマンが数えるまでもなく死んでいたかもしれないのだ。このことはまず間違いなく彼の結果を歪めた。

間違いはしごく明快なので、ベイトマンの論文は編集者——間違いがないか確認すべきはずの人——が実際に論文を読んでいなかったからこそ、発表することができたのだとゴワティは主張する。科学的な研究結果が再現できないことは大問題だ。これは往々にして、当初の実験に関して深刻な疑念を残す。そしてベイトマンの実験ほど重要なものとなれば、これはとてつもない懸念を引き起こすはずだ。

だが、ゴワティの研究結果にたいする反応は賛否両論だった。「多くの人はこれについて非常に興奮し、その他の人びとはむかついていて［……］。まるで気が狂ったかのようでした」と、彼女は私に語る。ドン・サイモンズにeメールを書いて、ベイトマンの研究結果をゴワティが再現できなかった件に関して彼の意見を聞いてみたが、彼女の論文は読んでいないとサイモンズは言う。そこで雌が複数の相手と交尾する証拠に関して、彼の一般的な見解を尋ねると、個人的な都合でもはや私の質問に答えることはできないと告げられる。

私は、一九七二年にベイトマンの論文を最初に有名にしたロバート・トリヴァースにも質問して、彼の反応を聞いてみる。「あなたがそれを聞くんじゃないかと案じていたところですよ」と、トリヴァースはジャマイカにかけた電話インタビューのなかで、彼らしい下品な口調で言う。「そのご大層な論文は読んでいない」。私の質問に答えるために、それを読んでみると請け合うが、数週間が過ぎてもまだ精読してはいない。「パティ〔・ゴワティ〕は慎重な科学者なので、私の先入観では彼女が正しい」と、彼はeメールでようやく告げる。それでも、彼はその他の生物の研究（彼自身によるジャマイカのトカゲの研究を含めて）はベイトマンの原理を裏付けてきたと、彼は言い添える。彼は『サイエンス』誌に欧米の合同研究者チームによって二カ月前に発表された論文を送ってくる。この論文は、一世紀以上にわたる動物のデータからの事例を概説するもので、次のように結論を下している。「過去一五〇年以上におよぶ性選択の研究は、誤った前提のもとに実施されてきたのではなく、むしろ妥当であり、雌雄間の差異について説得力をもって説明する」

ゴワティにしてみれば、これは充分ではない。ベイトマンの原理にたまたま即した事例――そこにショウジョウバエも含まれるようだ――を動物界から選ぶことは、おびただしい矛盾を無視するものなのだ。相反する証拠が充分にあるならば、根底にある理論を疑ってみるべきなのだ。原理は、これほどの例外があるならば原理とは考えられない。問題は、ベイトマンやトリヴァースの考えはそれ自体が大いに独り歩きしているため、矛盾があったところで大した違いではないように思われることだ。「みんながベイトマンの原理にすがっているのだと思います。データが正しかろうがなかろうが、原理は有効だと彼らは言うのです」と、ゴワティは語る。

サイモンズやトリヴァースのような著名な科学者が、ゴワティの論文を発表時に読まないことが、科学界の隅々まで彼女の研究結果を知らしめるのをさらに難しくする。「じつに奇妙なことだと思います」と、スレイマ・タン＝マルティネスは言う。「あのような論文が発表されると、このテーマに関心がある人ならそれを読むだろうと考えるでしょう。たとえ自分がどちらの側に関心があっても、どちらの側に同意しがちであってもです。私は自分の立場に賛成しない人たちの論文を読むようにしています。「ああ、それはわざわざ読みはしなかった」とただ言ってのけるなんて、想像ができません。私にしてみれば、そんな態度を取ることは科学者仲間を侮辱するに等しいほどだと思えます」

ゴワティにとって、これは単なる職業上の苛立《いらだ》ち以上のものだ。「別の選択肢を見ようとしないことが、なんとしても性差を見ようとすることと関係するのだと思います。性差の研究の規範は、性別の役割とその役割の起源、そしてそれを加速するとされる適応の違いです。信頼に足る推論をするには、こうした議論こそ私たちが本当に理解する必要があるものなのです。私はたまたま、この規範には欠陥があると思っているわけですが、欠陥があるのはそれがまず性差から始まって、別の性差を予測するからなのです。これは本質主義です。進化生物学のなかの性差に関するこうした理論の多くは、基本的な理論ではありません。まったく直感に頼るものです」

だからと言って、ベイトマンが完全に間違っているというのではない。ただ、彼もまったく正しかったわけではないのだ。今日、彼の原理が審査されるとすれば、結論は下されない可能性がある。「この説にぴったり当てはまる種も確かにあると思います」と、タン＝マルティネスは言う。二〇一六年に『ジャーナル・オヴ・セックス・リサーチ』に発表した証拠の再検討のなかで、彼女はベイトマンの原理を裏付ける生物の例として、セアカゴケグモ、ヨウジウオ、マメゾウムシを挙げる。「しかし、雄の投資や精子と精液のコストなど、彼の考え全体を当初支えていたあらゆるものに、幅広い領域にわたる証拠があることを考えれば、再考すべきだと私は考えます。すべてが申し分のないふりをしつづけることはできないし、あらゆる種全般にまだベイトマンを当てはめられるかのように言うことはできません」

彼女はベイトマンの原理は箱なのだと説明する。時間がたつにつれて、そのなかに収まる種は——ヒトを含め——少なくなってくるようだ。実際、かりに雌が生まれながらにして貞淑であったり、おとなしかったりはしないという証拠があれば、雌たちが貞節を守っているのは、一部の雄が途方もない工夫を凝らしているからだと主張することが可能だ。

「鳥に関するある逸話をお教えしましょう」と、ロバート・トリヴァースは私に言う。

大学院生のころ、彼は三階の窓の外の樋《とい》にいたハトを眺めていた。冬のあいだ鳥たちは暖を求めて列をなして身を寄せ合っていた。「冬になると、二組のつがいが隣り合わせに止まっている。一二月にもセックスはするかもしれないが、生殖のためではない、本当ですよ。冬中ハトはセックスはしないが、ただ一緒にいて、春になって繁殖期になったらすぐに一緒に繁殖を始めるつもりなんです」

雄たちにとって重要なのは、配偶相手の雌をいかにほかの雄に奪われないようにするかだ。トリヴァースは自分が雄のハトの一羽なのだと想像する。「隣り合って止まる四個体がいれば、内側には雄がいる。雄のほうが攻撃的であってもです」と、彼は説明する。「私は自分の右横にいる別の雄と、左側にいる自分の雌のあいだに位置します。彼のほうも、自分の雌を右横に止まらせます。それならわれわれ雄はどちらも夜中、安心していられる。われわれは別の雄と自分の雌のあいだにいますからね」。この配置であれば、雄は身を寄せ合うほかの雄による余計な注目から、自分の雌を守れることになる。

　だが、この集団にさらに一組加わると、ジレンマが生じる。三羽の雄と三羽の雌になると、複雑な事情がでてくる。「こうなると、それぞれの雄が自分の雌とその他すべての雄のあいだに陣取るような席順は不可能です」と、トリヴァースは言う。「そこで代わりに、外側の二羽、つまり左端の雄と右端の雄が、自分の外側に配偶相手を止まらせるようになる。それによって自分の相手をほかの雄との接触から守っているんです」。これによって、一羽の雄が苦境に陥る。「では、中央の雄はどうなるのか？　彼はどうするのか？　彼がするのは、自分の雌を突いて、自分の頭上一〇センチほどのところにある傾斜した屋根の上で眠らせることです。雌がいたがる樋のなかの場所よりも一〇センチほど高いところです。樋のなかでは、雌の両脇に雄がいることになるからです」。雄は自分の雌を寒空の下、一羽だけ居心地の悪い場所に止まらせるのだ。

　学生だったトリヴァースは、ときには午前三時まで研究していた。「すると一時半に、「クークー」と聞こえてきて、ははあと思ったわけです！　何が起きたかと言うと、雄が眠り込んだので、雌が居心地のいい場所まで這《は》い戻ってきたんです。雌はそうやって夜は眠りたいんです。雄は目を覚まして、そこに雌がいるのがわかると、突いてその居心地の悪い場所に追い返すんですよ！　性的に安全でない状況や婚外交尾の危険は、自分の伴侶にそのコストを負わせるほど充分に強いわけです」

　この現象は奇妙——人間の目からすれば残酷——に思えるかもしれないが、これは私たち人間を含め、多くの生物に共通して見られるものだ。これは配偶者防衛《メイトガーディング》〔配偶者の監視〕と呼ばれ、雌雄間の関係や力の均衡を理解することとなると、パズルを解くために欠かせない重要なピースなのである。つがいの相手を冬中それほどの苦境に追いやり、春になって子を産み育てるのに必要なエネルギーが不足するような状態にすることは、雄にも損害をおよぼすだろう。それでも、雄がほかの雄から雌を遠ざけるのをやめることはない。たとえ一瞬でも、雌をほかのハトに奪われないことのほうが雄にとって重要なのだ。

トリヴァースにとって、これは雌をめぐる雄の激しい競争を説明する有力な証拠なのだ。だが、別の観点から見れば、これもまたチャールズ・ダーウィンとアンガス・ベイトマンの根底にある前提に、別な光を当てることになる。性に関する雄の嫉妬や、寝取られることへの恐怖、そしてそのような激しい配偶者防衛は、雌が本来は貞淑でも受け身でもまったくないことを暗示する。もし本当にそうだとすれば、雌がほかの雄の近くに行くことを阻むために、パートナーたちはなぜそれほど途方もない工夫をするだろうか？

7 なぜ男が優位なのか

女は、つねに従わせられてきたので、男よりも本質的に劣るなどということは証明できない。

――メアリー・ウルストンクラフト『女性の権利の擁護』(一七九二年)

「私は母に切ってくれと頼みました」と、ヒボ・ワルデレは言う。ソマリアのモガディシュ出身の四六歳の女性だ。私たちは、彼女が現在暮らすロンドン東部の小さな薄暗いカフェに座っている。ヒボが追想するその当時、彼女は六歳で、自分が何を頼んでいるのかまるでわかっていなかった。だが、ほかの少女たちに彼女が残っている最後の一人だといじめられていた。彼女は汚くて臭うのだと少女たちは言った。そのためヒボは母親に、処置してくれるよう頼んだのだが、幼い子供だった彼女には、それが想像もつかないような痛みと、生涯〔心にも体にも〕残る傷を引き起こすことはほとんど知りようもなかった。女性器切除として知られる処置だ。

ソマリアでは幼い少女に切除を施すのが標準的である。この慣習は古代エジプトにまでさかのぼると考えられていると、ヒボは言う。男の奴隷がファラオの王室で働く前に習慣的に去勢されていた時代だ。今日では、アフリカの広い地域と中東のいくつかの片隅で一般的に見られる。なかでも憂慮すべき記録がある国々としては、エジプト、スーダン、マリ、エチオピアがソマリアとともに並び、ソマリアでは切除を免れる少女はほとんどいない。国連の世界保健機構（ＷＨＯ）は、最も集中的に行なわれている国々では、今日も一億二五〇〇万人以上の存命の女性や少女が、女性器切除を施されていると推計する。そして、ほぼ全員が一五歳未満で犠牲になった。

切除そのものは、身の毛のよだつような多くの形態を取りうる。だが、最も一般的な切除は三つのカテゴリーに分けられる。一つ目はクリトリスの一部または全部の切除だ。二つ目はこのほかに、膣口の両側にある小陰唇を一部または全部切除する。三つ目は膣口の両側の陰唇を切除して縫い合わせることで、まるで唇を切り落として縫い合わせて封じてしまうように、入り口全体を狭めるものだ。この最後のタイプは陰部封鎖と呼ばれ、三つのうちで最も有害で、女性には排尿し、月経血を排出するための小さな隙間しか残されない。この穴があまりにも小さい場合には、セックスをする前、あるいは出産前に切開しなければならないこともある。

ヒボに処置されたのは陰部封鎖だった。

四〇年も前のことだが、彼女はまるで今朝の出来事のように鮮明に記憶している。切除を受けるのは誇らしいことなのだと信じて、彼女は育った。女性の親族が彼女のためにパーティを開いてこの一大行事を祝ってくれたために、誇らしい気持ちはさらに高められた。彼女の好物の料理も振る舞われた。これから女になるのだと彼女は教えられた。無邪気な六歳の彼女は、これでついに母親のような化粧を施せるという意味だろうと興奮気味に想像した。「驚くようなことが起きるのだと、親戚たちは思わせたのです」と、彼女は私に語る。「そうではありません。あれは悪夢の始まりだったのです」

ソマリアでは、女性器切除はしばしば尊敬される女性の長老によって執行される。おそらくすでに何百人もの少女を手がけてきたような人だ。ヒボは自分にこれを施した女性のことを覚えている。「彼女の目はいまでも私の脳裏に浮かびます。彼女は私の母やおばたち、その他の助手に命じて私を押さえ付けさせました。それから私が叫び、もがいて死にたいと願うなか、彼女は私の肉体を切り裂いたのです。その手を止めることはありませんでした。私がただの子供であることなど、彼女はお構いなしでした。私が慈悲を乞うていたこともお構いなしでした」。ヒボの切り取られた肉片は床に落ちていた。終身刑が下されたのだ。切除だけでも充分に残酷だったが、彼女は繰り返す尿路感染と傷痕にも苦しんだ。フラッシュバックは永久に彼女を苦しめるだろう。

彼女がようやくその全容を理解するまでには、まる一〇年の月日を要した。彼女はなぜ自分に切除を施させたのか、母親に問いつづけるのをやめなかった。一六歳になったとき、結婚前に性交渉をするのを防ぐためだったと彼女は告げられた。

陰部封鎖の苦痛は人生の避けられない一部なのだとして、何百万もの女性が静かに受け入れている。この沈黙のなかで、この慣習は何千年ものあいだつづいたように、次世代にも次から次へと課せられている。だが、ヒボは自分になされたことを受け入れるのを拒絶した。「黙ってはいられないと心に決めたのです」と、彼女は言う。一九八〇年代末にソマリアの内戦を逃れて、一八歳で単身イギリスにたどり着いたとき、彼女が最初に決心したことの一つは、医療の手助けを求めて縫合部分が再び開かれるようにすることだった。

ヒボは幸せに結婚することができ、七人の子供がいる。この数年間に彼女は勇気ある一歩を踏みだし、自分の経験について公に語るようになったほか、自伝『切除――現代のイギリスにいる一女性による女性器切除との闘い』〔*Cut: One Woman's Fight Against FGM in Britain Today* 未邦訳〕のなかで詳細に語る。著名な活動家として、彼女は性器切除の危険について学校で頻繁に講演をし、少女たちに自分のような犠牲者にならないよう促している。このことが代償を伴わなかったわけではない。ヒボは友人を失った。彼女が娘たちに切除を施すのを拒んだことが知られると、娘たちは不純と見なされると警告された。「嫁のもらい手がいなくなるのだと、ふしだらな女になるのだと友人たちは言いました」

女性器切除に関して当惑させられるのは、〔それによって得をする〕勝者が誰もいないように思えることだ。男性でもなければ、女性でもない。妻たちは、セックスを望まないことを夫たちに受け入れてもらえないために、うつになったり、家庭内暴力を振るわれたりすると訴える。ある若い男性はヒボに、新妻が陰部封鎖を受けていたため、彼女を傷つけるのではないかと心配で、初夜に妻と寝る気になれなかったと認めた。切除を受けていない花嫁を男性が受け入れれば、汚名はそそがれるかもしれない、と彼女は指摘する。だが、たとえ妻や結婚生活にどれほどの害があっても、この慣習に逆らおうとする男性はほとんどいない。

その理由は単純だ。苦しみがつづくのは、女性器切除がつねづね意図されてきたとおりのことをはたしているからだ。子供のときに切除を受けた女性は、大きくなってもまず間違いなく処女のままでいる。それ以外の事態はあまりにも苦痛を伴うからだ。そして、結婚すれば、夫は彼女が確かに貞節を守る妻となると確信をもてるのだ。歴史を通じて、少女の性器を切除することは、男に自分の子供が自分自身の子であって、ほかの誰かの子ではないことを請け合う、最も悪質で効果的な方法だったのだ。これは性に関する嫉妬と配偶者防衛の想像しうる限り残虐な表われなのだ。

この慣習は一部の文化には長期にわたってすっかり浸透しているので、女性たちはいまやそれに全面的に協力する以外にほとんど選択肢がない。協力しなければ、村八分にされる危険がある。少女たちは、ヒボが六歳のときに受けたように、互いに切除をするよう圧力をかける。母親たちは、ヒボの場合と同様に、自分の娘を連れて行って切除させる。そして女性の長老が切除を執行する。「これはすべて女性によって引き起こされているのです。男性は何も手を下さない。でも、女性たちは誰のためにやっているんでしょう？　それが問題です」と、ヒボは私に語る。「これはすべて管理するためなのです。誰もあなた自身の体であなたを信じてはくれないのです」

私たちが話をしているカフェでは、近くのテーブルにソマリアの年配の男性たちが座って、コーヒーを啜《すす》っている。彼女は声を上げて言う。「女たちは彼のためにやっているんです！　すべて彼のためであって、少女のためではないのです」

「身持ちのいい娘は夜の九時にほっつき歩きはしない」

女性器切除は、女性の性的主体性が抑圧される方法の一つでしかない。歴史を通じてほかにも無数の方法が存在してきた。

一〇世紀の帝政の中国〔唐末期〕で流行のファッションとして始まったと考えられている纏足《てんそく》の慣習は、二〇世紀に入ってもつづいた。幼い少女の足を布できつく縛り、つま先を内側に曲げることで、長さわずか八センチほどの尖った切り株状のものだけが後に残されるのだった。歴史家のアマンダ・フォアマンは、孔子の教えを中心とした男性への従属がもてはやされた社会で、纏足がいかに貞淑と献身の象徴となったかを描いた。「道徳的な女性の振る舞いに関する儒教の入門書にはどれも、死ぬ覚悟を決めた女性や、献身を示すために苦難を受け入れる女性たちの事例が含まれていた」と、彼女は『スミソニアン』誌に書いた。陰部封鎖のように、纏足は中国文化の一部と化したので、女性たちは自分自身を抑圧する女主人として自発的に行動した。この慣習は、一九五〇年代に中国共産党の圧力のもとでようやく廃絶させられた。今日でも纏足による変形が見られる老齢女性が、わずかながら生き残っている。

古い形態の責め苦が消えてゆくと、新しい責め苦がそそくさと入り込む。今日、カメルーンや西アフリカのいくつの地域では、八歳から一二歳の少女たちが、胸の「アイロンがけ」として知られる処置を、しばしば自分の母親の手で施されている。すり石、箒《ほうき》、ベルトなどの物を熱し、膨らみ始めた少女の胸を押しつぶすために使うのだ。その目的は、できる限り長期にわたって子供らしく見せつづけることで、少女がまだ思春期を迎えていないとほかの人に思い込ませることだった。心理的な衝撃と直接の痛みだけでなく、胸アイロンは火傷の傷跡や授乳の困難など、長期におよぶ健康問題も引き起こしうると、二〇一二年にタフツ大学のファインスタイン・インターナショナル・センターのためにこの慣習を記録したレベッカ・タプスコットは言う。

一方、その他一部の管理方法は、人の目を欺くようなそれとないものだ。マリの伝統的な共同体であるドゴンの女性たちは、生理の期間、「月経小屋」を使って身を隠す。ミシガン大学アナーバー校のビヴァリー・ストラスマンと共同研究者らは、何百回もの実父確定調査を含む実地調査を通して、伝統的なドゴンの宗教の信者男性は、キリスト教信者の男性に比べて、妻に不貞を働かれる可能性が四分の一であることを発見した。キリスト教徒の妻たちは、こうした小屋を使用しなかった。このことから、月経小屋によって男たちが妻の妊娠可能な日をひそかに確認できたことが窺われる。

人類学者のサラ・ブラファー・ハーディは、何千年間も女性のセクシュアリティを組織的かつ意図的に抑圧してきたことが、おとなしく受け身な女性という神話の陰にあると考える。彼女はこの考えを一九八一年の著書『女性の進化論』で、やや物議を醸す書き方で著わした。通常の生物学の範囲を外れて、人間の行動を歴史的な視点から眺めながら、彼女は科学者が女性のセクシュアリティの問題にまるで間違った方法で取り組んできたのではないかと問うた。女性とその進化上の祖先たちは、ダーウィンやベイトマンが想定したように、生来、受け身で一夫一婦制を好み、わずかな性衝動しかない存在ではなかった可能性はあるのだろうか？　むしろ、何千年にもわたって女たちは慎み深く振る舞うように男によって強いられてきたのではないだろうか？

性に関する嫉妬と配偶者防衛は、ロバート・トリヴァースがハーヴァード大学の窓からハトの観察によって学んだように、動物界のいたるところで見られる強力な生物学上の原動力なのだ。こうした行動が人手で誇張されて、社会と文化に織り込まれたのだとすれば、現在の女性がなぜ、私たちがそうであるように、慎み深く振る舞うように見えるのか説明がつくかもしれない。つがいの相手に突かれて、気まずい思いで自分の居場所に戻らされる雌のハトのように、本来の女性は受け身でもおとなしくもなく、ただ自分の伴侶の究極的な利害関係によって抑圧されているのかもしれない。サラ・ハーディによれば、女性のセクシュアリティに関する科学の従来の想定と、私たちが実際に目にする幅広い性行動との不一致はこれによって説明されるのである。

彼女の論点は、世界各地における女性の扱われ方によって一層確かなものとなる。女性器切除のようなおぞましい慣習に加え、道徳面で二重基準を設けていない場所はほとんどない。たとえば、通りすがりの人が、肌を露出し過ぎている一〇代の娘に舌打ちをする。父親の異なる子を女手一つで育てる母親について、近所の人びとが噂《うわさ》をする。着ている服や振る舞いから、性的にいかに積極的であるかまで、大半の社会は女性が男性よりも慎み深く振る舞うことを期待する。

この圧力によっても女性の振る舞いを充分に制限できない場合、人間はそれを強制するために大いに工夫を凝らしてきた。最も攻撃的な措置には、強制結婚や家庭内暴力、レイプが含まれる。二〇一二年にインドでバスに乗っていた学生を暴行してレイプし、殺したギャングの一人は刑務所で行なわれたBBCのインタビューに、そもそもバスに乗った彼女自身の落ち度だと主張した。この男にしてみれば、違反したのは彼女のほうであって、自分ではないのだった。「身持ちのいい娘は夜の九時にほっつき歩きはしない」

と、彼は記者に語った。「女は家事をするものであって、ディスコをうろついたり、夜にバーで不適切なことをしたり、不適切な服を着たりするもんじゃない」

この二重基準は一部の国では法律に書かれている。サウジアラビアでは、女性の性的自由は事実上、奪われている。女性が禁じられている事柄は、自動車の運転〔二〇一八年六月に解禁になった〕、公共の場で男性と一緒にいること、付き添いもなく、あるいは男性の許可を得ずに旅行することなどあまりにも長いリストになっている。これは抑圧が極端な形となったものだが、女性は慎み深くあるべきという考えは、世界の主要な宗教の多くに見られる。イスラーム教徒の女性が着用するヒジャブやブルカはこれの表われだ。ユダヤ教正統派のツィニュートの概念も同様に、男女双方に体を覆うよう求めるが、既婚者の女性はとくに髪を覆わなければならない。

サラ・ハーディにしてみれば、女性の慎み深い態度が今日でも、人間の文化にこれほど根深く関連する事態は、古代における女性の性的抑圧にその根があるのだった。もともとこの構想を練っていたとき、彼女はそのヒントをメアリー・ジェーン・シャーフィというフェミニストの精神科医から得ていた。シャーフィは、一九四〇年代に人間の性習慣に関する世間の思い込みを覆したことで有名な、アメリカの性科学者アルフレッド・キンゼイ〔キンジー〕のもとで学んでいた。一九七三年に、シャーフィは女性のオーガズムを探究した扇情的な著書を刊行した。その本は『女性のセクシュアリティの本質と進化』〔*The Nature and Evolution of Female Sexuality* 未邦訳〕と題されていた。彼女の結論は、女性の性衝動はひどく過小評価されており、本来、女性はじつは飽くなき性衝動を具えているというものだった。社会そのものが女性のセクシュアリティに歯止めをかける必要性を中心に築かれたのだと、彼女は考える。「女性の途方もない性的欲求の強引な抑制が、すべての近代文明の幕開けと現存するほぼすべての文化の必須条件だったというのは、考えうることだ。原始時代の女性の性衝動はあまりにも強かったのだ」。そのとてつもない力に対抗するために、歴史を通じて男性はその抑制のために信じがたいほどの圧力を行使してきたというものだ。

シャーフィの本は科学界の大御所からはおおむね見向きもされなかった。一つには彼女の大胆な推論がやや常識に逆らい過ぎていたためだが、彼女が単純に科学的、解剖学的な間違いをいくつか犯していたためでもあった。生物学者のドン・サイモンズは、雌のオーガズムは何かの目的のために進化したのではなく、雌には一個体以上の配偶相手を求める理由がないと主張してきた人なので、とりわけ冷めた反応を示した。シャーフィの主張する「性的に飽くことを知らない女性は、それだけとは言わないが主としてフェミニズムのイデオロギーにもとづくものだ。つまり少年は期待し、男は恐れるものだ」と、彼は書いた。

ハーディはサイモンズが不公平であると考え、一方、シャーフィは多くの点で間違っていたとはいえ、重要な発見をしたのだと感じた。雌は性的に積極的になりうるのだ。「確かに、シャーフィは野生の霊長類の性行動について霊長類学者が多くのことを知る何年も前に書いていたのであり、間違いなく人間以外の雌にオーガズムがありうることが察知される以前のことだった。それでも、シャーフィの大胆な直感は将来の発見を予期してのものだった」と、ハーディは一九九七年に『ヒューマン・ネイチャー』誌に書いた。

霊長類の一部の種の雌は、いまではいくつもの別々の情報源から、確かにオーガズムを経験するらしいことが判明している。一九九八年にイタリアの研究者アルフォンソ・トロイシとモニカ・カローシは『アニマル・ビヘイヴァー』誌にニホンザルのオーガズムについて報告する論文を発表した。二人は飼育されているサルを二〇〇時間以上かけて観察し、その間にほぼ同じだけの回数の交尾を記録した。そのうちの三分の一で、雌は研究者らが「摑み反応《クラッチングリアクション》」と呼ぶものを示しており、二人はそれをオーガズムと解釈した。これは「体の筋肉の痙攣《けいれん》と、ときには特徴的な発声」と関連付いたものだった。「摑み反応を示しているとき、雌は首をのけぞらせ、かつ／もしくは雄の脚、肩、顔などに手を伸ばして、雄の毛を摑んだ」

二〇一六年の夏に、シンシナティ大学医学部の進化生物学者ミハエラ・パヴリセヴと、イェール大学のギュンター・ヴァーグナーは、動物実験から雌のオーガズムは実際に目的をもって端を発したことが暗示されると結論を下した。『ジャーナル・オヴ・エクスペリメンタル・ズーロジー』誌に発表された論文で、二人はオーガズムがいかにホルモンを急増させるきっかけとなるかを概説する。このホルモンは過去には排卵――卵の放出――と結びついていたほか、卵を子宮に着床させる一助にもなっていたかもしれない。たとえば、ネコとウサギの雌は、実際に物理的な刺激がないと卵が放出されない。今日、ヒトではオーガズムと排卵は関連していないが、パヴリセヴとヴァーグナーによれば、かつては関連していたかもしれないという。

この論理によって、〔雌の〕オーガズムが雄の生理学の痕跡などではなく〔本書第6章〕、女も実際に強い性衝動をもちうるのだとすれば、女性が生来、貞淑で慎み深いと見なされてきたことには別の理由があるに違いない。女性は強い性欲をもった生物として生まれるのに、何かがそれを抑制しているのだとメアリー・ジェーン・シャーフィは考えた。その何かが、人間の文化なのだった。

シャーフィのような考え方は新しいものではなかった。それはフェミニズムや政治的イデオロギーとして、はるかに時代をさかのぼるものだった。

「女性のセクシュアリティが従属させられた陰には、迷信や宗教の教えだけでなく合理的な用語によっても語られてきた、文化的進化の冷徹な経済学があり、男性はそれを課すことを、女性はそれに耐えることをついに余儀なくされたのだ」と、彼女は『女性のセクシュアリティの本質と進化』に書いた。「総じて、男性は厳格な一夫一婦制を、原則は別として、受け入れたことはない。女性はそれを受け入れることを強いられてきた」。各地の細々とした法規から、広域にまたがる宗教的教義まで、文化はどこでも女性の性的自由を最後の一片まで焼き尽くそうとしてきたと、彼女は主張した。この従属こそ、今日も女性が耐えつづけている道徳的な二重基準や罰則、残虐行為の根源なのだった。

一九世紀に、フリードリヒ・エンゲルスはすでに経済・政治における男性の優位と、女性のセクシュアリティの支配とのあいだの関係性を指摘していた。彼はこのことを劇的に「世界における女性の歴史的敗北」と表現した。「男性は家庭でも指導権を握った。女性は貶《おとし》められ、隷属状態に陥らされ、男の欲望の奴隷となり、子供を産むための単なる道具となったのだ」

人間の歴史において、両性がかなり平等であった時代から、社会がこのような状態に移行したのが正確にはいつだったかを突き止めるのは難しい。〔エモリー大学の〕メルヴィン・コナーは私に、狩猟採集民が定住を始め、遊牧的な暮らし方をやめた一万年から一万二〇〇〇年前の期間に、女性に関する事情は変わったのだろうと語る。動物の家畜化と農耕の始まり、そしてより密集した社会になるにつれて、専門特化した集団が出現した。「このとき初めて、女性を排除できるだけの最小必要人数に達したのです」

男性支配の制度――家父長制――が出現したのであり、これは今日もなお存在する。そして、男たちが土地や資産、財産を蓄えるにつれて、彼らにとって妻が確かに道を踏みはずすことなく貞節を尽くしていることがさらに重要になった。赤ん坊が自分の子だと確信がもてない男性は、不貞を働かれただけでなく、自分の所有するものを失う危険もあったのだ。配偶者防衛は激しさを増した。

アメリカの歴史家でフェミニストのゲルダ・ラーナーは、一九八六年の代表作『男性支配の起源と歴史』〔邦訳版は一九九六年刊〕でこの問題を探究した。古代メソポタミア、つまり現代のイラクとシリアの一部にまたがる地域で、人類の文明発祥の地の一つにいた女性たちを研究した彼女は、この地では結婚前に処女であることがきわめて強調され、結婚後は性的行動が厳重に監視されていたと指摘した。「性的関係における男性の優位は、メソポタミアの法律における二重基準の制度化に最も明確に表われている〔……〕男は娼婦や女の奴隷と自由に浮気をすることができた」。一方、妻たちは完全に夫に貞節を尽くすことが求められた。

女たちは少なからず、男の所有資産として扱われたのだ。「女性の性的従属は最古の法令集で制度化され、国家の全権によって強制されたのだ」と、ラーナーは締めくくった。これにはベールをかぶることも含まれていた。メソポタミア北部に紀元前六〇〇年ごろまで存在したアッシリア帝国では、既婚のきちんとした女性は人前では頭部を覆うものとされていた。一方で奴隷の娘や娼婦はベールをかぶることを禁じられた。その規則を破れば、身体刑が下された。

ラーナーはこのような女性の従属が古代文明に、奴隷制の最初のひな形を与えたかもしれないと述べた。「メソポタミアの社会では、他の地域と同様に、家庭における家父長の優位はさまざまな形態をとった。子供たちを生かすも殺すも父親しだいだった〔……〕。父親は娘を嫁がせることもできたし、生涯を処女として捧げさせることもできた〔……〕。男は自分の妻や妾《めかけ》、子供を借金のかたにすることができた。借金を返済し損ねれば、これらの人質は奴隷となった」

サラ・ハーディは私にこう語る。「性をめぐる嫉妬はどこにでもあり、家父長制でない社会にもあります。でも、家父長制社会では、その他諸々の利益すべてを守っているために大いに誇張されるのです」。彼女はそれがどんなものかを、みずから体験している。結婚を考えた際に、彼女が夫に選んだ人を保守的なテキサスの家族の何人かが認めなかったため、駆け落ちを余儀なくされたのだ。「男性はまだ、私が誰と結婚すべきか命じる権利があると思っていたのです。私の相続を管理する権利があると彼らは思っていたのです。私を所有しているのだと、彼らは思い込んでいました。実際、あれは所有資産に関することだったのであり、女性は所有物に含まれていたのです」

何千年もの歳月のあいだに、こうした制度は女性の振る舞い方や、世間からの見なされ方に深刻な影響をおよぼした。家父長制が盛んになり、広まるにつれて、女性は徐々に生計を立て、資産をもち、家庭外で社会的生活を送り、子供に関する多くのことを意思決定する能力を失っていった。彼女らに許された自由は、自分のためにつくられた籠のなかにしかなかった。そのため、女性たちはその制度に仕える方法で振る舞う以外になかったのだ。慎み深くておとなしく、貞淑に見える女性は恵まれたよい結婚をし、慎み深くない女性は避けられたのだ。

サラ・ハーディがこのテーマに関する著述のなかで示すように、これを裏付ける証拠はたくさんある。有史以来ずっと、処女であり貞淑であることは、女性の美徳として広く一般にたたえられ、厳しく監視されてきた。一九九九年の著書『マザー・ネイチャー』〔邦訳版は二〇〇五年刊〕で、ハーディは世界各地の事例を挙げる。インドには、何百年もつづいてきたサティの風習がある。寡婦が夫を荼毘《だび》にふす薪の山に（望むと望まずとにかかわらず）身を投じるものだ。メキシコ南部と中央アメリカの土着のマヤ族のあいだには、淫らな振る舞いをした女性を捕まえてレイプする悪鬼の恐ろしい話がある。古代ギリシャでは、女性は服装と身のこなし方で人目を気にしながら振る舞うように教えられ、男性のいる前では目を伏せることとされた。「古代ギリシャ人にとって、女性の動物的本能はその存在の奥底に潜むものだった。女性を「飼い馴らす」ことが必要であると見なされていたのだ」と、ハーディは書く。貴族の家は資産や財産の形で失うものが最も多いため、貴族の女性には事実上、自由はまったくなかった。彼女らはベールをかぶらされ、陰に隠れ、室内に籠らされていたのだ。

女性を覆い隠していた影は決してなくなったわけではない。メソポタミアの人びとから古代ギリシャ人まで、そして現代にいたるまで、社会は女性に制限を加え、道徳基準に敢えて違反した人を罰してきた。チャールズ・ダーウィンの時代には、この体制に入ってから何千年もの歳月が流れており、そのような抑圧は通常のものと見なされるようになっていた。人類は女性を、みずからがつくりだしたレンズを通して見ていたのだ。任務は遂行された。ダーウィンを含むヴィクトリア朝時代の人びとは、女性は生まれながらにしておとなしく、慎み深く受け身なのだと信じていた。女性のセクシュアリティはあまりにも長きにわたって抑制されていたため、科学者たちはこの慎み深く従順な性質が生物学的なものかどうか、疑問すらもたなかったのだ。

「私がまず気づいたことの一つは、雌が雄を攻撃していることだった」

人類の複雑な歴史と生物学から、私たちが問わねばならない疑問は次のようなものだ。ほかの男から女を嫉妬深く守ろうとする男の生物学的な衝動は、男のほうが平均して体格がよく、上半身の力が強いという事実と相まって、人間社会はこれまでもつねに男性が主導権を握る結果になり、女性とそのセクシュアリティを管理していたことを意味するのか？

この疑問に答えることはできないかもしれないが、科学にはそれに関する見解が確かにある。その手がかりは霊長類としてのヒトの過去にあると考える研究者たちがいる。

「進化論による視点は［……］家父長制とは、その他の動物間でさまざまな形態によってたびたび繰り広げられてきた性的動態が人間で発現したものだということを思いださせる」と、ミシガン大学の人類学者バーバラ・スマッツは一九九五年に『ヒューマン・ネイチャー』に発表した論文に書いた。スマッツは、霊長類の詳細にわたる実地調査を行なってきたことで知られていた。彼女は霊長類学の女性パイオニアであり、教え子の多くがこの分野で重要な研究者となった。だが、この論文が特別であるのは、これが人類の過去のきわめて厄介な側面を探究するものだからだ。つまり、家父長制の進化上の起源と考えうるものだ。

スマッツは論文のなかで、霊長類の雄が同種の雌の性行動を力づくで制限することがいかに多いかを詳しく述べる。霊長類の世界には、雄が優位である証拠はいたるところに見られると、彼女は説明する。雌が性周期の妊娠可能期間に入ると、雄はいっそう攻撃性を増すことが多い。その一例は、大きな群れで暮らすアカゲザルだ。雄は雌よりも二割ほど体格がよく、雌のアカゲザルが序列のなかの下位の雄と交尾しようとすると、上位の雄がこの雌を追いまわすか攻撃して、阻止しようとするのを研究者たちは観察した。サラ・ハーディがインドで観察したハヌマンラングールの子殺しは、雄が暴力を振るって雌に自分との交尾を強要するもう一つの事例だ。スマッツによれば、マウンテンゴリラも同じ戦術を使うという。

北アフリカのマントヒヒはさらに攻撃的で、「雌を常時、支配しつづけようとする」と、スマッツは書く。「雌が配偶相手の雄から離れ過ぎた場所までうろつくと、雄はにらんで眉を吊りあげて雌を威嚇する。雌がすぐさま応じず、雄のほうに移動しないと、雄は首筋を嚙んで攻撃する。首筋を嚙むこの行為は、通常は象徴的なものだ——雄は本気で雌に嚙みつくわけではない——が、怪我をさせるぞという脅しは明確だ」。オランウータンも雄による強要の顕著な事例を示す。オランウータンにとって、抵抗されながら交尾におよぶことは稀な例外ではなく、通常であるようだ。交尾の半数は雌と長いあいだ残虐な格闘をしたのちに行なわれる。

人間をよりよく理解したい人にとって、何よりも興味深い事例の一つがチンパンジーだ。ボノボと並んで、チンパンジーは霊長類の世界で遺伝的にヒトと最も近縁の種である。研究者によって推測は異なるが、双方に共通する最後の祖先は八〇〇万年から一三〇〇万年前だとされる（一方、ヒトとイヌの最後の共通の祖先は、おそらく一億年は昔までさかのぼるだろう）。これはつまり、私たちはチンパンジーとのあいだには、多くの共通点があることを意味する。チンパンジーは序列社会をつくり、雄はその他の雄が序列のトップに立とうとすると、無慈悲なほど残虐にもなることを研究者は指摘してきた。雄は雌にたいしても攻撃性を見せるが、これは性行為の強要と配偶者防衛である。

二〇〇七年に、当時ボストン大学にいたマーティン・マラーなど、著名な人類学者のチームが発表した研究によると、攻撃性の強い雄のチンパンジーは、さほど攻撃的でない雄に比べてより多く交尾にいたっている。だが、下位の雄ですら、雌が拒否すると、攻撃的になる。霊長類学者のジェーン・グドールはかつて一匹の雄が五時間のあいだに六度も一匹の雌を攻撃し、なんとか交尾させようと必死に試みるのを見ていると、バーバラ・スマッツは述べた。「チンパンジーは群れ同士の抗争、肉食、子殺し、共食い、雄の地位争い、および雌にたいする優位という点が特徴となっていた」と、南カリフォルニア大学の人類学教授クレイグ・スタンフォードは一九九八年に『カレント・アンソロポロジー』誌に掲載された論文で述べた。雌のチンパンジーは「基本的に生殖のための消費財であり、雄たちはそれをめぐって競い合う」とも彼は付け足す。

科学者は男であれ女であれ、一度でもチンパンジーを研究したことがあれば、これがヒトを含む大型類人猿の暮らしにおける自然の秩序なのだと結論を下すのかもしれない。家父長制の人間とマッチョな雄のチンパンジーを関連付けるのは容易《たやす》く、心をそそられる。

だが、バーバラ・スマッツによれば、科学者はこの点では慎重になる必要があるという。家父長制の進化上の起源に関する一九九五年の論文のなかで、霊長類の世界に雄の攻撃性がこれだけ見られるにもかかわらず、雌は無力な犠牲者ではないと彼女は指摘する。雌が雄の支配にいそいそと従うことはまずなく、むしろ雄にたいして権力を行使する独自の巧妙なやり方を身につけている。「雄の霊長類は通常、雌よりも体が大きいが、だからと言って雌と利害を争う場合に、雄がかならずしも勝つとは限らない」と、彼女は書く。

そしてこれをとりわけ説得力をもって示す事例がある。チンパンジーと同じくらい人間に近い関係をもつもう一つの霊長類だ。

＊

広大なサンディエゴ動物園のボノボの囲いは、このサルたちがやってきた自然の環境、つまりコンゴ民主共和国の森にできる限り近づけようと試みられている。内部には落差のある高い滝、日当たりのよい場所と木陰のある険しい峡谷、垂れ下がる枝に似せたロープなどがある。群れのなかの赤ん坊で、ふわふわした黒い毛の二歳のサルは、母ザルのあとを追って一方の側から向こう側まで飛び移る。年配の雌の一匹はのんびりと座って長い枝を嚙みながら、ガラスの障壁越しにときおり来場者を覗く。私の目には少なくとも、動物たちは満足しているように見えた。

ただし、一匹を除いて。

「彼は怪我をしているのだと思います」と、ロサンゼルスの南カリフォルニア大学で教える霊長類学者エイミー・パリッシュは言う。彼女は一九八〇年代にミシガン大学でバーバラ・スマッツの学生であったときから二五年間、飼育下にあるボノボを研究してきた。この不運なボノボはマカシという名だと、パリッシュから教わる。私たちはこの雄を少し長く観察した。マカシは片腕を膝に置いて体を傾けてぽつんとうずくまっている。彼は痛むらしい片手を、静かに舐《な》める。しばらくしてややおびえたように逃げる際には、傷ついた手を守るように頭の近くにもちあげる。

ボノボは類人猿の世界では珍しく雌が優位の種で、序列では最高齢の雌たちが最も高位にいるようだ。雄が雄を攻撃することは、かなり頻繁にある。

「ボノボでは、雄にとって生涯、母親がいてくれることが非常に重要です」と、パリッシュは言う。「私たちには男性が母親とことさら親密だと、ママの坊やとされ、悪いことだとする軽蔑的な考えがあります。チンパンジーでは、思春期になると雄が優劣の順位に加わるために母ザルからきっぱりと別れるのにたいし、ボノボの場合には、雄は生涯、母ザルとの関係を保ちつづけます。母ザルは子の喧嘩を仲裁し、暴力から守るほか、雄は母ザルの友達と交尾させてもらい、通常は排他的な雌の採餌の集団にも入れてもらえます。したがって雄にとってはじつに大きな利点があるのです」

マカシの傷はリサという雌に負わされたものだ。「彼の一本の指はほとんど完全に皮が剝がれてむきだしになっています。足の指は何本か部分的に欠け、ほかにも怪我をしたところがあるようです［……］。でも、雄が負傷する場合、睾丸かペニス、肛門にも怪我をするのは珍しいことではありません」と、パリッシュは教える。「マカシはかわいそうに保育室で育ちました。群れのなかに彼を守ってくる母親がいないので、いつも攻撃されやすいのです。だから、彼がおびえて怖がり、離れた場所にいる理由は十二分にあるのです。用心するためです」

パリッシュはもともと霊長類の雌雄間の友情の役割を理解するためにボノボの研究を始めた。バーバラ・スマッツは同様の研究をボノボで行なっていたが、ボノボは謎めいた存在だった。一九二九年まで、ボノボはチンパンジーと別種であることすら理解されていなかった。何十年ものちに、ようやく間近に観察されるようになると、ボノボの行動は近縁のチンパンジーの行動とはまるで異なるものであることがわかった。「四〇年間、チンパンジーの研究者たちがヒトの最も近縁の種をめぐる市場の一角を占めていました」と、パリッシュは説明する。「あらゆる進化のモデルは、チンパンジーのモデルにもとづいて築かれたのです。家父長制、狩猟、肉食、雄同士の絆、雌にたいする雄の攻撃性、子殺し、性行為の強要など」。ボノボはこれらすべてを覆した。

「私がまず気づいたことの一つは、雌が雄を攻撃していることだったのです」と、パリッシュはつづける。私たちはボノボの囲いの隣にあるベンチに腰かけている。「どの動物園もなんらかの説明をしていました。たとえば、ああ、このボノボは若いとき病気で、女性の飼育員が家に連れ帰って健康になるまで看病していたんだ。それでその飼育員が何かしら彼をダメにしたに違いない。気弱にしたか、甘やかしたか、といった調子です。ドイツのある動物園など、女性は類人猿の飼育員にはふさわしくないと考える人すらいました。どの動物園も、自分たちのところの雄の「不調」にたいするなんらかの伝説めいた説明をしていました。それが雄のまっとうな振る舞いとは思えなかったからです。それに関して言えば、雌でも同様です。まるで自然の秩序がひっくり返ったようだったのです」

パリッシュはさまざまな動物園の獣医師の記録を調べ、この現象がどれほど広範なものか見てみることにした。重度の負傷はかならず記録されるので、なんらかのパターンがあれば見つけるのは易しい。「それはともかく驚くほど一定の方向でした」と、彼女は語る。「複数の雌がいる群れのなかで、雌が組織的に、群れ内の雄たちに恒常的に、血が流れるような怪我を負わせていたのです」。自然界からの証拠も、ボノボは雌が権力を握る傾向があるという見解を裏付ける。優位を占めるだけでなく、雌たちは自分の群れ内の雄を恐れることなく、ほかの群れの雄と自由に交尾するようなのだ。

「動物園で語られるそのような伝説めいた説明は、本当の説明ではないかもしれないと私は気づいたのです」と、パリッシュは言う。「つまりボノボの「自然の」パターンは、おそらく雌が雄よりも優位で、家父長制の代わりに家母長制なのだと考えたのです」

これは過激な提言だった。「家母長制」という言葉は、慎重に使わなければならない。ボノボでは、血縁でない雌同士のあいだに強い結びつきがあるが、家母長制は通常、互いに血縁同士の女性のネットワークを指す。「論文でこの考えを提案したとき、チンパンジーの研究者はとりわけ、それが真実である可能性を受け入れるのに消極的でした」と、パリッシュは言う。その他の生物では雄がなるように、雌が優位に立ちうるという考えにいまも抵抗する研究者はいる。雌のボノボは「厄介」だというレッテルを貼られ、雄は「尻に敷かれたやつ」と呼ばれたと、パリッシュは笑う。ボノボの雄はなんら雌に支配されているわけではなく、セックスなどの恩恵と引き換えに雌に何かしら従っているのだと彼女に言う人もいた。

だが、いまではボノボは雌が雄を支配する傾向にあるという見解は、広く受け入れられている。ボノボはこの点において、動物界で孤立しているわけではない。雌のゾウはより知られた事例だ。雌のゾウは安定した中核グループをつくり、雄は繁殖期になるとそこへ一時的に入り、またでていく。ブチハイエナもアルファの雌が支配する群れをなして暮らす。成獣の雄の地位は最も低く、食べるのも最後となり、雌よりも小柄で攻撃的でもない。

雌が優位であることのほかに、ボノボがチンパンジーと一線を画するもう一つの面はその性行動にある。サンディエゴ動物園で私がボノボを観察した比較的短い時間にも、私は三、四度の短い淡白な交尾を見た。これはかなり普通のことだ。ボノボは日常的に互いを結びつける接着剤のようなものとしてセックスを利用するようだ。雄は雄とセックスをし、雌は雌とセックスをする。

アトランタのエモリー大学を拠点とするオランダの霊長類学者フランス・ドゥ・ヴァールは、パリッシュと一緒に研究してきた人で、ボノボはほかにもオーラルセックス、舌を使ったキス、性器のマッサージをするのだと説明した。「ボノボのあいだでは、その他の霊長類よりもずっと頻繁に性的な交流がよく見られる」と、彼は二〇〇六年に『サイエンティフィック・アメリカン』誌に掲載された論文に書いた。「セックスの頻度にかかわらず、自然界でのボノボの繁殖率はチンパンジーのものとほぼ変わらない。雌は五年から六年ごとに一匹の子を産む。したがってボノボは私たち人間と非常に重要な特徴を少なくとも一つは共有する。すなわち、セックスと生殖がある程度は乖離《かいり》していることだ」

もう一つの違いは狩りだ。ボノボでは通常、雌が肉を得るために狩りをし、その多くはダイカー類〔小型のウシ科草食動物〕なのだと、パリッシュに教わる。「雌たちは、母親が草を食むために離れた隙に、丈の高い草地から若い個体を追いだして、食べるのです。雄は肉を分けて欲しくてたまらないのに、雌の誰か、通常は母親が肉を分け与えようとしない限りもらえないので、癇癪《かんしゃく》を起こすという報告も若干あります。もしくは、彼らは雌に食べ物と交換に、セックスを提供することができます」

パリッシュによると、ボノボの社会がこのような仕組みになっているのは、雌同士がたとえ血縁でなくても互いに強力な絆を結んでいるからだという。「雄は友好的に振る舞うことはできます。雄同士で互いにセックスもします。でも、雌に見られるような濃密なものでも、多岐にわたる関係でもありません。雌たちは一緒に座り、追いかけっこやレスリングごっこをし、毛づくろいをして、食べ物を分かち合い、セックスをするのです」。雄のほうが通常、体格はいいが、ボノボの雌は一緒に固まって行動することによって主導権を握る。パリッシュはサンディエゴ動物園におけるボノボの観察から、雌がほかのボノボとかかわって過ごす時間の三分の二は、雌同士であることを発見した。フランス・ドゥ・ヴァールは、雌のボノボを「フェミニズム運動への贈り物」と表現した。

だが、パリッシュらの観察結果を批判する人もまだ若干いる。チンパンジーの専門家である南カリフォルニア大学のクレイグ・スタンフォードは、飼育下の動物は人為的に互いに接近せざるをえない状況に置かれているので、自然界の個体とまったく同じようには振る舞わないと主張する。「野生のボノボは見たことがなく、私はチンパンジーの研究をしていますが、大型霊長類の実地調査をする研究者は、チンパンジーは火星からきてボノボは金星からだと言うこれらの人びとの見解には、やや懐疑的な人が多いですね」と、彼は私に語る。「雌の連帯性や、雌のエンパワーメント〔本来の能力の開花〕とセクシュアリティといった諸々のものはすべて自然界の、本当の世界よりも飼育下ではずっと高率で、ずっと顕著な形で起こるものです」

パリッシュは反論する。確かに彼女は飼育下にあるボノボだけを研究してきたが、次のように主張する。「飼育下で見られる事象で、自然界で記録されていないものは何一つありません。動物園では自由になる時間が多いので、その比重が違うことはあります。彼らは自分たちで餌を探しに行く必要がありませんから。でも、〔行動の〕レパートリーは同じです」。サラ・ハーディとパトリシア・ゴワティも私に、ボノボが今日、珍しく雌優位の種として広く認識されているという点に同意すると語る。

この論争に懸かっているものは大きい。

霊長類の研究は、人類の進化の理解の仕方に多大な意味合いをもつことがあるため注目を集める。自分たちをチンパンジーのようだ、あるいはボノボのようだとつい分類したくなるものであり、それはこの二種が現代の両性間の争いをじつにうまく要約しているからだ。私たちの家父長制の歴史から人類を判断すれば、これほど多くの霊長類学者が人間をチンパンジーと比較してきた理由は容易にわかる。しかし、人間の進化の歴史のどこかの時点では、ボノボがそうであると思われるように、家母長制であった可能性はないのだろうか?

エイミー・パリッシュにとって、霊長類に雌が優位に立つことが多い種が存在することは、たとえそれが論議を招くという理由からだけでも、とてつもなく重要なことだ。「モデルとしてチンパンジーしかいなかったころは、過去五〇〇万ないし六〇〇万年にわたるヒトの進化の遺産のなかで家父長制は確立されたかのように思われました。なにしろ、チンパンジーとはじつに多くの共通する形質があるからです。「マン・ザ・ハンター」〔本書第5章〕といったモデルは、すべてチンパンジーにもとづくものでした。いまでは同じくらい近縁の生存種がいるため、私たちの祖先も女性同士が親族でなくとも絆を結ぶことができたと、家母長制が存在しうるのだと想像する可能性が開けるのです」

霊長類のなかで雌が協力し合う種はボノボだけではない。たとえば、ハヌマンラングールはサラ・ブラファー・ハーディが記録したように、赤ん坊を殺そうとする外部の雄を団結して追い払う。バーバラ・スマッツによれば、雌の霊長類のなかには、雄との関係を利用して支配されまいとする種がいることも知られている。ケニアで彼女が調査したあるヒヒの群れでは、雌はそれぞれ一ないし二匹の雄と「友情」を築いていた。「友達同士は一緒に旅をし、一緒に餌を食べ、夜は一緒に眠っていたのです」と、彼女は説明する。雄は雌友達とその子をほかの雄から守る。つまりその雌はさほど嫌がらせを受けずに済んでいたのだ。この関係から、ハーヴァード大学の霊長類学者リチャード・ランガムはこれらの雄を「用心棒」と表現するようになった。

霊長類の行動に見られる優位性に焦点を絞ると、両性が共存し、それなりに平和に協力し合う種もいることを忘れがちになる。たとえば、一雌一雄でつがいになるタマリンとティティ属のサルは、雌雄が共同で子育てをする〔本書第5章〕。ティティ属のサルにはどんな種類の順位制も存在しないようだ。テナガザルやフクロテナガザルなど、一雌一雄の関係を築く別の種では、雄が雌に強要する事態はまず見られない。よくある間違いは、雄は体が大きいので当然ながら優位だろうと思い込むことだ。そしてこれは直感的には意味をなすのだ。雌雄のいずれかが支配するとすれば、身体面で有利なほうである確率は高いのではないのか？　だが、これは事実ではない。たとえば、テナガザルは雌雄どちらも似て見えるが、雄はおおむねごくわずかながら体格がよく、それでも雌に強要することはない。体の大きさは多くの要因の産物であり、そこには配偶相手をめぐる競争で競合相手より物理的に勝る必要などが含まれる。雌の場合はとくに、すべてのエネルギーを体長や体格に注ぎ込むことはできない。雌はエネルギーを生殖や授乳にも必要とするからだ。

体の大きさと雌にたいする雄の優位のあいだには、かならずしも相関関係があるわけではない。実際、ワシントンDCのスミソニアン協会の動物学者で研究者であるキャサリン・ロールズは、すでに一九七六年に『クォータリー・レヴュー・オヴ・バイオロジー』に発表した論文でこれを裏付けていた。「哺乳類でも一般に考えられている以上に多くの種で、雌のほうが雄よりも大きい」と、彼女は書き、さまざまな種で体の大きさと雌雄のどちらが優位になるかは確実に相関してはいないようだと付け足した。たとえば、アフリカの有蹄類《ゆうてい》であるミズマメジカや、多くの小型のレイヨウは、雌のほうが大きいが、優位であるわけではない。一方、チャイニーズハムスター、ワオキツネザル、ピグミーマーモセットはいずれも雌は小さいが、雄を支配している。ボノボの雌も一般には雄よりも小さい。「雄の体格のよさは、雌が協力して雄に対抗するという事実によって均衡が保たれており、かたや雄が協力して雌に対抗することはめったにありません」と、バーバラ・スマッツは述べる。

雌が雄の暴力の被害にとくに遭いやすい種に通じる共通の特徴は、雌が孤立していることだ。たとえば、オランウータンの雌はほぼいつでも、乳離れしていない幼獣と一緒に移動する。雌のチンパンジーは日々の時間の四分の三は、周囲にほかの成獣がいない場所で一匹だけで過ごすのだとバーバラ・スマッツは言う。

もちろん、ヒトの暮らしはそれよりはるかに複雑だ。ほかの生物の暮らしに当てはまるような方法では、人間の暮らしは一般化できない。だが、少なくともこの点に関しては、私たちは互いに似通っているようだ。家父長制の社会では、女性はほぼかならず結婚すると実家を離れ、夫の家族のもとへ行って暮らす。親族の支えを失うことで、女性は暴力や抑圧に直面するととりわけ弱い立場に置かれる。そしてこの弱い立場は、男同士が結託をして、食糧や資産などの生活資源を支配すれば、いっそう悪化する。

つまるところ、雌にたいする雄の支配に関しては、ここが結果の分かれ目となるようだ。雌同士の協力が違いを生むのだ。このことは、雄の優位がヒトにおいても、チンパンジーの場合のようにつねに生物学的な常態であったのかという疑問に答えをだすものではないが、今日の男女平等のための闘いには一つの視点をもたらす。エイミー・パリッシュにとって、大型類人猿は人間の過去を覗くための窓であるだけでなく、将来、私たちが選べる別な生き方の事例でもある。彼女の研究からは、雄の支配は、雌が協力し合って自分たちの利益を守れば、不可避ではないことがわかる。ボノボたちが取るような方法だ。

「こうしたことは人間のフェミニズム運動にたいする希望を、私に与えてくれました」と、彼女は私に語る。「ここに雌たちが実際互いに絆を結び、その絆を保ち、忠誠を尽くしつづけていることが見て取れるのです。そうして最終的に、自分たちの集団が力を付けています。だから、ボノボはその優れたモデルなのだと私は思います。そう、雌が責任ある立場に立てるのです。雌は生活資源を管理できるし、それを手に入れるために雄を介する必要がないのです。ボノボの雌は優位に立っているので、性的暴力や子殺しにさらされることはありません。そして、雌の友達に忠誠を尽くしつづけることで、それをやりとげているのです」

8　不死身の年配女性たち

女性は年齢とともに急進的になる集団かもしれない。
——グロリア・スタイネム『途方もない行為と日々の反抗』（一九八三年）

調査の最終段階になって、私はベドラムにたどり着いた。ただ訪問する——年配の女性の歴史を通じて医療体験をより理解したい——だけなのだが、この場所はそれでもわたしを落ち着かない気分にさせる。王立ベスレム病院はイギリス最古の精神科病院の一つだ。一二四七年に設立されて以来、ロンドンのあちこちへ三度移転を繰り返した。その間にこの病院はじつに衝撃的な評判を立てられたため、ベドラムと略された名称そのものが混沌《こんとん》や騒動の同義語となった。一九世紀には事態があまりにも悪化したため、政府が患者の虐待に関する調査を実施し、病院は改革を余儀なくされた。

一九一二年の『英国医学会会報』に掲載されたある論文は、当時、国内にあった精神科の施設や病院に入っていた女性の一二人に一人が閉経後であると述べている。裕福な人びとが入ることの多い私立の施設では、その数は一〇人に一人だった。更年期と関連したホルモンや体の変化は、それによって彼女たちの暮らしや地位に生じた変化とともに、多くの年配の女性たちの精神衛生に影響をおよぼした。

いくつかの症例は、医学上の強い関心をもって記録されていた。ある医師は、自分が腐ってきていると信じ込む四九歳の女性について記す。彼女はやがて自殺した。別の五〇歳の女性は、自分がもはや人間ではなく、胃もなければ、心臓や肺もないのだとこぼす。一方、四六歳の既婚女性は服を脱いで裸になり、セックスを求めるのが習慣になる。

この当時、更年期や閉経はひどく誤解されていた。おとぎ話は子育てが終わったあとの女性を頭のおかしな役立たずの老婆として描いた。老婆たちはやたらに大勢の子供とともに靴のなかに住んだり、お菓子の家で無垢《むく》な子供を殺したりした。さらに歴史をさかのぼれば、老いた女性はそれこそ文字どおり魔女として扱われていた。一六九二年にはマサチューセッツ州のセイラムの魔女裁判で告発された一六人の女性が処刑されるか、監禁された結果死亡した。判明している限りでは少なくともそのうち一三人は閉経後の女性だった。

更年期や、年配女性が直面する精神的圧力についてほとんど理解しないまま、一九世紀の人びとはその症状を治そうとあらゆる種類の悲惨な治療を試みた。一つは瀉血《しゃけつ》で、使用されなかった月経血と信じられたものを排出させるための処置だった。ときにはアヘンやモルヒネのような麻薬が女性に投与されることもあった。最悪の場合、子宮を外科手術で摘出された。ベドラムのような施設に入ることになった人びとは、父親的で厳格な男性医師の治療を受けることになるなどして、アルコールはあまり飲むなとか、熱い風呂に入り、フランネルの下着を着るようにといった奇妙な忠告を受けていた。ある医師は、閉経後の女性は隠居して世間から引きこもり、静かに暮らすべきだとすら提案していた。こうした女性は姿を見せても、声をだしてもいけないという考え方を反映するものだ。

施設の暮らしは快適ではなかった。一六七六年から一八一五年までにベドラムへやってきた女性は、入り口の両脇に威圧するように立つ二基の石像によって迎えられていただろう。これらの像は、精神科の患者の大半が陥ると考えられていた二つのカテゴリーを表わしていた。一基目の像は病院の鎖に必死に抵抗する「狂乱」で、その顔は苦痛に歪んでいた。二基目の「憂鬱」は拘束されていないが、まるで外界がすべて意味を失ったかのように、気がかりなほど無関心な表情だった。更年期関連の精神病でベスレム病院に入院した女性のうち、一九一二年のデータによれば、回復した人は半数以下だった。

ありがたいことに、ベドラムの暗黒の時代は終わっている。現在、ロンドン南東にある美しい郊外の地所で生まれ変わったベスレム病院は、穏やかな場所である。何百エーカーも落ち着いた緑が広がるなかに、それぞれが別棟となった低層の小さな病棟が点在する。「狂乱」と「憂鬱」はいまでは、この敷地にある日当たりのよい小さな博物館のレセプションに鎮座しており、上階にある実在した人びとの歴史のなかで、命を吹き込まれる。壁には一九世紀の写真が二枚飾られていて、どちらも年配の女性だ。一人は慢性躁《そう》病を患っている。長い白いドレスを着せた、生きているような人形を握る彼女の顔は、かすかに歪んでいる。もう一方の写真は、キャプションによるとうつ病を患っている。この女性は苦痛に満ちた遠いまなざしを浮かべ、自分の生涯を思い返しているかのようだ。

受胎能力のある生殖期が若さと健康を象徴しているのだとすれば、不妊となる非生殖期はその正反対であると社会は想定した。女性であるという点は、そこからすっぽりぬぐい去られていた。こうした考え方は女性を何か別のものに変えたのだ。そしてそこには、年配の女性たちが、とくに科学と医療関係者によって扱われていたやり方が反映されていた。

「エストロゲンの欠乏した女性」

一九六六年にアメリカで新しい健康本が発刊されて大いに話題を呼んだ。科学によって再び若返ることができるので、年を取ることを恐れる必要は何もないのだと、女性に約束するものだ。この本は瞬く間にヒットし、わずか七カ月間で一〇万部を売りあげた。書名はその内容と同じくらい魅惑的だった。『永遠に女らしく《フェミニン・フォーエヴァー》』である〔『永遠の女性』という邦題で一九六七年に刊行〕。

ニューヨークの婦人科医の著者ロバート・ウィルソンによると、女性の（および夫の）願いにたいする答えは、性ホルモンの形でもたらされた。エストロゲンを含む若さを取り戻すホルモンのブレンドで、女性の「乳房も生殖器もしなびることはない。女性は一緒に暮らすのにずっと楽しい相手となり、魅力のない、つまらない人間にはならないだろう」と、彼は主張した。ホルモンは受胎能力を取り戻すことはできなかったが、少なくとも更年期以降の一部の女性の暮らしを損なうほてりや気分変動を撃退することができた。

これはあまりにも朗報で真実には聞こえなかった。だが、実際に違ったのだ。少なくも完全に真実ではなかった。ウィルソンはまったくの偽医者ではなかった。二〇世紀初頭に内分泌学が登場するとともに、科学者は更年期に実際に何が起きているのか、ようやく把握するようになった。生物学的な仕組みはかなり単純なものであることが判明した。ほぼ毎月、卵胞と呼ばれる球形の袋が女性の卵巣内で成長する。そこから赤ん坊をつくるのに必要な卵が放出され、エストロゲンとプロゲステロンが分泌される。女の子は通常、一〇〇万個から二〇〇万個の卵胞を具えて生まれてくるが、これらの大半は思春期を迎えるまでに消失している。数十年を経るうちに卵胞は最終的にすべてなくなり、それが失われることが更年期の始まりを意味する。これはつまり、もう赤ん坊になる卵がないことを意味するほか、ホルモンのレベルが下がることでもある。

エストロゲンの喪失はとくに通常、更年期と関係付けられる症状を促進する。ほてり、性衝動の変化、気分変動、体重の増加などだ。更年期が始まる前のホルモンの変化は一般に四五歳前後で始まり、更年期そのものは平均して五〇歳から五二歳で始まる。女性のおよそ五パーセントは更年期をもっと早く、四五歳になる前に経験すると考えられている。更年期の女性に余分なホルモンを投与することで、ロバート・ウィルソンが提唱したように、一部の症状は軽くなることがある。

実際、ホルモン治療は彼の本が出版される何十年も前からすでに行なわれていた。一九三〇年代には、数人の医師と製薬会社が、たとえばビタミンが充分に摂取されないような、何かが不足した症状であるとして更年期を見直し始めていた。世界の一部の地域では、これはもはや通常の、自然な老化の一部として見られなくなっていた。数十年後には、女性が更年期に達するとエストロゲンを錠剤や注射で補うことがほぼ日常的になった。

ロンドン大学セントジョージ校の内分泌学の名誉教授サフロン・ホワイトヘッドによると、この治療は一九五〇年代から六〇年代に盛んになった。第二次世界大戦後、ヨーロッパでの戦争遂行の一環で働いた女性たちが家庭の主婦に戻るよう推奨された。そこにあった考えは、ホルモン療法が「女性をセクシーで家庭的でありつづけさせる」というものだったと、ホワイトヘッドは言う。たとえば、一九五二年からのエチニルエストラジオールのホルモン錠剤の広告には、ほほ笑む美しい女性たちが使用され、彼女たちの顔写真は花の海を背景に穏やかに浮かんでいる。

ロバート・ウィルソンは、花ではなく大きなハンマーで彼自身のメッセージを送ることにした。更年期は「深刻で苦痛を伴い、しばしば障害を残すような病気」だとして認識されるべきだと彼は主張し、それを患う人びとを彼が蔑むように「去勢者《カストラート》」と呼ぶ状態にするのだと述べた。ロードアイランド州のブラウン大学の生物学とジェンダー学の教授であるアン・ファウスト＝スターリングは、ウィルソンの研究について書き、「エストロゲンの欠乏した女性」をウィルソンが軽蔑するように描写したと述べる。こうした女性たちは生きているというよりは、〔ただ〕存在するものとして描かれていると彼女は言う。ウィルソンが発表した論文の一つに含まれていた写真には、公共の場で黒い服を着て、背中を丸めた老女が写っている。「彼女らは人に気づかれることなく通り過ぎ、自分たちも〔周囲に〕ほとんど気づかない」と、彼は読者に警告した。

一九六〇年代になると、ホルモン療法の荷車は圧倒的破壊力《ジャガノート》の乗り物に変わった。『永遠に女らしく』がアメリカで刊行されたのち、イギリスのジャーナリスト、ウェンディ・クーパーが一九七五年に著書『変化なし――女性のための生物学革命』〔*No Change: Biological Revolution for Women* 未邦訳〕を書いて、イギリス国内で同様の成功を収めた。「これはわが身に起きた最高のことなのだと彼女は言った」と、サフロン・ホワイトヘッドは回想する。「こうした宣伝ゆえに、またそれがいかに若さを保つかゆえに、誰もが飛びついたのだ」

＊

もちろん、どんな魔法の療法も、最初に思ったほど魔法であったためしはない。ロバート・ウィルソンの死後、一九八一年のスキャンダルから彼のポケットがホルモン補充薬をもっと売ろうとする製薬会社によって潤っていたことが発覚した。『永遠に女らしく』はこの療法を売る最大の製薬会社の一つ、ワイス社が融資していた。

ホルモンの変身効力を信じていた多くの女性にとってはより不安なことに、エストロゲン補充療法と子宮内膜がんのあいだには危険な結び付きがある可能性が研究から発見された。一九九〇年代の初めには、エストロゲンとプロゲステロンを混合するホルモン療法から乳がんのリスクが高まることを多くの研究が明らかにした。さらに二〇〇二年には別の重要な研究から、エストロゲンとプロゲステロンは思っていたような万能薬ではないことが立証された。ホルモン補充療法は、多くの女性の人生を改善はしたものの、心臓発作や脳卒中の危険も高めたのだ。処方件数は急減し、深刻な更年期の症状をかかえた女性のみが薬の服用を勧められるようになった。

ホルモン療法は、治療を受ける多くの女性にとっていまも歓迎すべき恵みでありつづけるが、今日、医師たちは二年から四年以上つづけて処方しないことが多くなったと、ホワイトヘッドは言う。彼女自身は三年未満、ホルモン療法を受けた。「これに関してはいまはどっちつかずの状態にある」と、彼女は言い、科学者はまだデータを分析して、どれだけ安全なのかより明確に理解しようとしていると言い添える。冒険譚にはよい終わりのものと悪い終わりのものがある。ホルモン補充治療をめぐる医療ドラマは確かに不安とパニックを引き起こしただけでなく、生命への危険ももたらした。だが、少なくともこれは年配の女性の健康に大いに必要であった光を当てたのだ。研究者は更年期の症状が実際にはどんなものであるかを解明し、加齢と関連した精神疾患を含むその他の問題にうまく対処するために、より多くの時間を費やすようになった。更年期に入る女性の妊娠を助けたり、閉経を遅らせたりする解決策を研究する科学者すら若干ながらいる。

同時に、ほかの科学者たちはそもそも女性がなぜ更年期を迎えるのかという、より広範な進化上の問題にも関心を向けてきた。更年期はなんらかの生物学的な論理に適う目的のためにあるのだろうか？ それともしわや白髪のようなもので、加齢の避けられない側面で、体の必然的な衰えを表わす何かの欠乏症なのだろうか？ ならばなぜ女性はすべてそれを経験するのに、一部の男性は死ぬまで子供をつくりつづけられるようであるのか？

私の母は更年期が訪れても、活動的な働く女性でありつづけた。更年期だからと言って、事業を経営し、ヨガを教え、料理や子守をするのをやめたりはしなかった。そして、私の母の経験は世界中にいる母のような人びとによって繰り返されている。歴史からわかる限り、ずっとこのような調子がつづいてきた。閉経後も健康な女性の存在は、進化生物学者に大きなジレンマを突きつける。まだこれほど生命力に満ちているのに、自然はなぜ彼女たちを非生殖期に入らせるのだろうか？

「まさに発電機のような年配のご婦人たち」

人間に更年期のように重要な現象が生じる場合には、ほかの生物でもほぼかならずそれが見つかる。チンパンジーなどの大型霊長類のような、近縁の生物にはとりわけそれが見られる。ところが、更年期に関してはそうではない。これは奇妙なほど異例なのだ。ほぼどんな生物でも、雌は非生殖期に入る前に死ぬ。チンパンジーも私たち人間と同様に、生殖期はたかだが四〇年間ほどしかない。違いは、自然界では生物はこの期間を超えてめったに生き延びないことだ。ゾウは長生きだが、六〇歳になっても子を産みつづける。閉経後も長く生きつづけることはきわめて珍しく、判明している限りでは、人間はそれを若干の遠縁の生物とのみ共有する。その一つはシャチだ。シャチは三〇代から四〇代で子を産むのをやめるが、九〇代まで生きながらえる。

これほど珍しい現象である理由は、人間も、その他諸々の生物と同様、自分たちの目的に適応させるべく進化によって削減されていない身体的特性はまず具えていないという事実にありそうだ。私たちは自然によって無駄なく合理化されており、必要でないものの大半はとうの昔に捨て去り、必要なものは磨いてきたのだ。寿命はそうした特徴の一つのようだ。動物はおおむね子をつくり、おそらくは成長するのを見届けるのに充分なだけ長生きし、それから死ぬ。繁殖ができず、自分の遺伝子がもはや次世代に受け継がれないとしても、過酷なようだが、自然は総じてそれを知りたがろうとはしない。この論理からすれば、人間では更年期を過ぎた女性が生きているはずはない。この無慈悲な基準では、私の母や閉経後のその他すべての女性たちは死んでいるはずなのだ。

それでも、彼女たちはみな健在だ。それどころか、女は平均して男よりも長生きするのだ。もっとも、男は老齢になっても精子を生成しつづけられるのだが（二〇一四年のある研究は、三五歳を過ぎると精液は変化する傾向があり、そのような男性のパートナーは妊娠する可能性がやや低くなることを明らかにした。二〇〇三年に発表された研究も、年配の父親による妊娠は、それが五五歳以上の場合はとくに流産や出生異常につながる可能性が高いことを示していた）。

この謎にたいする答えは、二〇世紀屈指の重要な進化生物学者で、当時はミシガン州立大学に勤務していたジョージ・ウィリアムズが一九五七年に発表した短い見解から始まった。彼が考えていた疑問は正確には、女性はなぜ中年でこれほど突如として出産する能力を失うのに、体のその他の部分の加齢はもっと徐々に起こるのか、というものだった。彼は簡単に、さほど詳しく説明せずに次のように述べた。更年期は年配の女性を出産に伴うリスクから守り、長生きさせることで、すでにいる子供たちの面倒を見られるように出現したのかもしれない、と。

かなり近代になるまで、出産は多くの女性の死因になっていた。一九世紀にはイングランドとウェールズで出産後に、またはそのさなかに死亡した人の数は、一〇〇〇件のお産にたいし四人から七人のあいだで推移しており、その数がいちじるしく減少したのは第二次世界大戦後のことだった。高齢の出産は母子ともに危険が増した。「更年期を老化症候群の一部と見なすのは不適切だ」と、ウィリアムズは結論をだした。彼の考えの要点は、「おばあさん仮説」として知られるようになった。

自分の親がまだ健在な親たちにとって、おばあさん仮説は直感的に意味をなす。私の場合、今日、机に向かっていられるのは義母のおかげだ。義母はうちの息子の世話をして私が自由にほかの仕事をこなすなり、もっと多くの子をもつなりできるようにするのに忙しい。それは彼女だけではない。ロンドンの私が住む近所では、おばあさん（そして、最近では若干のおじいさんもそうだと言わねばならない）が昼前に軽量乳母車《ベビーバギー》を押している姿や、午後に愛する子らの子らを幼稚園や保育園から連れて帰る姿は日常の光景だ。これは最近では忙しく働く親たちと高い保育料に関連したトレンドだが、これにははるか昔からのルーツがある。子供が祖父母と暮らす拡大家族は、近年まで世界各地に共通する制度だった。アフリカやアジアでは、いまでもそうだ。アメリカを本拠地とする研究機関チャイルド・トレンズは、二〇一三年にアジアの子供たちの少なくとも四〇パーセントは親だけでなく、拡大家族とともに暮らしているとした。これはつまり、おばあさん仮説が実践されていた坩堝《るつぼ》のようなものであったかもしれない。

祖母の役割に注目することは、更年期に新たな光明を投じるものであり、更年期が生物学的な急下降ではなく、老いを罵る決まり文句でもなく、これには明確な進化上の目的があるのだと暗示することになる。役立たずの老婆のイメージは、役立つ女性のイメージに取って代わられたのだ。隠居して静かな暮らしを送り、社会にとって重荷となる代わりに、おばあさんは前線で中心を占めているのだ。おばあさんが家族を支えているのだ。それどころか、おばあさんはあまりに必要とされているため、その存在そのものが生きた証拠となるのかもしれない。

ウィリアムズが最初にこの考えを公表して以来六〇年間、研究者らは証拠を探しつづけてきた。

「私はただ、男性が何をしていたのかを理解しようとしていました」と、クリステン・ホークスは言う。

彼女はおばあさん仮説に関する世界第一線の研究者で、この説の最大の主唱者だ。

ホークスは一九八〇年代にはパラグアイ東部で〔移動生活を送る〕遊動的狩猟採集民のアチェ族の実地調査を行なっていた。彼女はそこで先輩の人類学者たちと同様に、男性が家族のための食糧をすべて供給しているわけではないことにすぐに気づいた。男性たちの狩りだけでは、女性や子供が生き延びるのに充分な食糧のすべては調達できないのだ。むしろ、「女性や子供たちが採集していた食糧こそが、全員に行き渡るものでした。そのため、妻や子供の手に渡った獲物の肉の分け前は、ほかの誰かが採集した食糧と〔重要性において〕なんら変わりがなかったのです」。狩猟による肉は、多くの人のあいだで分配されただけでなく、たまにしか得られないものでもあった。獲物がないまま長い時期が過ぎることもあったのだ。

狩猟採集社会で母親と赤ん坊がどのように生き延びたのかを解くヒントをさらに発見しようとして、ホークスはタンザニアのハッツァ族を研究しにでかけた。ハッツァ族は、今日残されているなかでは、農耕が始まる以前の人類に最も近い形態で暮らしていると言われるために、人類学者にとっては特別な存在なのだ。その大部分は作物も植えなければ、家畜も飼わず、ハッツァ族が暮らすセレンゲティの南の地域は、人類最古級の祖先が残した化石が見つかった場所から、さほど離れていない。「私にとってハッツァ族のところへ行くことは最優先事項でした」と、ホークスは説明する。

そして彼女はそこで、働き者のおばあさんたちを見たのだ。「私たちのすぐ眼の前に、彼女たちはいたのです。まさに発電機のような年配のご婦人たちが」。ホークスが自分の実地調査について語るのを聞くと、彼女の興奮ぶりに心を奪われずにはいられない。彼女の声はギアが入れ替えられ、今日でも何十年も前に発見したことに心底驚いているように聞こえる。子育てをする女性と祖母たちのあいだでは労働が分担されており、活動的な年寄りの女性たちはほかの人びとに交じって食糧を採集していた。

ハッツァのおばあさんたちや、おばを含むその他年長の女性たちは、娘たちがより多くのより健康的な子供を育てるのを手伝った。こうした女性たちは、自分では赤ん坊を産むわけではなくても、子孫繁栄に欠かせない存在だった。ハッツァの女性たちが赤ん坊を次々に出産できる理由も祖母たちにあるのだろうと、彼女は述べた。年上の子供たちが自立するまで、祖母たちが手伝いに入っていたのだ。一九八九年にこのテーマで共同研究者らと発表した彼女の画期的な科学論文は、「働き者のハッツァの祖母たち」と題されていた。ホークスと彼女の研究チームはそれ以降も論文を発表しており、これら年配女性たちがいかに勤勉であるかを明らかにした。六〇代、七〇代の女性たちが季節を問わず長時間働き、家族のなかのもっと若い女性たちと同じだけ、もしくはそれ以上の食糧をもち帰る様子が描かれている。ほかの人類学者たちも似たような状況を目にしていた。

「ウーマン・ザ・ギャザラー」の考えを発展させるうえで一役買ったエイドリアン・ジルマンは、一九九〇年に『ニューヨーカー』誌で彼女が読んだ、とりわけ鮮明なある事例を私に語る。筆者はアメリカの著述家で、アフリカ南部のカラハリ地方で遊動的狩猟採集民とともに暮らしたエリザベス・マーシャル・トマスだった。トマスは疫病が流行して罹患したある集団について書いた。もっと食糧のある場所を求めて集団が野営地を移動することになった際に、具合が悪過ぎて一緒に出発できない一人の若い未亡人と二人の子供たちがいた。「でも、彼女の母親がそこにいたのです。この小柄の、かなり年老いた女性が自分の娘を背負い、だっこ紐をたすき掛けにして乳児の孫を抱き、腰の上に四歳の孫を乗せたのです。この女性は三人をかかえて、仲間の新しい野営地まで五六キロほどの距離を越えました」。この祖母の超人的な努力は、娘と二人の孫が病から回復し、置き去りにはされなかったことを意味した。

おばあさん仮説にたいする一般的な反論は、「長寿拡大仮説」または「寿命・作為仮説」として知られるもので、更年期は私たちの平均余命が増したための副産物に違いないとする主張だ。何世代もさかのぼるまでもなく、自分たちが平均して祖先よりもはるかに長く健康的に生きていることはわかる。イギリスでは女性の平均寿命は一九〇一年には四九歳だったのが、二〇一五年には八三歳近くになっている。この数字は二〇三二年にはさらに四歳以上延びるだろうと考えられている。アメリカ疾病予防管理センターによると、アメリカの女性の平均寿命は二〇一五年には八一歳をやや上回っていた。したがって、その論法から言えば、年配の女性が閉経するのは、これだけ栄養のある食べ物と改善された衛生状態、および現代の医療がなければ、女性は更年期を経験する間もなく早々に死んでいったからだということになる。

実際には、平均余命のデータは誤解を招きかねない。一地域の住民の平均寿命はかなりの部分が乳児死亡率によって決まる。多くの子供が死ねば、平均値は下がるのだ。このことは逆に、遠い昔に、周囲の人びとの大半は短い生涯を終えていたとしても、なかには高齢になるまで生きた人もいたことを意味する。更年期について記された最古の記録は、紀元前四世紀のアリストテレスによるものとされることが多い。女性は四〇歳から五〇歳ごろに出産するのをやめると書いていたと考えられているのだ。

霊長類の近縁種の体重と体の大きさを比較した研究から、人間の初期の祖先のごく一部は六六歳から七八歳まで生きることができたことが示唆される。何よりも説得力があるのは、クリステン・ホークスのような方法で狩猟採集民を研究した科学者が、成人女性の二〇パーセントから四〇パーセントは閉経後であることに目を留めている点だ。言葉を換えれば、年寄りの女性は昔からいたのだ。

サラ・ブラファー・ハーディは著書『母親と他者』で「更新世には、初産のときに自分の母親が存命であるか、同じ集団内に暮らしていた女性は半数に満たなかっただろう」と述べる。したがって、すべての子の祖母が生きていたわけではないが、多くの子には祖母がいただろう。祖母は「理想的なアロマザー〔母親代わり〕」なのだと、ハーディは言う。「育児の経験があり、乳幼児の反応には敏感で、地元での食糧探しには長けており、自分の赤ん坊に気を取られることも、そんな子をもつ可能性もなく、（年寄りの男性と同様に）役に立つ知識の宝庫であり、更年期を過ぎた女性は珍しいほど利他的でもある」

ホークスの研究結果には、確かなデータによる裏付けもあった。ガンビアでの研究は祖母がいると子供の生存確率が増すことを示していた。同様の結果は日本とドイツの歴史的なデータからも見つかった。一八世紀から一九世紀のフィンランドとカナダの女性三〇〇〇人分を対象にしたある研究からは、更年期を超えて生きると、一〇年ごとに孫の数が二人ずつ増えることがわかった。

二〇一一年に、進化人口統計学者のレベッカ・シアと、生物医科学者のデイヴィッド・コールは世界各地からの研究を集めて、母親以外の誰が、子供の生存に最大の影響をおよぼすかを突き止めた。『ポピュレーション・アンド・ディヴェロップメント・レヴュー』誌に投稿された論文で二人は、母方の祖母は一貫して最も信頼できるヘルパーのなかに数えられたと結論をだした。「三分の二以上の事例で、母方の祖母の存在は子供の生存率を高めた。父方の祖母も生存結果にプラスの結果をもたらすことが多かったが、やや一貫性に欠いた。子供の生存が高まったのは半数強の事例だけであった」

「もはや繁殖しなくなっても長いこと寿命がある生物はごくわずかだ」と、エクセター大学で動物の行動を研究する心理学者ダレン・クロフトは言う。クロフトは定住型のシャチ——オルカ——にとくに関心を寄せる。雌が子を産むのをやめても、何十年間も、ときには九〇代になるまで生きることで知られる少数のクジラの一種だ。雄ははるかに若く、三〇代から四〇代で死ぬ。

これに関する彼の説明は、二〇一二年に『サイエンス』誌に彼が研究チームとともに投稿した論文で概説されており、その理由はシャチの母親と息子たちのあいだの非常に強い絆の力にあるとする。「雌のシャチは自分の子孫の面倒を生涯にわたって見つづけ、とくに成獣になった息子たちの世話をする」と、彼は説明する。息子のいる母シャチは、一生のあいだ息子に全力を注ぐ。実際、母子の結び付きはそれほど強いため、データからは母親のシャチが死ぬと、その息子はかなり早く死ぬ確率が高いことがわかっている。ちなみに、これはただ息子の場合のみだ。母親と娘のあいだの生涯の結び付きは弱い。

クロフトはエクセター大学やヨーク大学、アメリカのクジラ研究センターの研究仲間とさらなる調査を実施し、北太平洋でやはり定住型のシャチを調べて、二〇一五年に『カレント・バイオロジー』に結果を発表した。シャチを観察した結果、年老いた雌をそれほど貴重な存在にしているのは、生涯をかけて集めた知恵があるためだと、彼らは考えるようになった。「こうした雌は雄よりもオルカの群れを先導することが多く、餌となるものが少ない時期にはとりわけそれが顕著になる」と、クロフトは言う。「シャチにとって生死を決するのは、サケがいつどこにくるかなのである」。そして年老いた雌はそれを知っているようなのだ。

クロフトは、閉経後のシャチを対象とする彼の研究のようなものは確かに珍しいが、人間の更年期のパズルを解くうえで追加のピースを与えてくれるだろうと考える。更年期が自然界で別の生き物に起こりうるのであれば、私たち人間にも起こりうるだろう。「年配の雌のあとを追うのは珍しいことではない」と、クロフトは言う。ゾウにも家母長がおり、捕食者からの脅威にたいする特別な情報をもっているようだ。

おばあさん仮説は登場して以来、ほかの学説が付け足されていった。二〇〇七年にはペンシルヴェニア州のスクラントン大学心理学科のバリー・クールが、父親たち（より具体的には父親の不在）も更年期を進化させる一助となったかもしれないと述べた。彼の考えは、母親が年を取るにつれて、父親は親としてかかわらなくなるというものだ。これは一つには雄が早く死ぬからだが、配偶相手のもとを去る可能性も高いからだ。このことがおばあさん仮説を支えるのは、それによって祖母たちがさらに欠かせない存在になるためだ。「私はただ追加の要因を加えただけだ」と、クールは言う。

祖母はかならずしも、仲よく家族で暮らす心優しい、無欲の子守であるわけではないと付け加えた研究者もいる。二〇一二年に『エコロジー・レターズ』誌に投稿された研究では、一部の女性が孫の世話をせざるをえなくなるのは、もはや世話すべき自分の赤ん坊がいないという事実よりも、世代間の争いからであることが示された。シェフィールド大学の進化生物学者ヴィルピ・ラマーは共同研究者らとフィンランドの教区教会の記録〔産業革命以前の二〇〇年間〕を研究し、すべての子供を育てるほど生活資源が充分になければ、義母とその息子の妻が同時期に自分の赤ん坊をそれぞれもった場合に、乳児の生存率がいちじるしく下がっていたことを発見した。義母が孫の世話をする場合には、遺伝的なつながりがあるので恩恵を受ける。一方、息子の妻側からすれば、その逆の場合は同様の恩恵は受けられない、とラマーは言う。祖母は遺伝的に孫と関係があるが、息子の妻は義理の〔小さな〕弟や妹と遺伝的なつながりはない。となれば、祖母になることは資源が乏しい場合には、単なる抜け目のない選択となる。

「男は、老いも若きも、若い女を好む」

おばあさん仮説に反論がなかったわけではない。

これまでの年月に少なくとも十数通りの競合する考えが提案されているが、それぞれに短所と長所がある。その一つは「卵胞枯渇仮説」で、これは長寿拡大仮説のように、今日の女性は卵子よりも長生きするのだと述べるものだ。この仮説の問題点は、子沢山の女性の場合、妊娠中は月経がないのだから、更年期を迎えるのが遅くなるはずだと考えうることだ。だが、そうはならない。別の仮説は生殖にかかわる代償に注目し、子を産むことは女性の体に身体的に大きなツケとなるため、更年期はさらなる損傷から女性を守るために進化したのではないかと考えるものだ。だが、それが本当ならば、子沢山の女性ほど早く更年期を迎えるだろうと考えうる。だが、そんなことはない。また別の「老化仮説」は、更年期は単に老化の自然な特徴に過ぎず、しわや聴力の衰えのようなものである可能性を掲げる。そして、男性の不妊をはじめ、老化からくるその他の副作用は徐々に生じるのにたいし、女性の不妊はたまたま身体的な理由からより唐突に終わるのだとするものだ。

二〇一〇年に、ライプツィヒにあるマックス・プランク進化人類学研究所の進化生物学者フリーデリケ・カヘルと研究者のチームは、これらの代案にたいして、おばあさん仮説が本当に更年期を最もよく説明するのかどうか試験を行なってみることにした。カヘルらは、女性が閉経後も長く生きることで、人類がどのように進化した可能性があるのかをコンピューターで再現実験してみた。長年、おばあさん仮説を支持する証拠を集めつづけてきたクリステン・ホークスと研究チームにとっては驚いたことに、カヘルのグループは、役立つ祖母は確かに孫の生存率を高めはしたものの、この効果は女性がなぜ現在これほど長生きであるかを説明するには充分ではないようだった。

おばあさん仮説にすでに疑問の目を向けていた報道から、この仮説を救うべく、ホークスのチームは二〇一二年にコンピューターによる独自の再現実験の結果を発表した。この結果は、統計上の母集団のなかで、とりわけ長生きした祖母たちの比率が、数万年の歳月のあいだに一パーセントから四三パーセントにまで徐々に増えてきて、それが実際にすべての人の寿命を延ばしていたことを示していた。ドイツの数学モデルの問題の一部は、それがわずか一万年間で実施されたことにあるかもしれないと、彼女と同僚たちは考える。実際には、人類の進化の長い道のりは、その効果が現われるまでにはもっと多くの時間を要した可能性があることを意味するのだ。ドイツのモデルは、男性には長生きすることの代償があるかもしれない事実を考慮していなかったとも、ホークスらは主張した。たとえば生殖期にある比較的少ない数の女性にたいし、〔相変わらず〕同じ数の生殖可能な男性と競い合う必要があることなどである。

そして二〇一四年には、ホークスはユタ大学とシドニー大学の研究仲間とともに、自分たちの数字を別の数学モデルに打ち込んでみた。このモデルでは、人類の歴史のどこかの時点においては、ヒトはみな霊長類と似たような寿命であって、霊長類のように、女性は更年期が訪れる前に死んでいたとホークスらは仮定した。このモデルにはその後ゆっくりと遺伝子変異のある、つまりほかの人びとよりも長生きした少数の女性が加えられた。この変異は拡散し、やがてごく少しずつ誰もが長生きするようになっていった。

「役に立つ祖母というものを加えても、当初はほぼ誰一人として生殖期を超えて生きる人はいません」

と、ホークスは説明する。「それでもこうしたわずかな人びとが、つまり生殖期を終えてもまだ存命のわずかな人たちがいれば、類人猿的な生活史から、ヒト的なものへと変わり始める選択がなされるには充分なのです。やがて、現代の狩猟採集民に見られるのとちょうど同じような状況になります」。人類の進化の黎明期《れいめい》に必要であったのは、少数のよい祖母たちだったのだ。

誰もがこの説明を受け入れるわけではない。

「配偶行動は無作為ではないと仮定しましょう」と、進化生物学者のラマ・シンは、カナダのマクマスター大学から電話で私に語る。その声はまるで、自身の見解がどれだけ挑発的なものとなるかを知っていて、彼が笑っているかのように聞こえる。

彼も私も承知するように、シンの学説はおばあさん仮説にたいする反論として、最も論議を呼んでいる。「男は、老いも若きも、若い女を好むのはわかっていることです。だから、若い女性がいると、年配の女性はあまり配偶行動は取らなくなるでしょう」と、彼は言う。年配の女性はセックスをしなくなれば、生殖可能である必要がない、と彼の議論はつづく。要するに、年配の女性は、男性から魅力的だと思われなくなるので、非生殖期に入るのだ。ある報告者はこの説明を、「男」を「更年期」に陥らせる〔可能性もある〕ものと表現した。

二〇一三年にシンは、マクマスター大学の二人の同僚であるリチャード・モートンとジョナサン・ストーンとともにこの考えを『PLOS コンピューテイショナル・バイオロジー』誌に投稿した。これはすぐさま世界的なニュース報道と激しいやりとりを招くたぐいの論文だった。「大勢の女性からひどい手紙をもらいましたよ」と、シンは認める。「われわれが男性に進化上より多くの発言権を与えていると、彼女たちは考えたのです」。ある女性は皮肉たっぷりに、年配女性として更年期を避けるために、いったいどれくらいセックスをしなければならないのか教えてくれと要求した。「信じようが信じまいが、今日の社会をともかく見回してみることです。科学は単純明解ですから」。こうした批判について質問してみると、彼はそう答える。「現実には、自然は同情や感情などお構いなしなんです」

だが、多くの人は自然にたいするシンの見解に疑念を向けた。それどころか、彼がモートンとストーンと立てた仮説は科学界で嘲笑されてきた。「あの説はほとんど意味をなしません。チンパンジーは実際には年配の雌を配偶相手として好むのです」と、ヴィルピ・ラマーに教えられる。レベッカ・シアも同意する。「あれはばかげた議論で、発表されてすぐにゴミ箱行きとなりました。あれは堂々巡りの説明です。男が更年期を過ぎた女を好まないのは、彼女たちが閉経後で妊娠できないからで、その逆ではありません」〔男が若い女を選択したために女性の更年期が生じたわけではない〕。それでも、シンと同僚たちは悪びれることなく自説を曲げなかった。

彼らの考えはとくに目新しいものではない。その着想を得た時期は、二〇〇〇年までさかのぼる。当時ハーヴァード大学で教えていた人類学者フランク・マーロウが「家父長仮説」として知られる更年期の挑発的な説明を発表したときだ。その名称からわかるように、家父長仮説は有力な男性に関するものだ。具体的には、年を取っても、生殖期にある若い女性とセックスができるくらい有力な男性のことだ。「男性が高い地位を維持し、肉体的に最盛期の状態を過ぎても生殖活動がつづけられるようになると、男性でも最高寿命を延ばすことが優先して選択されるようになる」と、マーロウは『ヒューマン・ネイチャー』誌に発表された論文で説明した。少数の高位の男性が自分の種を拡散させるだけで、人間が生きられる期間に違いをもたらすには充分だっただろうと彼は論じた。

長くなった寿命に関連する遺伝子はたまたま、男系を通じてのみ共有されるY染色体上にはない。これはつまり、女性も長寿に関する同じ形質を受け継いだであろうことを意味する。要するに、父親が長生きするため、娘もそれに乗ずることになるのだ。「乳首のようなものだ」と、進化人類学者のマイケル・ガーヴェンは説明する。男に乳首があるのは、たとえそれを必要としていなくとも、女性に乳首があるからなのだ。家父長仮説も同様に説き、女性が必要でもないのに長寿を享受するのは、男性が享受しているからなのだとする。

何年ものちにシン、モートン、ストーンがこの家父長仮説を検証したとき、マーロウの考え方では更年期がどのように出現したかを完全には説明していないと彼らは結論をだした。人類が初期の段階にどう進化した可能性があるのかを、コンピューターモデルで再現実験したところ、若干の不妊の遺伝子変異を母集団に加えても、時代を経るにつれて全体的な受胎能力にさほどの影響はでないことを彼らは発見した。変異はただ消滅したのだ。「受胎能力と生存率は高齢になっても高いままであった。更年期にはならなかった」。だが、老齢の男性が若い女性とのセックスを好むという重大な要素を再現実験に加えると、女性の更年期が出現したのだ。

これが証拠だと彼らは主張し、家父長仮説をいくらか改変すれば、女性の更年期は説明できるとした。おばあさんたちは働き者かもしれないが、つまるところ、これは単に性的魅力の問題なのだ、とクリステン・ホークスと同様に、フランク・マーロウも長年、現地に赴いてハッツァの狩猟採集民を研究してきた。違いは、彼が人間の長寿と更年期に関してまるで異なる説明にたどり着いた点にあった。まったく同じ人びとの集団を二人の著名な研究者が調べていながら、二つの相反する理論に到達したのはなぜなのか?

ネヴァダ大学ラスヴェガス校の人類学者で、フランク・マーロウと親しく研究してきたアリッサ・クリテンデンは、彼とホークスがハッツァ族と過ごした時期が異なり、ほぼ二〇年の差があることが理由の一つだと考える。これらの共同体は、外の世界と接するなかで影響を受けやすく、それだけの短期間でも暮らし方が変わってしまったのかもしれない。ちょうど、フィリピンのナナドゥカン・アグタの女性たちが狩猟をやめだしたのと同様の現象だ。

だが、ほかの説明もある。「理由の一部は研究者の性別にもあるかもしれません」と、クリテンデンは言う。「科学は客観的であると考えられている」けれども、研究者のデータの集め方に性別が影響する可能性はあると、彼女は認める。

ホークスとマーロウはいまでは科学における陣営を個別に張り、それぞれ〔人類の〕過去にたいする自分の見解をもっている。一方は有力者の老人男性を好み、もう一方はおばあさんを好むものだ。「私が賭けている説は、祖母の役割を本当に、人間の長寿というこの特殊な性質を解く鍵とするものです」と、ホークスは述べる。家父長仮説が成り立つためには、少なくとも最初に何人かの老人男性が生き残って、こうした家父長制をそもそも可能にしなければならないと、彼女は説明する。そして、近縁である霊長類に老齢のチンパンジーなどが見当たらない事実は、これらの老人男性がいったいどこから充分な人数となってやってきたのかという疑問を生じさせるのだ。「彼の家父長仮説の問題は、彼が始めたい地点にまで、どうにかして行き着かなければならないところにある」のだと彼女は言う。

二〇一五年に私がマーロウに電話をかけたころには、彼はアルツハイマー病を患っており、インタビューには応じられなかった。アリッサ・クリテンデンは私に、いまでも彼の研究はたいへん尊敬しているが、家父長に関する彼の論文やその他の一部の研究は、時の試練に耐えてはいないと語る。たとえば、ホークスのおばあさん仮説の論文にくらべると、ほかの研究者によって引用される数ははるかに少ない。だが、反論しつづける人はほかにもいる。マイケル・ガーヴェンにおばあさん仮説について聞いてみたが、彼は懐疑的だ。二〇〇七年にガーヴェンは、スタンフォード大学の生物学の教授シュリパッド・トゥルジャプルカールと、当時、博士課程にいたセドリック・プレストンとともに、「なぜ男が重要なのか——配偶パターンが人間の寿命を進化させる」と題した論文を発表した。彼らは同論文のなかで、マーロウの家父長仮説の路線に沿って、夫が妻よりも年上である一般的な形態が、高い地位にいて若い女性を伴侶にできる少数の年配男性とともに、人間がこれほど長生きである理由を部分的に説明しうると主張する。

彼らの見解は、たとえおばあさん仮説が本当だとしても、男性もやはり何か役割を担ったに違いないというものだ。「男性を考慮に入れなければ、選択の力を正しく見積もることはできません」と、プレストンは彼らの論文が発表されたとき、『スタンフォード・ニュース・サーヴィス』の記者に語った。「私自身も男なので、男が確かに重要だとわかるのは喜ばしいことです」

ガーヴェンは最近、中間的な立場を取っており、ただおばあさんだけでなく、祖父母の双方が人間の長寿の原因になっているとする。女性だけが人間の進化のそれほど重要な特徴の主要因にはなりえないと彼は考える。この両性モデルは、老人が役に立っているのは単に子守や食糧生産〔および調達〕だけではないと主張する。世代を超えて知識が受け継がれることも、ガーヴェンによれば、別の恩恵になる。もう一つの要因は、争いの仲裁にあるだろう。人間は大きな頭脳をもつ複雑な生き物であり、技能は通常、年齢とともに身に付くので、そこから賢い年寄りという既成概念が生まれるのかもしれない。この知恵の共有は、歴史を通じて男女双方が役割を担うことができた可能性があるものだ。

この分野の誰にとっても問題となるのは、データがわずかしかないうえに雑然としていることだ。何千年も昔に人びとがどのように暮らしていたかを確実に知ることはできない。ハッツァ族は、過去を覗く注目すべき窓であるかもしれないが、それでもその窓は小さく埃《ほこり》だらけだ。世界各地のほかの狩猟採集民からの証拠となると、さらに大雑把なものだ。そのために憶測が入り込む隙がでてくる。ガーヴェンはおばあさん仮説にたいする反論では柔軟な立場を取っている。マーロウ、モートン、ストーン、シンは強硬派だった。だが、ここには容易に見分けられる一つの傾向がある。おばあさん仮説にたいする反論はおもに男性からでているようなのだ。

この研究分野にはなんらかの先入観《バイアス》が働いているのかと私が質問すると、ガーヴェンは笑う。「つまり、人間を研究する人間に先入観があるという意味ですかね?」と、彼は皮肉交じりに問い返す。人間はなぜこれほど長生きし、それぞれの社会で何が老人を役立たせているのか、これらの問題をめぐっては諸々の説明がある。つまり、実際に起こったはずのことよりも、さらに多くの事態が考えうることを意味するのだと、彼は説明する。不確かさが入り込むこの余地が、更年期をこれほど不安定なテーマにしている。家父長からおばあさんまで、私たちは誰が正しいのか確かにわかることは決してないのかもしれない。「大勢の人びとに聞き取り調査をして、どれを信じるか質問すれば、より多くの女性はおばあさん仮説を選び、より多くの男性は家父長仮説を選ぶんでしょうか？　そうなったとしても驚きはしない［……］。まったく先入観をもたずにいつづけるのは難しいことです」と、ガーヴェンは認める。

男性だけで更年期が引き起こされたとするモートン、ストーン、シンの仮説は、ガーヴェンの意見では希望的観測の事例だという。だが、クリステン・ホークスはおばあさん仮説をあまりにも力説し過ぎて、彼女の証拠にたいする批判を無視する結果になっているとも彼は考える。この説が生き延びているのは、それが正しいからではなく、魅力的だからだと彼は言う。「男性を犠牲にすることによって、これは急進的な新しい考えのように思われ、人びとはそれにしがみついているんです」

アイダホ大学を拠点とする老化の生物学の専門家であるドナ・ホームズは、この点でガーヴェンに同意する。彼女はおばあさん仮説をめぐってホークスと対立し、いまだにこの説には納得していないと私に語る。「あれは挑発的で斬新だったのです。それによってフェミニストは喜びました。おばあさんに優しい学説だし、年取った女性は価値がないという考えに反していたからです。それによってリベラル派も喜びました。老化は「自然な」ことであり、悪質な製薬産業に介入されることなく成し遂げられるものだと、彼らは考えたがるからです。そのため、非常に流行したわけです」

アリッサ・クリテンデンは事態をそのようには見ない。「クリステン・ホークスがはたした役割を強調することは重要です」と、彼女は言う。いずれも説得力ある議論に思われるが、双方から引っ張られ、「銃口を頭に突きつけられたら、私はおばあさん仮説を選びます」と、彼女は私に語る。双方の仮説が最初に発表されてから多年にわたって、データはフランク・マーロウの家父長仮説よりもおばあさん仮説を強化してきた、とも彼女は言い添える。「私は更年期を過ぎた女性たちが傾ける経済的努力に、圧倒されつづけています［……］。おばあさんには本当に特別な役割があるのだと、私は実際に信じています」

働き者のハッツァ族のおばあさんたちに関する当初の論文の発表後三〇年以上を経たいま、クリステン・ホークスは証拠の重みは彼女の側にあると主張する。「年寄りの女性たちがやっていたことが、これほど重要なものになるとは、私もまったく考えていませんでした」と、彼女は私に語る。「生殖期後の女性が人類の系譜における進化の方向に与えたきわめて重要な影響が、それによって実際に強調されるのです」

どれほど論議を呼ぶものになろうが、彼女の研究は年配の女性たちを進化の枠組みのなかに加えるのに役立ってきた。老化にたいし、それまでとはまるで異なった前向きの考え方をするための扉が開かれたのだ。そして今日、おばあさん仮説は、更年期が実際には恐れられるよりは、歓迎されるべきものなのではないかと問う幅広い研究の一部をなしている。一九七〇年代にはすでに、アメリカの人類学者のマーチャ・フリントがインドのラージャスターン州で、女性が老いについてまるで異なる見方をする共同体を研究していた。年を取るのはよいことで、自分たちの社会では新たな社会的立場が与えられ、男性とより平等になるのだと、現地の女性たちは彼女に語った。それとは対照的な、更年期にたいするアメリカ人の否定的な態度を、フリントは「症候群」と表現した。更年期が恵みではなく、嫌悪すべきものと見なされると、女性は当然ながらそれについて喜ばなくなり、より多くの症状を訴えるようだ。

この見解は、近年になってほかの研究者からも裏付けられている。研究者のビヴァリー・エアーズは、二〇一一年にキングス・カレッジ・ロンドンの心理学科で勤務していた際に、欧米の医療専門家による更年期女性の治療方法のせいで、更年期に実際に生じる以上の症状があるかのように女性が信じる結果になったと主張した。『サイコロジスト』誌に投稿した論文で、彼女は共同研究者とともに、欧米の女性は「ほてりや寝汗、不順で重い生理、気分の落ち込み、頭痛、不眠、不安、体重増加」を経験するが、インド、中国、日本ではこれらの症状はなんら一般的ではないことを報告した。一つの説明は、女性たちが単に老化の影響を、更年期の体験と一緒くたにしていたのかもしれないというものだ。科学によって更年期は病気だと言われれば、そうであるかのように感じ始めるのだ。

更年期の物語は、科学がいかに女性をときとして見捨ててきたかを語る話なのだ。だが、おばあさん仮説が示すように、科学は別の物語も与えてきた。昔からの先入観や古臭い既成概念に挑むだけでなく、本来の能力を真に開花させられるものだ。実際、クリステン・ホークスの最新の研究は、人類の発達のごく初期の、二〇〇万年ほど前には、働き者のおばあさんたちが登場していたかもしれないと述べる。つまり、彼女たちは単に人間の長寿に関係する以上に多くの鍵を握っていた可能性があるのだ。「ホモ属をアフリカから拡散させ、旧世界のそれまで無人であった温帯や熱帯の地域へ移動させたのは、役に立つおばあさんの存在であったかもしれない」と、彼女は推測する。彼女が描く人類の物語では、太古の時代のおばあさんたちは単に一家の発電所であっただけでなく、人類が最初にアフリカをでて世界各地へ移住した際の途方もない変化の乗り物だったのだ。年齢は彼女たちに力を発揮させるうえでなんら障壁にはならなかった。

これらの女性たちの懸命な働きによって、すべては可能になったのだ。

あとがき

フェミニストは女性の昔からのイメージを壊したが、それでも残る敵意や偏見、差別はなくせなかった。

――ベティ・フリーダン『新しい女性の創造』（一九六三年）

ロンドンのブルームズベリーのウェルカム図書館は、私の住んでいるところからさほど遠くない場所にある。そこの書棚で、一冊の科学本が私の目に留まった。学術誌や医学書が並ぶなかで、隅に押し込まれていたのは、一九五三年に出版された小さな本で『女性の生来の優位性』（邦題は『女性――この優れたるもの』、一九五四年刊。および『女はすぐれている』、一九七五年刊）と題されていた。

「女性の生来の優位性は生物学的な事実であり、社会的には見過ごされてきた知識である」と書いていたのは、アシュリー・モンタギューという名のイギリス系アメリカ人の人類学者だった。この大胆な意見を最初に読んだとき、私にはこれが急進的に思えたが、一九五〇年代にはどれほど急進的に聞こえたかは想像するしかない。当時、女性に投票権はあったが、ほかには大したものがなかった。この本に出合ったころには、私はすでに何百ページにもおよぶ科学文献を読みあさっていた。女性は男性よりもどこか劣っているという考えに専念してきた二世紀以上にわたる文献だ。この小さな本は、珍しい例外だった。しかも、それは男性によって書かれていたのだ。私は自分用に古本を買った。

のちに知ったことだが、これはモンタギューの物議を醸した唯一の作品ではなかった。彼は多くの作品を残した著述家で、プリンストン大学で講義をして、戦後の時代の有名知識人のようなものとなり、アメリカのトーク番組に出演するようになった。ヨーロッパでヒトラーがユダヤ人に残虐行為を働いていた時代には、彼は人種という生物学的な考えの誤謬《ごびゅう》について書いた。女性に関する著作では、女性の従属をアメリカで歴史的に黒人が受けてきた扱いと比較した。性器切除に反対する運動を、今日この問題が注目されるずっと以前に彼は起こしていた。

モンタギューは初めからモンタギューだったわけではない。彼はイスラエル・エーレンベルクとして一九〇五年にロンドン東部でユダヤ系ロシア人の移民の家に生まれた。まず間違いなく彼を反ユダヤ主義の犠牲にしたであろう背景だ。おそらくそのために彼は名前を変えたに違いない。自分の新しい顔として、彼は一八世紀の著述家であったフェミニストの、レディ・メアリー・ウォートリー・モンタギューを選んだからだ。彼女はオスマン帝国に関する旅行記を書いたことと、トルコで天然痘の予防接種が効果的に使われているのを見たのち、これを推奨したことで知られていた。この医療行為がイギリスで知られるずっと以前に、もし自分の子供たちもこの予防接種を受けさせていたら命を救えただろうと彼女は確信していたのだ。

レディ・メアリーが彼に、その名前だけでなく、ひらめきも与えていたのかどうか私にはわからないが、そうであったと思われる。モンタギューはその著書で、女性が男性よりも劣ると見なされていた生物学的な基準を検討している。彼はデータを用いて、知的にも身体的にも、女性は弱くも、貧弱でもないことを示した。そして彼は女性の地位を高めるために情熱的に論証するのだ。彼はつねに冷静沈着であるわけではない。実際、ときおり自身の考えをやや面白がっているように思われる。「私がときに自分の同性についてからかい気味になったとしても、男性諸君にはそれで中傷されたなどと考えない程度にユーモアを解してもらえればと願っている」

だが、モンタギューはまた、変化を受け入れても男性が損することは何もないという点も明らかにする。彼は柔軟な労働パターンを求め、両親が育児をお互いのあいだで均等に分かち合い、子供を育てる恩恵を双方が享受できるようにすべきだと訴えた。彼は夫たちに、たとえ家事が嫌いであっても、専業主婦の妻にすべてを押しつけないことを求めた。「男とは自分自身が解決策を求められている問題なのだ」と、彼は書く。「みずからの問題を解決する最善の策が、女性を助けて男が女にたいし生みだした問題を解決することだと理解すれば、彼らはその解決に向けて最初の重要な一歩を踏みだしたことになるだろう［……］真実は女性だけでなく男性をも自由にするだろう」。これは当時もいまも時宜に適ったメッセージだ。

だが、ここでもう一人の人類学者の話をさせてもらおう。

二〇一五年にメルヴィン・コナーはモンタギューの本から着想を得て、『結局は女性――セックス、進化、そして男性優位の終焉』〔*Women After All: Sex, Evolution, and the End of Male Supremacy* 未邦訳〕と題した本をみずから執筆した。同書で彼は、女性に共通する資質が、いまの時代に彼女たちを生まれながらの指導者にしているのだと主張する。「暴力的でないほうが優れているのだと、私は考えるようになっています」と、私のインタビューに彼は答えた。腕ずくの力が男性優位である主要な理由だとすれば、腕力はあまり重要でなく、暴力が減少していると思われる時代には、女性は当然ながら頭角を現わすのだと、彼は言う。「女性の影響力が増せば、よりよい世界になると私は思います」

この考えはいまではさほど急進的には聞こえないはずだ。結局のところ、変化はすでに始まっているのだ。女性の政治的指導者は存在している。むしろ、コナーの主張はやや恩着せがましいと批判する人も若干いる。だが、女性が責任ある立場に立つという単純な考えは、一九五三年に『女性の生来の優位性』が書棚に並んだときには面白い具合に挑発的であったかもしれないが、最近ではまるで異なった形で受けとめられている。コナーの本が『ウォール・ストリート・ジャーナル』紙に連載されると、四八時間以内に七〇〇件以上のコメントが付き、その多くは「男性の権利運動」からのものだった。「短いコメントがいくらかあったが、始まりと終わりは「ファック・ユー〔くそったれ、死ね〕」となっていました」と、彼は回想する。「おまえのようなバカは説明のしようがない」と、彼に告げた人物もいた。反応は衝撃となってやってきた。彼の妻はドアを二重に施錠し始めた。女性が力を得るという考えは、一部の人間には「脅威」なのだと、コナーは認める。

そうした事態はとくに驚くべきことではない。一九世紀から二〇世紀初めに女性参政権論者が選挙権を求めて闘ったとき、彼女らは途方もない反対に直面した。それは血みどろの悲惨な闘いだった。何千人もが収監され、一部は拷問にかけられた。女性の暮らしに変化を求める波は毎回、同じような抵抗をもたらした。

そして今日、世界各地の女性がさらなる自由と平等を求めて闘うなかで、またもやそれを押し戻そうと激しい努力がなされている。生殖に関する女性の権利推進を目的とする研究機関のガットマカー研究所によれば、アメリカでは過去五年間にいくつかの州で女性の中絶権に規制を課す試みが急激に増えてきたという。これらの一部は薬による中絶の制限であり、その他は民間医療保険の適用範囲と、中絶を扱う診療所の規則に関連するものだ。「中絶する権利にたいする攻撃の継続は、弱まる気配を見せない」と、二〇一六年一月に同研究所から発表されたニュースは警告した。共和党のドナルド・トランプ大統領のもとで、事態はさらに急速に悪化するだろうと心配されている。

同様に、関心を高めるために多大な努力が傾けられているにもかかわらず、南アジアにおける女児の堕胎とアフリカの女性器切除は風習として残りつづけている。女性の慎み深さを強調する宗教原理主義の拡大も、女性の性をめぐる自由への展望が私たちの目の前で蝕《むしば》まれることを予測させる。

「北欧パラドックス」は、法のもとの平等がかならずしも女性のよりよい待遇を保証するものですらないことを示す。アイスランドは世界のなかでも労働市場への女性の参入レベルが高い国の一つで、育児に手厚い補助制度があるほか、両親が平等に育児休暇を取ることができる。ノルウェーでは二〇〇六年から、上場企業の役員は少なくとも四割を女性とすることが法律で定められている。それでも、二〇一六年五月に『ソーシャル・サイエンス・アンド・メディスン』誌で発表されたある報告は、北欧諸国では身近な女性パートナーにたいする暴力の割合が不釣り合いなほど高いことを如実に示す。この逆説《パラドックス》を説明する一つの説は、男らしさ、女らしさに関する伝統的な考えが岐路に立つにつれて、北欧諸国がその反動を受けているのかもしれないというものだ。

世界は一九五三年にアシュリー・モンタギューが『女性の生来の優位性』を書いた時代よりは、女性にとって住みよくなったように見えるかもしれないが、ある意味で事態は悪化している。一部の地域からの抵抗はじつに手強く有害であり、これまでに築いてきた進歩を覆しかねない。

これらの闘いは、崇高な科学の世界とは無縁だと思われるかもしれない。学者は往々にして自分たちの研究が政治とかかわると思うと二の足を踏む。だが、科学が過去に（そして一部ではいまなお）どれだけ深く女性に不公平な仕打ちをしてきたかを考慮せずには、将来においてより公平になることはできない。そして、これは私たちすべてにとって重要なのだ。なぜならば、科学が女性について語ることが、男女両性のあり方を社会がどう考えるかを根底から揺るがすからだ。平等への闘争における精神の闘いには、生物学的な事実を含める必要があるのだ。

本書のために私がインタビューした科学者で、女性に関する否定的な研究に挑む仕事をしてきた人はほぼ誰もが、男であれ女であれ自分はフェミニストだと語った。だからと言ってそれらの科学者が研究で才能を発揮しないということはない。場合によってはその正反対となる。『女の測り間違い――なぜ女性はよりよい異性でも、劣った存在でもないのか』〔*The Mismeasure of Woman: Why Women are Not the Better Sex, the Inferior Sex, or the Opposite Sex*　未邦訳〕の著者であるアメリカの社会心理学者のキャロル・タヴリスは、私に次のように説明する。「フェミニズムにはイデオロギーや政治、道徳に関する信念と目的があります。一方、科学はフェミニズムに触発されたものを含め、私たちの信念や推測を経験的検証にかけることを要求する［……］。何十年ものあいだフェミニズムは科学における偏向を照らしだすレンズでした。それによって科学は改善されたわけです。女性は女性の暮らし——生理や妊娠、出産、セクシュアリティ、仕事や職歴、恋愛——に関する問題を勉強し始めました。男性の研究者の大半は、そもそも関心をもたなかったことです。男性が研究のなかに女性を含めるようになり、性差を発見すると、彼らはしばしば女性が男性とは異なるだけでなく、欠陥があるのだと結論を下したのです。だから、フェミニズムは人びとがいだく間違った考えを探究する、きわめて重要な方法だったのです」

本書を書き始めたとき、私はたとえ気まずいものであっても、事実の核心に迫りたいと考えた。事実が明らかでないことについては、それをめぐる論争を浮き彫りにしようと思った。男女のどちらかが劣っていて、もう一方が優れていることを示したいわけではなかった（誰かが理に適った方法で優劣を付けられるものではないと私は思う）。私はただ自分やほかの女性たちに関する生物学的な実態をよく理解したかっただけなのだ。私が知ったように、科学は完璧とはほど遠いものだ。それはその手法が間違っているからではなく、私たち自身のせいなのだ。不完全な生物である人間が、科学の館に押しかけ、私たちの足でその絨毯《じゅうたん》を汚しているのだ。礼儀正しい客人となるべきときに、私たちは我が物顔で歩き回っているのだ。人間が主導権を握る以上、科学は真実に向けて自己修正式で旅をするしかない。したがって、私が本書で触れた研究はどれ一つとして、この物語の最後を語りはしない。学説は学説でしかなく、さらなる証拠が必要となる。

だが、一部の分野ではどれだけ調査が不確かであれ、科学には、より公平な世界での暮らしを望む男女どちらにも提供できるあらゆるものが備わっていることだけは再確認した。フェミニズムは科学の友になりうるものだ。フェミニズムは研究者に女性の視点を含むよう急《せ》き立てることで、科学を改善するだけではない。科学のほうも、私たち人間が互いに見かけほど異なってはいないことを示せるのだ。今日までの研究は、人類がすべての人の努力によって、同じ仕事と責任を平等に分かち合うことで生き延び、繁栄し、地球全体に広がったことを示す。人類の歴史の大半では、男と女は手に手を取って生きてきた。そして、人類の生態がそれを反映しているのだ。

もちろん、ある面では、人類の生態が今日の私たちの生き方になんら違いをもたらさないこともある。私たちは、科学者が人新世《じんしんせい》と呼ぶ時代に入っている。人類が地球の生態系に重大な影響をおよぼしてきたと認識されている時代だ。人類は、ほかのどんな動物にもできない方法で、環境を支配する。それだけでなく、人類自身をも支配する。私たちには女性の妊娠を防ぐ受胎調節の手段もあるし、父親が子供の実父を確かめるための検査もある。科学者はすでに三人の親の遺伝子をもつ赤ん坊の研究を始めている。数十年以内に、更年期はもっと高齢まで遅らせることが可能になるかもしれない。人工知能はいずれ仕事と恋愛の法則を書き換えるかもしれない。私たちが人類へと進化した世界は、もはやかつてと同じではない。人間は自分たちに、生きたいように生きる選択肢を与えたのだ。

となればこの世界で、これまで何世紀にもわたってつづいてきた昔ながらの同じ既成概念のもとで、私たちが苦労しているのは奇妙なことに思われるかもしれない。男女平等を現実にするべく長年をかけてきて、それを実現する力が完全に自分たちの手に委ねられている時代にだ。過去の曇った窓は、私たちの社会の見方をひどく歪めてしまい、別の見方を想像するのを難しくしている。研究者のなすべき仕事は、私たちが自分の本来の姿に気づくまで、この窓を磨きつづけることだ。それはアシュリー・モンタギューが試みた方法であり、数多くの草分け的な研究者が試み、今日も試みつづけている仕事だ。

事実こそ、私たちの本来の能力を開花させ、社会をよりよい、人を平等に扱う場所へと変えさせるものなのだ。単にそれが私たちを文明化させるからだけではない。むしろ、すでに証拠が示すように、それが私たちを人間にするものだからだ。

謝辞

二〇一四年の春に、『オブザーヴァー』紙の編集者イアン・タッカーから、更年期に関する記事を書いてくれと頼まれた。その仕事のための調査から、女性に関する研究の莫大な宝庫を開けることになり、とりわけ女性をどう定義するかをめぐる科学界内部での論争に目を向けさせられることになった。それが本書の土台にもなった。フォース・エステイト社の編集者ルイーズ・ヘインズには、生物学的な性とジェンダーに関するさらなる本に賭けてくれたこと、そして貴重な助言とアイデアに感謝したい。書名を考えてくれたビーコン・プレス社のエイミー・カルドウェルにもお礼を申し上げる。私のエージェントであるピーター・タラックとティセ・タカギは、最初に考えをまとめた際に絶大な援助を与えてくれ、書き終えた後は原稿に磨きをかけてくれた。

作家協会とK・ブランデル・トラストにも、執筆する時間を確保し、書籍を買い、調査旅行をするための研究費を寛大にも提供していただいたことを心から感謝する。彼らの助けなくしては、働く母親である私には、本書を書きあげることはとてもできなかっただろう。私と同様の立場にあるほかの著述家にも、彼らの親切が向けられ続けることを願いたい。

ケンブリッジ大学付属図書館の手稿保管室にも、マサチューセッツ州ブルックラインのキャロライン・ケナードとの手紙のやりとりを含む、チャールズ・ダーウィンの私信を特別に閲覧させていただいたことをたいへん感謝している。ロンドンのウェルカム図書館にも、製薬会社の広告コレクションを閲覧させていただいた。UKインターセックス協会とインターセックスUKは、インターセックスをめぐる問題について援助と助言を与えてくれた。

何人かの友人と研究者の方々にも、いくつかの章の校正を手伝っていただいたことをありがたく思っている。リチャード・クィントン、ノーマン・フェントン、ポール・マシューズ、トム・ヴリアミー、ジャナヴィ・パルキー、デニーズ・シア、ティム・パワー、モニカ・ナイアマン、レイナー・ナイアマン、リマ・サイニー、そしてムクル・デヴィチャンドの各氏である。サラ・ハーディ、パトリシア・ゴワティ、そしてロバート・トリヴァースはとりわけ、私の矢継ぎ早の質問に答えるために惜しみなく時間を割いてくださった。ドーン・スターリンは親切にも本書の進化に関する章に、彼女の膨大な専門知識を提供してくれた。プリーティ・ジャーとプラモッド・デヴィチャンドは最後に入念に全編を読み、貴重なフィードバックを与えてくれ、その原稿は最終的にフォース・エステイトのロバート・レイシーによって同じくらい注意深く編集された。だが、私がなかでも最も深く、心から感謝するのはピーター・ローベルである。私の知る限り最も鋭い読者であると以前から思っていたが、その思考と拙稿の事実確認の鋭さゆえに、彼をさらに尊敬するようになった。

村中の助けなしに本を書き、二歳児を育てることは不可能だ。私が誰にも増して礼を述べなければならないのは、義母のニーナだ。彼女は毎週、医師としての仕事のかなりの時間を割いて孫の世話をしてくれた。そして、私の素晴らしい夫ムクルが夕食後の時間や週末に私がそばにいないことを受け入れ、一人で息子の世話を引き受けてくれたおかげで、私は執筆し取材旅行をすることができた。

家族と友人たちみなに感謝しているし、最愛の息子アナイリンには、読むのをやめて顔を上げるたびに私を微笑ませてくれたことをありがたく思っている。いつか彼が本書を読んでくれることを期待する。彼の将来を頭に浮かべながら、私はこれを書いたのだから。

訳者あとがき

「ジェンダー問題は、誰もが何かしら見解をもっているテーマの一つだ。そしてもちろん、誰もがそれをじかに経験している。となればこの分野においてときに客観性が欠けるのは、驚くべきことではないのかもしれない」（本書一一二ページ）

著者のこの言葉に本書が取り組んだ問題の大きさが凝縮されている。私たちはみな物心つく前から刷り込まれてきた性差をめぐる意識を背負いながら生きており、ジェンダー問題を考えようにも、その先入観を乗り越えて事実を客観視することが難しい。つまり、科学者が性に関する問題に取り組む場合、研究する本人の性別なりジェンダー・アイデンティティが、無意識のうちに影響をおよぼすことになるのだ。そして、その研究成果が科学的事実だと広く認められれば、一般の人びとの意識もそうした方向に変えられてゆく。

この重大な問題に目を向けた著者アンジェラ・サイニーは、子育て真っ最中の若いインド系イギリス人のサイエンス・ライターであり、オックスフォード大学の工学修士、元ＭＩＴナイト・サイエンス・

ジャーナリズム・フェローという経歴の持ち主だ。本書の原題は『*Inferior: How Science Got Women Wrong—and the New Research That's Rewriting the Story*』（劣等——科学がいかに女性を誤解してきたか。物語を書き直す新たな研究）という。意外なようだが、インドやイラン、中央アジアなどの国々は女性の科学者や工学者の割合が欧米諸国よりもはるかに高く、男女差別の激しい社会で暮らしながらフェミニストである女性が大勢いる。本書の著者はイギリスで生まれ育っているが、そうした文化的背景の影響を受けていると思われる。

本書の仕事を打診されたときは、ちょうど『動物たちのセックスアピール——性的魅力の進化論』（M・J・ライアン著、河出書房新社、二〇一八年）という性選択の分野で著名なテキサス大学の生物学者が書いた本を翻訳中で、関連書ということで気安くお引き受けした。性選択理論はもともとダーウィンがクジャクの雄が美しい飾り羽を進化させた理由を探って考えだしたものなので、まずは雌雄ありきという前提から出発する。要するに、雌雄が大きく異なる性的二形の生物が研究対象なのだ。

ところが、ヒトは男女間の身体的な差異が限られている生物であり、そんな人間の行動や思考を性的二形の生物から類推してしまうところに、じつは大きな問題があったことに、本書に取り組んですぐに気づかされた。自然界にはもちろん、雌のほうが雄よりもはるかに体が大きかったり、子育ては完全に雄の役目だったりと、私たちが一般に考えるような男女の関係とは異なる生物がいくらでも存在するからだ。「生殖に関することとなると、最も研究しやすい生物はすぐに交尾し、いくらでも繁殖する種だ。人間はそのような生物ではない」（本書一九三ページ）という著者サイニーの指摘には唸《うな》らされた。実際、ライアン教授の著書を訳した際も、昆虫や魚、カエルなどを実験動物とすることへの違和感や、人為的につくりだした実験環境で本当に立証できるのかという疑問を少なからずいだいていたからだ。人間で試せないことを、倫理的に問題視されにくい生物で実験した結果、ヒトの行動をショウジョウバエやセアカゴケグモ、ヨウジウオ、マメゾウムシなどの観察から解き明かそうと試みていたわけだ。進化生物学や動物行動学に関心のある方には、ぜひともお読みいただきたい。

本書にたびたび登場する霊長類学者・人類学者のサラ・ハーディは、従来の進化論における女性蔑視を指摘しつづけ、元祖ダーウィン主義フェミニストと呼ばれる研究者だ。彼女の言葉を借りれば、「フェミニストは、単に男女平等の機会を主張する人です。要するに、民主主義であることなのです」（本書一五八ページ）。フェミニズムは昨今、性的な嫌がらせや暴行に抗議する #MeToo 運動などが盛んになったこともあって、勢いを盛り返している。ボノボなど一部の霊長類の研究からは、雌同士が協力して雄に対抗する現象も見られるという。ハリウッドの女優たちがゴールデン・グローブ賞に黒いドレスを着て抗議の意思を示した一件などは、いまの時代にふさわしい効果的な実力行使と考えられるだろう。

脳科学や統計学が飛躍的に発展したことから、一時期、男女は脳の構造からして異なり、女は地図が読めず、駐車が下手だとかよく言われ、夫婦間のいざこざを、おもしろおかしく説明することが流行ったが、著者はこうした一連の学説のもととなった研究論文までたどり、乳児の脳には生物学的な男女の差はないという反証を紹介する。その後の人生において男女の思考や行動パターンに大きな差がでるのは、「育ち」の影響が強いからであり、「生まれ」によるものではないことが証明されつつあり、社会的な影響は赤ん坊に与える玩具からすでに始まるのだという。

私が、本書を訳しながら、これまでとはまるで異なった目で周囲を見始めたことは言うまでもない。偶然にも翻訳中に孫が生まれ、乳児を「観察」する機会にも恵まれたので、誕生時からピンクと水色で色分けされる社会の影響力は実感することができた。こうした風潮への反発からか、最近では近所の小学生の女子児童のランドセルの色がじつに多様になり、寒色系や茶、紺などが半数近くいることや、その一方で男の子はまだ黒が大半であることなどにも気づいた。私の姉が学年でただ一人、紺色のランドセルを背負って嫌がらせを受けていたことなども思いだす。ダーウィンですら、彼が生きたヴィクトリア朝時代のイギリス社会の男女観の影響を強く受け、それが彼の科学的理論を歪めていたのだと知ると、逆に言えば、社会の意識が変わって、つねに人間を男女で二分しなくなれば、ジェンダーによる差別に苦しみ、日々自分の性を過度に意識しなければならない人も減ると思われる。

子育て真っ最中の人は、本を読む時間もなかなか取れないだろうが、乳幼児の周囲にいる人たちが代わりに本書を読んでくれることも願っている。霊長類学からわかるヒトの乳幼児の無力さは、この半世紀ほどに核家族化が進行したことで育児に孤軍奮闘せざるをえない現状を生み、それがいかに児童虐待を招いているかを痛感させるからだ。「子供を育てるには村中の人が必要だ」という著者が引用した格言は、ヒラリー・クリントンが使用して自己責任を主張する保守派から散々叩かれた言葉だったが、仕事と子育ての両立に苦しんだ時代に、私も大いに励まされたものだった。もとはアフリカの諺《ことわざ》であることが近年判明しており、本書でも紹介されるハッツァ族やエフェ族などの子育てを考えれば、納得がいく。著者自身も二歳児を育てながらインタビューに世界各地を飛び回り、本書を執筆した。働く義母と夫がとりわけ援助の手を差し伸べているようだ。私も「おばあさん仮説」を応援すべく、時間をやりくりして週に数回は孫の子守を引き受けている。

本書第4章の題辞として引用されているシャーロット・パーキンス・ギルマンの一八九八年刊という著書を調べた際には、この本が日本で早くも一九一一年には『婦人と経済』という邦題で刊行されていたことを知り、驚かされた。訳者名を国立国会図書館のデジタルコレクションで確認してみると、成瀬仁蔵氏の序文のあとに日本女子大学卒業の大多和たけ、小山順子、小出貞子という三人の女性が分担訳した旨が記されていた。感動してSNSに投稿したところ、成瀬先生は日本女子大の創設者であり、日本の女子高等教育を推進した方であることを、同大関係の方々から教えられた。著者がウェルカム図書館の片隅で見つけて古本を入手したという一九五三年刊のアシュリー・モンタギューの著書は、一九五四年と一九七五年に二度にわたって邦訳出版されており、私も真似して一九七五年刊のほうだが、古本を入手してみた。私の祖母は東京女子大で学び、初代学長であった新渡戸稲造の名前が書かれたものを見せてもらった記憶があるので、自分でも気づかないうちに、日本の女子教育に尽力したこれら先人たちの恩恵を受けてきたのだろう。

訳しながらこれほど自分の人生を振り返ることになった本は珍しい。貴重な体験をさせてくださったうえに、じつにきめ細かく訳稿を見てくださり、訳者の見落としや誤解を指摘してくださった作品社の渡辺和貴氏には心から感謝する。

二〇一九年三月

東郷えりか

索引

あ行

アインシュタイン、アルバート　Einstein, Albert　018
アウズホーン、ネリー　Oudshoorn, Nelly　042, 046
アカゲザル　rhesus macaque　091-092, 237
アカコロブス　red colobus monkeys　161, 202
赤ん坊　babies　052-054, 055-056, 081-083, 086-087, 089-090, 092, 111, 155-157, 161, 163-167, 168, 178-179, 265
『赤ん坊は問題か？』（メイソン他）　*Do Babies Matter?*（Mason et al.）　013
アシュワース、アン　Ashworth, Ann　054
アチェ族　Aché hunter-gatherers　177-178, 186, 189, 260
アーテルト＝プリジョーネ、ザビーネ　Oertelt-Prigione, Sabine　060-061, 063-064, 067-068, 070, 078-079
アードリー、ロバート　Ardrey, Robert　172
アーノルド、アーサー　Arnold, Arthur　065-067, 069-071, 073, 077
『アブのラングール』（ハーディ）　*The Langurs of Abu*（Hrdy）　156
アメリカ神経学会　American Neurological Association　120
アメリカ心理学会　American Psychological Association　143
アメリカ人類学会　American Anthropological Association　173, 175
アリストテレス　Aristotle　262
アルツハイマー病　Alzheimer's Disease　060
アンダーソン、ワイアット　Anderson, Wyatt　214
アンドロゲン不応症　androgen insensitivity syndrome　098-099
『イヴから進化へ』（ハムリン）　*From Eve to Evolution*（Hamlin）　035
痛み　pain　061-062, 064-065
遺伝子　genes　048, 065-071, 270
イヌイット　Inuit　182
イラン　Iran　009, 016, 209
インターセックス　intersex　098-100, 103
インド　India　016, 052-053, 154, 228, 235, 275-276
ヴァーグナー、ギュンター　Wagner, Günter　231
ヴァール、フランス・ドゥ　Waal, Frans de　243-244
ヴァルマ、ラーギニー　Verma, Ragini　128
ウィリアムズ、ジョージ　Williams, George　258-259
ウィルキンス、モーリス　Wilkins, Maurice　019
ウィルソン、ロバート　Wilson, Robert　252-255
ウェルカム図書館　Wellcome Library（London）　043, 277

ウェントワース、ブレイク　Wentworth, Blake　015
ウォーカー、ロバート　Walker, Robert　170, 208
ウォシュバーン、シャーウッド　Washburn, Sherwood　172
ウォルパート、ルイス　Wolpert, Lewis　090
生まれと育ち　nature/nurture arguments　047-048, 084, 100, 113
「ウーマン・ザ・ギャザラー」（リントン）　'Woman the Gatherer' (Linton)　173-174
『ウーマン・ザ・ギャザラー』（書籍）　*Woman the Gatherer* (Dahlberg, ed.)　175, 180
ウルストンクラフト、メアリー　Wollstonecraft , Mary　032, 081, 221
ウルフ、アルバート　Wolfe, Albert　039
ウルフィンガー、ニコラス　Wolfinger, Nicholas　013
エアーズ、ビヴァリー　Ayers, Beverley　275
『永遠に女らしく』（ウィルソン）　*Feminine Forever* (Wilson)　252, 255
エヴァンズ、ハーバート　Evans, Herbert　046
エジプト　Egypt　222
エスティオコ＝グリフィン、アグネス　Estioko-Griffin, Agnes　182-184, 188, 190
エストロゲン　oestrogen　041-045, 060, 063, 111, 252-255
エチオピア　Ethiopia　012, 222
エディ、サラ　Eddy, Sarah　014
エフェ族　Efé tribe　162-163
エリオット、リーズ　Eliot, Lise　136
「選り好みはするが貞淑ではない」（スケルザ）　'Choosy But Not Chaste' (Scelza)　208
エンゲルス、フリードリヒ　Engels, Friedrich　232
欧州連合　European Union　079
王立協会　Royal Society　016
王立ベスレム病院（ベドラム）　Bethlem Royal Hospital　249-251
オーガズム（女性）　female orgasm　199, 229-231
オコーナー、クリオーナ　O'Connor, Cliodhna　140-141
オコーネル、ジェームズ　O'Connell, James　177
オースタッド、スティーヴン　Austad, Steven　057-060, 062-064, 067, 072
オセアニア　Oceania　178
オックスフォード大学　Oxford University　017
オット、クリスチャン　Ott, Christian　015
『男たち』（ブリビエスカス）　*Men* (Bribiescas)　168
「男たちはなぜ狩りをするのか？」（ガーヴェンとヒル）　'Why do Men Hunt?' (Gurven & Hill)　178
男らしさ　masculinity　044-047, 092, 113, 282
おばあさん仮説　grandmother hypothesis　258-260, 262, 265, 266-268, 272-276
親の投資　parental investment　197, 199
「親の投資と性選択」（トリヴァース）　'Parental Investment and Sexual Selection' (Trivers)　196
オランウータン　orangutans　157, 160-161, 163, 237, 247

オルガノン（製薬会社） Organon (pharmaceutical company) 043
『女と男のだましあい』（バス） *The Evolution of Desire* (Buss) 200
『女の測り間違い』（タヴリス） *The Mismeasure of Woman* (Tavris) 282
『女はなぜもっと男のようになれないのか？』（ウォルパート） *Why Can't a Woman Be More Like a Man?* (Wolpert) 090
女らしさ femininity 044-047, 092, 113, 282

か行

会計検査院（アメリカ） US Government Accountability Office 074
カイザー、アネリス Kaiser, Anelis 143
回復力 resilience 067
ガーヴェン、マイケル Gurven, Michael 178, 187, 270, 272-274
科学アカデミー（フランス） Academy of Sciences (France) 016, 018
『科学史から消された女性たち』（シービンガー） *The Mind Has No Sex?* (Schiebinger) 016
『科学の性差別の時代』（ルティ） *The Age of Scientific Sexism* (Ruti) 019
拡散テンソル画像 diffusion tensor imaging 126-127
可塑性と絡まり合い plasticity/entanglement 143-145
合衆国憲法修正第 19 条 Nineteenth Amendment (US Constitution) 038
カッツィ、マイケル Katze, Michael 015
「家庭の天使」（パットモア） The Angel in the House (Patmore) 030
ガーデナー、ヘレン・ハミルトン Gardener, Helen Hamilton 119-123, 130
カナダ Canada 263
家父長仮説 patriarch hypothesis 269-272, 274-275
家父長制 patriarchy 021, 157, 232, 234, 236, 238, 241-242, 245, 247
カヘル、フリーデリケ Kachel, Frederike 266-267
家母長制 matriarchy 242, 245
カメルーン Cameroon 226
ガラバーダ、アルバート Galaburda, Albert 093-094
カラハリ砂漠 Kalahari desert 162, 180
カローシ、モニカ Carosi, Monica 230
がん cancer 060, 065, 255
感染症 viral infections 060, 063
ガンビア Gambia 161, 202, 263
ギアツ、クリフォード Geertz, Clifford 199
「黄色い壁紙」（ギルマン） 'The Yellow Wallpaper' (Gilman) 033
既成概念 stereotypes 011, 044, 047-048, 083-084, 134, 140-141, 144-145
キッド、セレスト Kidd, Celeste 179
ギブニー、エリザベス Gibney, Elizabeth 072-073
キム、ヨンキュ Kim, Yong-Kyu 214
ギャンブル、イライザ・バート Gamble, Eliza Burt 034-039, 047, 120, 173
キュリー、マリ Curie, Marie 018

共感・システム化論　empathising-systemising theory　085, 087, 090
『共感する女脳、システム化する男脳』（バロン＝コーエン）　*The Essential Difference*（Baron-Cohen）　089, 091
協力的養育　cooperative breeding　162-163, 165-167, 184
ギルボード、ジョン　Guillebaud, John　065
ギルマン、シャーロット・パーキンス　Gilman, Charlotte Perkins　033, 119
キンゼイ、アルフレッド　Kinsey, Alfred　229
グア、ラケル　Gur, Raquel　123-126, 134-136, 140
グア、ルーベン　Gur, Ruben　123-129, 131, 134-136, 137-138, 140, 149-150
クィントン、リチャード　Quinton, Richard　042, 047-048, 098-099
グドール、ジェーン　Goodall, Jane　154, 176, 238
クーパー、ウェンディ　Cooper, Wendy　254
クライン、サブラ　Klein, Sabrina　063
クラーク、ラッセル　Clarke, Russell　192, 194, 202, 210-211
クラーナ、ミトゥ　Khurana, Mitu　051-053
グランスパン、ダン　Grunspan, Dan　014
グリーガ、テオドーラ　Gliga, Teodora　082-084, 104, 110, 114
クリック、フランシス　Crick, Francis　019
クリテンデン、アリッサ　Crittenden, Alyssa　271-272, 274
グリフィン、バイオン　Griffin, Bion　182-184, 187-190
クリントン、ビル　Clinton, Bill　200
クール、バリー　Kuhle, Barry　265
クレイグ、マイケル　Craig, Michael　166
クレイトン、ジェニーン　Clayton, Janine　074-075, 078-079
グロッシ、ジョルダーナ　Grossi, Giordana　108
クローニン、ヘレナ　Cronin, Helena　085
クロフト、ダレン　Croft, Darren　264-265
クン族　!Kung bushmen/women　162, 174, 177, 180
ケイヒル、ラリー　Cahill, Larry　137-138
啓蒙時代　Enlightenment　030, 129
ゲシュウィンド、ノーマン　Geschwind, Norman　093-095
ゲシュウィンド＝ビーアン＝ガラバーダ説　Geschwind-Behan-Galaburda theory　094
『結局は女性』（コナー）　*Women After All*（Konner）　279-280
月経小屋　menstrual huts　227
ゲデス、パトリック　Geddes, Patrick　031
ケナード、キャロライン　Kennard, Caroline　026-027, 029-030, 032, 039
ケニア　Kenya　245
ケンブリッジ大学　Cambridge University　017, 025, 027, 084
ゴイ、ロバート　Goy, Robert　091-093
『恋人選びの心』（ミラー）　*The Mating Mind*（Miller）　201
更年期　menopause　043, 063-064, 250-251, 252-256, 257-259, 262-265, 266-271, 273-276

国際婦人連合　International Council of Women　120
国立衛生研究所（アメリカ）　National Institutes of Health（NIH）（US）　073-074, 079
国立衛生研究所再生法（アメリカ）　National Institutes of Health Revitalization Act（US, 1993）　079
国連　United Nations　052, 054, 222
子殺し　infanticide　155-157, 165-166, 202, 237-238, 241, 248
古代ギリシャ　ancient Greece　235
コーツ、ジョン　Coates, John　048
国家統計局（イギリス）　Office for National Statistics（UK）　014
コナー、メルヴィン　Konner, Melvin　187, 232, 279-280
コネラン、ジェニファー　Connellan, Jennifer　087-089, 107-110
ゴリラ　gorillas　036, 157, 160-161, 163, 237
コール、デイヴィッド　Coall, David　169, 263
ゴールデン、マーク　Goulden, Marc　013
ゴルトン、フランシス　Galton, Francis　032
コロム、ロベルト　Colom, Roberto　105
ゴワティ、パトリシア　Gowaty, Patricia　207, 212-217, 244
コンゴ民主共和国　Democratic Republic of the Congo　162, 185, 239

さ行

再現（実験）　research replication　101, 110, 211, 214-215, 267, 270
サイモンズ、ドン　Symons, Don　199-200, 204, 215-216, 230
サウジアラビア　Saudi Arabia　229
サケの実験　salmon experiment　132
ザッカー、アーヴィング　Zucker, Irving　072
サティ　sati　235
サハラ以南のアフリカ　sub-Saharan Africa　056, 178
サマーズ、ローレンス　Summers, Lawrence　009, 015, 085, 106
サモア　Samoa　046
サンドバーグ、キャスリン　Sandberg, Kathryn　059-060, 062, 064, 075, 079
シア、レベッカ　Sear, Rebecca　169, 263, 269
ジェイコブソン、アン・ジャープ　Jacobson, Anne Jaap　148
『ジェンダーの幻想』（ファイン）　*Delusions of Gender*（Fine）　108, 134
ジェンダー類似仮説　gender similarities hypothesis　105
ジゴキシン　digoxin　076-078
自己免疫疾患　autoimmune disease　062-063, 070, 073
疾患感受性　disease susceptibility　067
嫉妬　sexual jealousy　220, 225, 228, 234
シービンガー、ロンダ　Schiebinger, Londa　016-017, 030
自閉症　autism　086, 090, 111-112
シーモア、ジェーン・キャスリン　Seymour, Jane Katherine　044

ジャクリン、キャロル・ナギー　Jacklin, Carol Nagy　104
シャチ　killer whales　257, 264
シャーフィ、メアリー・ジェーン　Sherfey, Mary Jane　229-231
出産　giving birth　063, 163, 258
『種の起源』（ダーウィン）　*On the Origin of Species*（Darwin）　026
狩猟仮説　The Hunting Hypothesis　173-174, 178
狩猟採集社会　hunter-gatherer societies　171, 173, 178, 181, 182, 185-187, 260
ショウジョウバエの実験　fruit fly experiment　193-196, 202, 206, 213-215
ジョエル、ダフナ　Joel, Daphna　136, 137, 145-148
職場　workplace environment　013
食品医薬品局（アメリカ）　US Food and Drug Administration　074, 077
女性運動　women's movement　026-027, 032, 034-035, 038-039, 047, 124
女性技術者協会　Women's Engineering Society（UK）　008
女性器切除　female genital mutilation（FGM）　221-225, 226, 228, 278, 281
女性参政権論者　suffragists　033, 280
女性の狩人　female hunters　182-185, 187-189
『女性の権利の擁護』（ウルストンクラフト）　*A Vindication of the Rights of Women*（Wollstonecraft）　033, 081, 221
『女性の進化』（ギャンブル）　*The Evolution of Woman*（Gamble）　036, 038
『女性の進化論』（ハーディ）　*The Woman That Never Evolved*（Hrdy）　204, 227
『女性の生来の優位性』（モンタギュー）　*The Natural Superiority of Women*（Montagu）　051, 277, 280, 282
『女性のセクシュアリティの本質と進化』（シャーフィ）　*The Nature and Evolution of Female Sexuality*（Sherfey）　229, 232
ジョーダン=ヤング、レベッカ　Jordan-Young, Rebecca　143
ショート、ナイジェル　Short, Nigel　139
ジルマン、エイドリアン　Zihlman, Adrienne　174-176, 179-181, 213, 261
シン、ラマ　Singh, Rama　268-270, 273-274
進化心理学　evolutionary psychology　199-200
進化生物学　evolutionary biology　033, 199, 213, 217
神経科学　neuroscience　124, 131-133, 140, 143, 145, 148
心疾患　heart disease　059, 064, 069, 076
『人生の事実と虚構』（ガーデナー）　*Facts and Fictions of Life*（Gardener）　119
心臓発作　heart attack　069, 075, 255
シンピアン、アンドレイ　Cimpian, Andrei　107
人類死亡データベース　Human Mortality Databas　057
スウェーデン　Sweden　057
スケルザ、ブルック　Scelza, Brooke　205-206, 208-209
スタイニシェン、レベッカ　Steinichen, Rebecca　214
スターリン、ドーン　Starin, Dawn　161, 164, 202
スーダン　Sudan　222

スタンフォード、クレイグ　Stanford, Craig　238, 244
ズック、マーリーン　Zuk, Marlene　180
スティーヴンス、ネッティ・マリア　Stevens, Nettie Maria　018
ストラスマン、ビヴァリー　Strassmann, Beverly　227
ストーン、ジョナサン　Stone, Jonathan　268-270, 273-274
スピッツカ、エドワード　Spitzka, Edward　120
スマッツ、バーバラ　Smuts, Barbara　236-240, 245, 247
『性差の心理学』（マッコービーとジャクリン）　*The Psychology of Sex Differences* (Maccoby & Jacklin)　104
性差別主義　sexism　012, 021-022, 032, 091, 112, 124, 139, 151, 172, 201, 213-214
性染色体　sex chromosomes　018, 066-071, 096, 270
性選択　sexual selection　026, 194-196, 198, 200-201, 202, 204
『性そのもの』（リチャードソン）　*Sex Itself* (Richardson)　070, 076
性的指向　sexual orientation　100
性的二形　sexually dimorphic　136, 145, 149
「性的申し出の受容性に見られる性差」（クラークとハットフィールド）　'Gender Differences in Receptivity to Sexual Offers' (Clark & Hatfield)　192
『性の進化』（ゲデスとトムソン）　*The Evolution of Sex* (Geddes & Thomson)　031, 039
『性の対立』（ヒープ）　*Sex Antagonism* (Heape)　038
性ホルモン　sex hormones　041-045, 047, 061, 069, 086, 091, 095-096, 252
セイラム魔女裁判　Salem, Massachusetts　250
『世界の女性』（2015 年国連報告）　*The World's Women* (UN report, 2015)　054
世界保健機構　World Health Organization (WHO)　222
セクシャルハラスメント　sexual harassment　015
『切除』（ワルデレ）　*Cut* (Wardere)　224
先天性副腎過形成症　congenital adrenal hyperplasia　098-101, 103, 112
全米科学財団　National Science Foundation　008
ゾウ　elephants　242, 257, 265
ソマリア　Somalia　221-225
ゾルピデム　zolpidem　077-078
ゾンデック、ベルンハルト　Zondek, Bernhard　045

た行

胎児　foetuses　042, 056, 086, 092-093, 095, 111-112
『大脳半球優位性』（ゲシュウィンドとガラバーダ）　*Cerebral Dominance* (Geschwind & Galburda)　094
ダイブル、マーク　Dyble, Mark　185-186
ダーウィン、チャールズ　Darwin, Charles　025-033, 035-037, 039, 047, 121, 151, 171, 173, 193-195, 200, 204, 220, 235
タヴリス、キャロル　Tavris, Carol　282
ダトガ族　Datoga pastoralist/warrior society　169

タプスコット、レベッカ　Tapscott, Rebecca　227
食べ物仮説　food hypothesis　045
タマリン　tamarins　164-165, 246
タンザニア　Tanzania　162, 177, 186, 260
『男性支配の起源と歴史』（ラーナー）　*The Creation of Patriarchy*（Lerner）　233
タン＝マルティネス、スレイマ　Tang-Martínez, Zuleyma　203-204, 217
チェス　chess　139
中央アジア　Central Asia　016
中央アフリカ　Central Africa　162
中央アメリカ　Central America　235
中国　China　052, 208, 226, 276
中絶　abortion　007, 052-054, 167, 281
中東　Middle East　099, 222
長寿拡大仮説／寿命・作為仮説　extended longevity/lifespan-artefact hypothesis　262, 266
チンパンジー　chimpanzees　154, 157, 160-161, 163, 175-176, 187, 237-245, 247, 257, 269, 272
ティウィ族　Tiwi people　182
抵抗力　resistance　060
ディステーシュ、クリスティーン　Disteche, Christine　068
ティティ　titi monkeys　164, 246
テストステロン　testosterone　042-043, 045, 047-048, 061, 086, 091-100, 103, 111-113, 117, 169
テナガザル　gibbons　246
纏足　footbinding　226
ドイツ　Germany　057, 210, 263, 267
同一賃金法（イギリス）　Equal Pay Act（UK）　014
道徳の二重基準　moral double standards　212, 228-229, 232-233
東南アジア　South-East Asia　178
トゥルジャプルカール、シュリパッド　Tuljapurkar, Shripad　272
ドゴン　Dogon communities　227
トマス、エリザベス・マーシャル　Thomas, Elizabeth Marshall　261
トムソン、ジョン・アーサー　Thomson, John Arthur　031, 039
トランプ、ドナルド　Trump, Donald　281
トリヴァース、ロバート　Trivers, Robert　158, 195-197, 198-200, 206, 215-216, 218-220
奴隷制　slavery　233
トレヴァサン、ウェンダ　Trevathan, Wenda　163
トレス海峡諸島　Torres Strait Islands　188
トロイシ、アルフォンソ　Troisi, Alfonso　230

な行

内分泌学　endocrinology　043-044, 253
「なぜ男が重要なのか」（トゥルジャプルカール他）　'Why Men Matter'（Tuljapurkar et al.）　272
ナッシュ、アリソン　Nash, Alison　108
ナナドゥカン・アグタ　Nanadukan Agta hunter-gatherers　182-185, 187, 271
西アフリカ　West Africa　226
日本　Japan　263, 276
ニュージーランド　New Zealand　038
ニューロセクシズム（神経性差別主義）　neurosexism　134
ニューロフェミニズム　neurofeminist approach　148
『人間のセクシュアリティの進化』（サイモンズ）　*The Evolution of Human Sexuality*（Symons）　199
『人間の由来』（ダーウィン）　*The Descent of Man*（Darwin）　026-028, 193, 200
妊娠　pregnancy　015, 060-061, 064, 073, 174, 180-181, 197
認知神経科学　cognitive neuroscience　131
ネグレクト／育児放棄　neglect/abandonment of children　165
ネーター、エミー　Noether, Emmy　018
ネパール　Nepal　054
脳卒中　stroke　060, 255
脳の大きさ　size of brain　118, 120-123, 124-125, 135
脳の性差　apparent sex differences　084-118, 123-150
『脳の性分化』（ゴイとマキューエン）　*Sexual Differentiation of the Brain*（Goy & McEwen）　092
脳波検査　electroencephalography　131
ノーベル賞　Nobel Prize　009, 018-019

は行

配偶者防衛　mate-guarding　219-220, 225, 228, 233, 238
ハイド、ジャネット・シブリー　Hyde, Janet Shibley　105
ハインズ、メリッサ　Hines, Melissa　095, 100-106, 111-112, 117, 135, 147
ハーヴァード大学　Harvard University　009, 085, 106, 196
ハーヴァード大学医学大学院　Harvard Medical School　017
パヴリセヴ、ミハエラ　Pavlicev, Mihaela　231
パーキンソン病　Parkinson's Disease　060
バス、デイヴィッド　Buss, David　200
ハータド、アナ・マグダレーナ　Hurtado, Ana Magdalena　189
「働き者のハッツァの祖母たち」（ホークス他）　'Hardworking Hadza Grandmothers'（Hawkes et al.）　261
ハッツァ族　Hadza hunter-gatherers（northern Tanzania）　162, 169, 177, 186, 260-261, 271, 273, 275

ハットフィールド、イレイン　Hatfield, Elaine　192, 194, 202, 210-211
パットモア、コヴェントリー　Patmore, Coventry　030, 034
ハーディ、サラ・ブラファー　Hrdy, Sarah Blaffer　153-159, 160-162, 164-167, 168, 178, 196, 202, 204, 213, 227-230, 234-235, 237, 244-245, 263
ハト　pigeon　218-220
ハヌマンラングール　Hanuman langur　154-157, 202, 204, 237, 245
『母親と他者』（ハーディ）　*Mothers and Others*（Hrdy）　161-162, 263
パプア・ニューギニア　Papua New Guinea　046
ハムリン、キンバリー　Hamlin, Kimberly　017, 035-036, 038
ハモンド、ウィリアム・アレグザンダー　Hammond, William Alexander　120-122
バヤカ族　BaYaka　185
パラグアイ　Paraguay　177-178, 186, 189, 260
パラナン・アグタ　Palanan Agta hunter-gatherers　185, 187
バラノヴスキー、アンドレアス　Baranowski, Andreas　210-212
パリッシュ、エイミー　Parish, Amy　239-245, 248
ハルパーン、ダイアン　Halpern, Diane　143-144
バロン＝コーエン、サイモン　Baron-Cohen, Simon　085-091, 094-096, 103, 107-113, 117, 149
ピアジェ、ジャン　Piaget, Jean　083
ビアリー、アナリース　Beery, Annaliese　072
ビーアン、ピーター　Behan, Peter　093
ピアンタドーシ、スティーヴン　Piantadosi, Steven　179
東アフリカ　East Africa　169, 177
左利き　left -handedness　093
ヒヒ　baboons　159, 245
ヒープ、ウォルター　Heape, Walter　038-039
ヒル、キム　Hill, Kim　178, 186-187, 208
ピンカー、スティーヴン　Pinker, Steven　085, 200
ヒンバ族　Himba people　205-207, 209
ファイン、コーディリア　Fine, Cordelia　108, 134, 143, 147
ファウスト＝スターリング、アン　Fausto-Sterling, Anne　044, 090, 113-117, 147, 254
フィールズ賞　Fields Medal　009
フィンランド　Finland　209, 263, 265
フェミニズム　feminism　024, 033, 047, 138, 158-159, 213, 282-284
フォッシー、ダイアン　Fossey, Dian　154
複数の相手との交尾　multiple mating　203
ブライジ・バード、レベッカ　Bliege Bird, Rebecca　178, 188-189
ブラウン、ジリアン　Brown, Gillian　209
ブラウン＝セカール、シャルル＝エドワール　Brown-Séquard, Charles-Édouard　041
ブラックウェル、アントワネット・ブラウン　Blackwell, Antoinette Brown　033
フランクリン、ロザリンド　Franklin, Rosalind　019

ブリビエスカス、リチャード・グティエレス　Bribiescas, Richard Gutierrez　163-164, 167, 168, 170, 177
フリン、マーク　Flinn, Mark　170, 208
フリント、マーチャ　Flint, Marcha　275
ブルーム、シンシア　Bluhm, Cynthia　207
ブレア＝ベル、ウィリアム　Blair-Bell, William　044
『プレイボーイ』誌　*Playboy*（magazine）　198
プレストン、セドリック　Puleston, Cedric　272
プロゲステロン　progesterone　041-042, 044, 060, 063, 112, 253, 255
平均余命　life expectancy　057, 262
ベイトマン、アンガス・ジョン　Bateman, Angus John　193-198, 220
ベイトマンの原理　Bateman's principles　199, 202-204, 212-214, 216-218
ベドラム　→　王立ベスレム病院
ベネット、クレイグ　Bennett, Craig　132
ヘヒト、ハイコ　Hecht, Heiko　210-212
ベルトルト、アルノルト・アドルフ　Berthold, Arnold Adolph　040
ベル＝バーネル、ジョスリン　Bell Burnell, Jocelyn　019
『変化なし』（クーパー）　*No Change*（Cooper）　254
ボーガーホフ・マルダー、モニーク　Borgerhoff Mulder, Monique　209
補完（男女の）　complementarity theory　129, 149
北欧パラドックス　Nordic paradox　281
ホークス、クリステン　Hawkes, Kristen　024, 177-178, 259-263, 267-268, 271-272, 274-276
母性本能　maternal instinct　165
ボノボ　bonobos　157, 159-160, 164, 237, 239-245, 247-248
ホームズ、ドナ　Holmes, Donna　274
ボリビア　Bolivia　016
ホルモン補充療法　hormone replacement therapy（HRT）　255-256
ホワイトヘッド、サフロン　Whitehead, Saffron　254-255

ま行

マイトナー、リーゼ　Meitner, Lise　018-019
マウント・アブ　Mount Abu, Rajasthan　154, 158, 202, 204
マキューエン、ブルース　McEwen, Bruce　091-093
マクメイナス、クリス　McManus, Chris　094
マグワイア、エレナー　Maguire, Eleanor　142
『マザー・ネイチャー』（ハーディ）　*Mother Nature*（Hrdy）　234
マーシー、ジェフ　Marcy, Geoff　015
マシューズ、ポール　Matthews, Paul　123, 126, 131, 133, 135, 142, 144, 148
マッコービー、エレナー　Maccoby, Eleanor　104
マーティン、キャロル・リン　Martin, Carol Lynn　083
『マハーバーラタ』　*Mahabharata*　037

マヤ族　Maya people　235
マラー、マーティン　Muller, Martin　169, 238
マリ　Mali　209, 222, 227
マルトゥ族　Martu Aboriginal tribe　189
マーロウ、フランク　Marlowe, Frank　269-273, 275
「マン・ザ・ハンター」（シンポジウム）　'Man the Hunter' conference（1966）　171, 173-174
『マン・ザ・ハンター』（ウォシュバーンとランカスター）　*Man the Hunter*（Washburn & Lancaster）　172
マントヒヒ　Hamadryas baboons　237
ミード、マーガレット　Mead, Margaret　046
南アジア　South Asia　052, 054, 055, 281
南アメリカ（南米）　South America　170, 178, 187, 208
ミラー、アンバー　Miller, Amber　180
ミラー、ジェフリー　Miller, Geoffrey　201
ミラー、デイヴィッド　Miller, David　143-144
ミルザハニ、マリアム　Mirzakhani, Maryam　009
胸の「アイロンがけ」　'ironing'　226-227
ムベンジェレ族　Mbendjele tribe　185, 187
ムンドグモール族　Mundugumor tribe　046
メイソン、メアリー・アン　Mason, Mary Ann　013
メソポタミア　Mesopotamia　233, 235
メリアム族　Meriam people　188
免疫システム　immune system　060-063
モス＝ラキュジン、コリンヌ　Moss-Racusin, Corinne　012
モソ族　Mosuo people（China）　208
モートン、リチャード　Morton, Richard　268-270, 273-274
モンタギュー、アシュリー　Montagu, Ashley　051, 277-279, 282, 284
モンタギュー、レディ・メアリー・ウォートリー　Montagu, Lady Mary Wortley　278-279

や行

山中美紀　Yamanaka, Miki　054
ユネスコ　UNESCO　012

ら行

ライオン、メアリー・フランシス　Lyon, Mary Frances　068
ラッチマヤ、スヴェトラーナ　Lutchmaya, Svetlana　111
ラディメイカー、マリウス　Rademaker, Marius　074
ラドクリフ、ポーラ　Radcliffe, Paula　180
ラーナー、ゲルダ　Lerner, Gerda　233
ラマー、ヴィルピ　Lummaa, Virpi　265, 269

ラランド、ケヴィン　Laland, Kevin　209
ランカスター、チェット　Lancaster, Chet　172
ランガム、リチャード　Wrangham, Richard　246
卵胞枯渇仮説　follicular depletion hypothesis　266
リー、リチャード　Lee, Richard　173-174, 180
リチャードソン、サラ　Richardson, Sarah　070-071, 076, 078
リッポン、ジーナ　Rippon, Gina　130-132, 134-136, 137-139, 143, 145-147
リントン、サリー　Linton, Sally　173, 175, 178
ルインスキー、モニカ　Lewinsky, Monica　200
ルソー、ジャン=ジャック　Rousseau, Jean-Jacques　129
ルソン島　Luzon island　182, 187
ルティ、マリ　Ruti, Mari　019
ルーブル、ダイアン　Ruble, Diane　083
霊長類学　primatology　154, 172
レスリー、サラ=ジェーン　Leslie, Sarah-Jane　107
労働統計局（アメリカ）　Bureau of Labor Statistics（US）　013
ローゼンバーグ、カレン　Rosenberg, Karen　163
ロマネス、ジョージ　Romanes, George　031, 121-122
ロールズ、キャサリン　Ralls, Katherine　246
ローン、ジョイ　Lawn, Joy　054, 055-056, 059
ロンドン　London　142

わ行

ワイス（製薬会社）　Wyeth（pharmaceutical company）　255
ワイルダー、バート・グリーン　Wilder, Burt Green　122
ワイルダー脳コレクション　Wilder Brain Collection　122
『ワイルド・ライフ』（トリヴァース）　*Wild Life*（Trivers）　195
『私たちは今でも進化しているのか？』（ズック）　*Paleofantasy*（Zuk）　180
ワトソン、ジェームズ　Watson, James　019
ワルデレ、ヒボ　Wardere, Hibo　221-225

英数字

fMRI（機能的磁気共鳴画像法）　functional magnetic resonance imaging（fMRI）　131-133
NIH　→　国立衛生研究所（アメリカ）
UK インターセックス協会　UK Intersex Association　099
WISE　WISE Campaign（UK）　008
WHO　→　世界保健機構
X 染色体・Y 染色体　→　性染色体
5α還元酵素欠損症　five-alpha-reductase deficiency　096

参考文献

まえがき

Carothers, Bobbi and Harry Reis. 'The Tangle of the Sexes'. *New York Times,* 2013 年 4 月 20 日付。https://www.nytimes.com/2013/04/21/opinion/sunday/the-tangle-of-the-sexes.html?smid=pl-share

Einstein, Albert. 'Professor Einstein Writes in Appreciation of a Fellow-Mathematician'. *New York Times,* 1935 年 5 月 5 日付。http://www-groups.dcs.st-and.ac.uk/history/Obits2/Noether_Emmy_Einstein.html

Ghorayshi, Azeen. 'Famous Berkeley Astronomer Violated Sexual Harassment Policies Over Many Years'. *BuzzFeed News,* 2015 年 10 月 9 日付。https://www.buzzfeed.com/azeenghorayshi/famous-astronomer-allegedly-sexually-harassed-students?utm_term=.ebnARDmVk#.lnMP9Og7b

Ghorayshi, Azeen. '"He Thinks He's Untouchable"'. *BuzzFeed News,* 2016年6月29日付。https://www.buzzfeed.com/azeenghorayshi/michael-katze-investigation?utm_term=.ctYdgQ3Zk#.rjvYQW9Z2

Grunspan, Daniel Z., et al. 'Males Under-Estimate Academic Performance of Their Female Peers in Undergraduate Biology Classrooms'. *PLOS ONE* 11, no. 2 (2016)

Hamlin, Kimberly A. *From Eve to Evolution: Darwin, Science, and Women's Rights in Gilded Age America.* Chicago: University of Chicago Press, 2014

Harmon, Amy. 'Chicago Professor Resigns Amid Sexual Misconduct Investigation'. *New York Times,* 2016 年 2 月 2 日付。https://www.nytimes.com/2016/02/03/us/chicago-professor-resigns-amid-sexual-misconduct-investigation.html?smid=pl-share

Hemel, Daniel J. 'Summers' Comments on Women and Science Draw Ire'. *Harvard Crimson,* 2005 年 1 月 14 日付。https://www.thecrimson.com/article/2005/1/14/summers-comments-on-women-and-science

Institute for Women's Policy Research. 'Pay Equity and Discrimination'. https://iwpr.org/issue/employment-education-economic-change/pay-equity-discrimination

Knapton, Sarah. 'Female Brain is Not Wired for Weight Loss, Scientists Conclude'. *Daily Telegraph,* 2016 年 2 月 1 日付。https://www.telegraph.co.uk/news/health/news/12134084/Female-brain-is-not-wired-for-weight-loss-scientists-conclude.html

Levin, Sam. 'UC Berkeley Sexual Harassment Scandal Deepens Amid Campus Protests'. *Guardian,* 2016 年 4 月 11 日 付。https://www.theguardian.com/us-news/2016/apr/11/uc-berkeley-sexual-harassment-scandal-protests

Lucibella, Michael. 'March 23, 1882: Birth of Emmy Noether', This Month in Physics History. *American Physical Society News* 22, no. 3 (2013)

Mason, Mary Ann and Nicholas Wolfinger, Marc Goulden. *Do Babies Matter?: Gender and Family in the Ivory Tower,* Rutgers University Press, 2013

Mervis, Jeffrey. 'Caltech Suspends Professor for Harassment'. *Science*, 2016年1月12日付オンラインニュース。https://www.sciencemag.org/news/2016/01/caltech-suspends-professor-harassment

Moss-Racusin, Corinne A., et al. 'Science Faculty's Subtle Gender Biases Favor Male Students'. *Proceedings of the National Academy of Sciences USA* 109, no. 41 (2012), 16474–9

National Science Foundation, 'Women, Minorities, and Persons with Disabilities in Science and Engineering: 2015'.

http://www.nsf.gov/statistics/2015/nsf15311/digest/nsf15311-digest.pdf〔リンク切れ。以下URLを参照。https://wayback.archive-it.org/5902/20160211075006/http://www.nsf.gov/statistics/2015/nsf15311/digest/nsf15311-digest.pdf〕

Pattinson, Damian. '*PLOS ONE* Update on Peer Review Process'. 2015年5月1日付。https://blogs.plos.org/everyone/2015/05/01/plos-one-update-peer-review-investigation

The Press Association, 'Gender Gap in UK Degree Subjects Doubles in Eight Years, Ucas Study Finds'. *Guardian*, 2016年1月5日付。https://www.theguardian.com/education/2016/jan/05/gender-gap-uk-degree-subjects-doubles-eight-years-ucas-study

Ruti, Mari. *The Age of Scientific Sexism: How Evolutionary Psychology Promotes Gender Profiling and Fans the Battle of the Sexes*. New York: Bloomsbury Press, 2015

Schiebinger, Londa. 'Skeletons in the Closet: The First Illustrations of the Female Skeleton in Eighteenth-Century Anatomy'. *Representations* 14 (1986), 42–82

Summers, Lawrence H. 'Remarks at NBER Conference on Diversifying the Science and Engineering Workforce'. Harvard University website, 2005年1月14日付。https://www.harvard.edu/president/speeches/summers_2005/nber.php

UK Office for National Statistics, 'Annual Survey of Hours and Earnings: 2016 Provisional Results.' https://www.ons.gov.uk/employmentandlabourmarket/peopleinwork/earningsandworkinghours/bulletins/annualsurveyofhoursandearnings/2016provisionalresults#gender-pay-differences

United Nations Educational, Scientific and Cultural Organization, 'Women in Science'. 2015年11月17日付。http://www.uis.unesco.org/ScienceTechnology/Pages/women-in-science-leaky-pipeline-data-viz.aspx〔以下のリンクのpdfを参照。http://uis.unesco.org/sites/default/files/documents/fs34-women-in-science-2015-en.pdf〕

US Bureau of Labor Statistics. 'American Time Use Survey Summary'.2015年6月24日付。https://www.bls.gov/news.release/atus.nr0.htm〔現在は2018年6月28日付〕

WISE, 'Woman in the STEM Workforce'. 2015年9月7日付。https://www.wisecampaign.org.uk/resources/2015/09/women-in-the-stem-workforce〔会員限定〕

Wolfinger, Nicholas. 'For Female Scientists, There's No Good Time to Have Children'. *Atlantic*, 2013年7月29日付。https://www.theatlantic.com/sexes/archive/2013/07/for-female-scientists-theres-no-good-time-to-have-children/278165

Women's Engineering Society, 'Statistics on Women in Engineering'.2016年3月改定。https://www.wes.org.uk/sites/default/files/Women%20in%20Engineering%20Statistics%20March2016.pdf

1　男と比べての女の劣等性

Angier, Natalie. *Woman: An Intimate Geography*. London: Virago, 1999（『Woman 女性のからだの不思議』ナタリー・アンジェ著、中村桂子・桃井緑美子訳、綜合社）

Baca, Katherine Ana Ericksen. 'Eliza Burt Gamble and the Proto-Feminist Engagements with Evolutionary Theory'. Undergraduate thesis, Harvard University, 2011

Coates, J. M. and J. Herbert. 'Endogenous Steroids and Financial Risk Taking on a London Trading Floor'. *Proceedings of the National Academy of Sciences USA* 105, no. 16 (2008), 6167-72

Cueva, Carlos, et al. 'Cortisol and Testosterone Increase Financial Risk Taking and May Destabilize Markets'. *Scientific Reports* 5, no. 11206 (2015)

Darwin, Charles. *The Descent of Man: Selection in Relation to Sex*. London: John Murray, 1871（『種の起源』ダーウィン著、渡辺政隆訳、光文社）

Egan, Maureen L. 'Evolutionary Theory in the Social Philosophy of Charlotte Perkins Gilman'. *Hypatia* 4, no. 1 (1989), 102-19

Evans, Herbert M. 'Endocrine Glands: Gonads, Pituitary, and Adrenals'. *Annual Review of Physiology* 1 (1939), 577-652

Fausto-Sterling, Anne. *Sexing the Body: Gender Politics and the Construction of Sexuality*. New York: Basic Books, 2000

Gamble, Eliza Burt. *The Evolution of Woman, an Inquiry into the Dogma of Her Inferiority to Man*. New York: Knickerbocker Press, 1894

Geddes, Patrick and J. Arthur Thomson. *The Evolution of Sex*. New York: Scribner and Welford, 1890

Hamlin, Kimberly A. *From Eve to Evolution: Darwin, Science, and Women's Rights in Gilded Age America*. Chicago: University of Chicago Press, 2014

Hoeveler, J. David. *The Evolutionists: American Thinkers Confront Charles Darwin, 1860-1920*. Lanham, MD: Rowman & Littlefield Publishers, 2007

Oudshoorn, Nelly. 'Endocrinologists and the Conceptualization of Sex, 1920-1940'. *Journal of the History of Biology* 23, no. 2 (1990), 163-86

Romanes, George John. 'Mental Differences of Men and Women'. *Popular Science Monthly* 31 (July 1887), 383-401

Sanday, Peggy Reeves. 'Margaret Mead's View of Sex Roles in Her Own and Other Societies'. *American Anthropologist* 82, no. 2 (1980), 340-8

Schiebinger, Londa. *The Mind Has No Sex? Women in the Origins of Modern Science*. Cambridge, MA: Harvard University Press, 1989（『科学史から消された女性たち：アカデミー下の知と創造性』ロンダ・シービンガー著、小川眞里子他訳、工作舎）

Seymour, Jane Katherine. 'The Medical Meanings of Sex Hormones: Clinical Uses and Concepts in The Lancet, 1929-1939'. Dissertation, Wellcome Centre for the History of Medicine at University College London, 2005

Van den Wijngaard, Marianne. *Reinventing the Sexes: The Biomedical Construction of Femininity and Masculinity*. Bloomington: Indiana University Press, 1997

Wass, John. 'The Fantastical World of Hormones'. *Endocrinologist* (Spring 2015), 6-7

Wolfe, A. B. '*Sex Antagonism*, by Walter Heape'. Reviewed work. *American Journal of Sociology* 20, no. 4 (1915), 551

Zondek, Bernhard. 'Mass Excretion of (Estrogenic Hormone in the Urine of the Stallion'. *Nature* 133 (1934), 209-10

2 女性は病気になりやすいが、男性のほうが早く死ぬ

Ah-King, Malin, et al. 'Genital Evolution: Why Are Females Still Understudied?'. *PLOS Biology* 12, no. 5 (2014)

Arnold, Arthur P., et al. 'The Importance of Having Two X Chromosomes'. *Philosophical Transactions of the Royal Society B* 371, no. 1688 (2016)

Austad, Steven N. 'Why Women Live Longer Than Men: Sex Differences in Longevity'. *Gender Medicine* 3, no. 2 (2006), 79-92

Austad, Steven N. and Andrzej Bartke. 'Sex Differences in Longevity and in Responses to Anti-Aging Interventions: A Mini-Review'. *Gerontology* 62, no. 1 (2016)

Beery, Annaliese and Irving Zucker. 'Sex Bias in Neuroscience and Biomedical Research'. *Neuroscience and Biobehavioral Reviews* 35, no. 3 (2011), 565-72

Berletch, Joel B., et al. 'Genes that Escape from X Inactivation'. *Human Genetics* 130, no. 2 (2011), 237-45

Buckberry, Sam, et al. 'Integrative Transcriptome Meta-Analysis Reveals Widespread Sex-Biased Gene Expression at the Human Fetal-Maternal Interface'. *Molecular Human Reproduction* 20, no. 8 (2014), 810-19

Clayton, Janine A. and Francis S. Collins. 'NIH to Balance Sex in Cell and Animal Studies'. Policy. *Nature* 509, no. 7500 (2014), 282-3

Digitalis Investigation Group. 'The Effect of Digoxin on Mortality and Morbidity in Patients with Heart Failure'. *New England Journal of Medicine* 336, no. 8 (1997), 525-33

Din, Nafees U., et al. 'Age and Gender Variations in Cancer Diagnostic Intervals in 15 Cancers: Analysis of Data from the UK Clinical Practice Research Datalink'. *PLOS ONE* 10, no. 5 (2015)

European Commission Community Research and Development Information Service. 'Exclusion from Clinical Trials Harming Women's Health'. 最終更新日2007年3月8日。https://cordis.europa.eu/news/rcn/27270/en

Fadiran, Emmanuel O. and Lei Zhang. 'Chapter 2: Effects of Sex Differences in the Pharmacokinetics of Drugs and Their Impact on the Safety of Medicines in Women', in *Medicines for Women*, Mira Harrison-Woolrych (ed.), ADIS, 2015, 41-68

Fairweather, DeLisa, et al. 'Sex Differences in Autoimmune Disease from a Pathological Perspective'. *American Journal of Pathology* 173, no. 3 (2008), 600-9

Flory J. H., et al. 'Observational Cohort Study of the Safety of Digoxin Use in Women with Heart Failure'. *British Medical Journal Open*, 2012 年 4 月 13 日 付。https://bmjopen.bmj.com/content/2/2/e000888.full#ref-1

Furman, David, et al. 'Systems Analysis of Sex Differences Reveals an

Immunosuppressive Role for Testosterone in the Response to Influenza Vaccination'. *Proceedings of the National Academy of Sciences* 11, no. 2, 869–74

Gerontology Research Group. 'Numbers of Living Supercentenarians as of Last Update'. 最終更新日 2016 年 7 月 9 日。http://www.grg.org/Adams/TableE.html

Giefing-Kroll, Carmen, et al. 'How Sex and Age Affect Immune Responses, Susceptibility to Infections, and Response to Vaccination'. *Aging Cell* 14, no. 3 (2015), 309–21

Goldhill, Olivia. 'Period Pain Can be "Almost as Bad as a Heart Attack." Why Aren't We Researching How to Treat it?'. *Quartz*, 2016 年 2 月 15 日付。http://qz.com/611774/period-pain-can-be-as-bad-as-aheart-attack-so-why-arent-we-researching-how-to-treat-it

Greenblatt, D. J., et al. 'Gender Differences in Pharmacokinetics and Pharmacodynamics of Zolpidem Following Sublingual Administration'. *Journal of Clinical Pharmacology* 54, no. 3 (2014), 282–90

Heinrich, Janet. 'Drugs Withdrawn From Market', GAO-01-286R. US Government Accountability Office, 2001 年 1 月 19 日付。https://www.gao.gov/new.items/d01286r.pdf

Hitchman, Sara C. and Geoffrey T. Fong. 'Gender Empowerment and Female-to-Male Smoking Prevalence Ratios'. *Bulletin of the World Health Organization* 89, no. 3 (2011), 161–240

Institute of Medicine. *Women's Health Research: Progress, Pitfalls, and Promise*. Washington, DC: The National Academies Press, 2010

Jha, Prabhat, et al. 'Trends in Selective Abortions of Girls in India: Analysis of Nationally Representative Birth Histories from 1990 to 2005 and Census Data from 1991 to 2011'. *Lancet* 377 (2011), 1921–8

John, Mary E. *Sex Ratios and Gender Biased Sex Selection: History, Debates and Future Directions*. New Delhi: UN Women, 2014

Lawn, Joy E., et al. 'Beyond Newborn Survival: The World You are Born Into Determines Your Risk of Disability-Free Survival'. *Pediatric Research* 74, no. S1, 1–3

Maher, Brendan. 'Women Are More Vulnerable to Infections'. *Nature News*, 2013 年 7 月 6 日 付。https://www.nature.com/news/women-are-more-vulnerable-to-infections-1.13456

Ngo, S. T., et al. 'Gender Differences in Autoimmune Disease'. *Frontiers in Neuroendocrinology* 35, no. 3 (2014), 347–69

Oertelt-Prigione, Sabine. 'The Influence of Sex and Gender on the Immune Response'. *Autoimmunity Reviews* 11, no. 6 (2012), A479–85

Peacock, Janet L., et al. 'Neonatal and Infant Outcome in Boys and Girls Born Very Prematurely'. *Pediatric Research* 71, no. 3 (2012), 305–10

Prothero, Katie E., et al. 'Dosage Compensation and Gene Expression on the Mammalian X Chromosome: One Plus One Does Not Always Equal Two'. *Chromosome Research* 17, no. 5 (2009), 637–48

Ramesh, Randeep. 'Dozens of Female Babies' Body Parts Found in Disused Indian Well in New Delhi'. *Guardian*, 2007 年 7 月 23 日付。

Rathore, S.S., et al. 'Sex-Based Differences in the Effect of Digoxin for the Treatment of Heart Failure'. *New England Journal of Medicine* 347, no. 18 (2002), 1403-11

Richardson, Sarah S. *Sex Itself: The Search for Male and Female in the Human Genome.* Chicago: University of Chicago Press, 2013 (『性そのもの：ヒトゲノムの中の男性と女性の探求』サラ・S・リチャードソン著、渡部麻衣子訳、法政大学出版局)

Richardson, Sarah S., et al. 'Focus on Preclinical Sex Differences Will Not Address Women's and Men's Health Disparities' Opinion. *Proceedings of the National Academy of Sciences USA* 112, no. 44 (2015), 13419-20

Richardson, Sarah S. 'Is the New NIH Policy Good for Women?'. *Catalyst: Feminism, Theory, and Technoscience* 1, no. 1 (2015)

Robinson, D. P. and S.L. Klein. 'Pregnancy and Pregnancy-Associated Hormones Alter Immune Responses and Disease Pathogenesis'. *Hormones and Behavior* 62, no. 3 (2012), 263-71

Ropers, H. H. and B.C. Hamel. 'X-Linked Mental Retardation'. *Nature Reviews Genetics* 6, no. 1 (2005), 46-57

United Nations. 'Health'. Chapter 2 in *The World's Women 2015: Trends and Statistics,* https://unstats.un.org/unsd/gender/downloads/WorldsWomen2015_chapter2_t.pdf

United Nations Population Fund. *Trends in Sex Ratio at Birth and Estimates of Girls Missing at Birth in India 2001-2008.* New Delhi: UNFPA, 2010

Yamanaka, Miki and Ann Ashworth. 'Differential Workloads of Boys and Girls in Rural Nepal and Their Association with Growth'. *American Journal of Human Biology* 14, no. 3 (2002), 356-63

3　出生時の違い

Alexander, G. M. and M. Hines. 'Sex Differences in Response to Children's Toys in Nonhuman Primates (*Cercopithecus aethiops sabaeus*)'. *Evolution and Human Behavior* 23, no. 6 (2002), 467-79

Auyeung, Bonnie, et al. 'Fetal Testosterone Predicts Sexually Differentiated Childhood Behavior in Girls and in Boys'. *Psychological Science* 20, no. 2 (2009), 144-8

Baron-Cohen, Simon. 'The Extreme Male Brain Theory of Autism'. *Trends in Cognitive Sciences* 6, no. 6 (2002), 248-54

Baron-Cohen, Simon. *The Essential Difference.* New York: Perseus Books, 2003

Baron-Cohen, Simon. 'The Truth About Science and Sex'. *Guardian,* 2005年1月27日付。https://www.theguardian.com/science/2005/jan/27/science.educationsgendergap

Baron-Cohen, Simon, et al. 'Elevated Fetal Steroidogenic Activity in Autism'. *Molecular Psychiatry* 20 (2014), 369-76

Bryden, M. P., et al. 'Evaluating the Empirical Support for the Geschwind-Behan-Galaburda Model of Cerebral Lateralization'. *Brain and Cognition* 26, no. 2 (1994), 103-67

Colom, Roberto, et al. 'Negligible Sex Differences in General Intelligence'. *Intelligence* 28, no. 1 (2000), 57-68

Connellan, Jennifer, et al. 'Sex Differences in Human Neonatal Social Perception'. *Infant Behavior and Development* 23, no. 1 (2000), 113-18

Cronin, Helena. 'The Vital Statistics'. *Guardian*, 2005 年 3 月 12 日 付。https://www.theguardian.com/world/2005/mar/12/gender.comment

Davis, Shannon N. and Barbara J. Risman. 'Feminists Wrestle With Testosterone: Hormones, Socialization and Cultural Interactionism as Predictors of Women's Gendered Selves'. *Social Science Research* 49 (2015), 110-25

Eliot, Lise. *Pink Brain, Blue Brain: How Small Differences Grow Into Troublesome Gaps - And What We Can Do About It*. Boston: Houghton Mifflin Harcourt, 2009 (『女の子脳男の子脳：神経科学から見る子どもの育て方』リーズ・エリオット著、竹田円訳、日本放送出版協会)

Fine, Cordelia. *Delusions of Gender: The Real Science Behind Sex Differences*. London: Icon Books, 2010

Geschwind, Norman and Albert M. Galaburda. *Cerebral Dominance: The Biological Foundations*. Cambridge, MA: Harvard University Press, 1984

Goy, Robert W. and Bruce S. McEwen. *Sexual Differentiation of the Brain: Based on a Work Session of the Neurosciences Research Program*. Cambridge, MA: MIT Press, 1980

Grossi, Giordana and Alison Nash. 'Picking Barbie's Brain: Inherent Sex Differences in Scientific Ability?'. *Journal of Interdisciplinary Feminist Thought* 2, no. 1 (2007), Article 5

Gurwitz, Sharon B. '*The Psychology of Sex Differences* by Eleanor Emmons Maccoby , Carol Nagy Jacklin'. Reviewed work. *American Journal of Psychology* 88, no. 4 (1975), 700-3

Hines, Melissa. 'Sex-Related Variation in Human Behavior and the Brain'. *Trends in Cognitive Sciences* 14, no. 10 (2010), 448-56

Hines, Melissa, et al. 'Testosterone During Pregnancy and Gender Role Behavior of Preschool Children: A Longitudinal, Population Study'. *Child Development* 73, no. 6 (2002), 1678-87

Hyde, Janet Shibley. 'The Gender Similarities Hypothesis'. *American Psychologist* 60, no. 6 (2005), 581-92

Jadva V., et al. 'Infants' Preferences for Toys, Colors, and Shapes: Sex Differences and Similarities'. *Archives of Sexual Behavior* 39, no. 6 (2010), 1261-73

Johnson, Wendy, et al. 'Sex Differences in Variability in General Intelligence: A New Look at the Old Question'. *Perspectives on Psychological Science* 3, no. 6 (2008), 518-31

Jordan-Young, Rebecca M. *Brain Storm: The Flaws in the Science of Sex Differences*. Cambridge, MA: Harvard University Press, 2010

Kolata, Gina Bari. 'Sex Hormones and Brain Development'. *Science* 205, no. 4410 (1979), 985-7

Kolata, Gina. 'Math Genius May Have Hormonal Basis'. *Science* 222, no. 4630 (1983),

1312
Kung, Karson T. F., et al. 'No Relationship Between Prenatal Androgen Exposure and Autistic Traits: Convergent Evidence From Studies of Children With Congenital Adrenal Hyperplasia and of Amniotic Testosterone Concentrations in Typically Developing Children'. *Journal of Child Psychology and Psychiatry* 57, no. 12 (2016), 1455-62
Larimore, Walt and Barbara Larimore. *His Brain, Her Brain: How Divinely Designed Differences Can Strengthen Your Marriage.* Grand Rapids, MI: Zondervan, 2008
Leslie, Sarah-Jane, et al. 'Expectations of Brilliance Underlie Gender Distributions Across Academic Disciplines'. *Science* 347, no. 6219 (2015), 262-5
Lombardo, Michael V., et al. 'Fetal Testosterone Influences Sexually Dimorphic Gray Matter in the Human Brain'. *Journal of Neuroscience* 32, no. 2 (2012), 674-80
Lutchmayaa, Svetlana, et al. 'Foetal Testosterone and Eye Contact in 12-Month-Old Human Infants'. *Infant Behavior and Development* 25, no. 3 (2002), 327-35
Maccoby, Eleanor Emmons and Carol Nagy Jacklin. *The Psychology of Sex Differences.* Palo Alto, CA: Stanford University Press, 1974
McManus, I. C. and M. P. Bryden. 'Geschwind's Theory of Cerebral Lateralization: Developing a Formal, Causal Model'. *Psychological Bulletin* 110, no. 2 (1991), 237-53
Martin, Carol Lynn and Diane Ruble. 'Children's Search for Gender Cues: Cognitive Perspectives on Gender Development'. *Current Directions in Psychological Science* 13, no. 2 (2004), 67-70
Pinker, Steven. 'The Science of Gender and Science: Pinker vs. Spelke: A Debate'. Edge.org, 2005年5月16日付。https://www.edge.org/event/the-science-of-gender-and-science-pinker-vs-spelke-a-debate
Ruigroka, Amber N. V., et al. 'A Meta-Analysis of Sex Differences in Human Brain Structure'. *Neuroscience and Biobehavioral Reviews* 39 (2014), 34-50
Van den Wijngaard, Marianne. 'The Acceptance of Scientific Theories and Images of Masculinity and Femininity: 1959-1985'. *Journal of the History of Biology* 24, no. 1 (1991), 19-49
Wallen, Kim and Janice M. Hassett. 'Sexual Differentiation of Behavior in Monkeys: Role of Prenatal Hormones'. *Journal of Neuroendocrinology* 21, no. 4 (2009), 421-6
Wolpert, Lewis. *Why Can't a Woman Be More Like a Man?* London: Faber & Faber, 2014

4 女性の脳に不足している五オンス

Bennett, Craig M. 'The Story Behind the Atlantic Salmon'. Prefrontal.org. 2009年9月18日付。http://prefrontal.org/blog/2009/09/the-story-behind-the-atlantic-salmon〔現在はアクセス不可〕
Bennett, Craig M., et al. 'Neural Correlates of Interspecies Perspective Taking in the Post-Mortem Atlantic Salmon: An Argument for Multiple Comparisons Correction'. *Journal of Serendipitous and Unexpected Results* 1, no. 1 (2009), 1-5

'Brain Connectivity Study Reveals Striking Differences Between Men and Women'. News release. Perelman School of Medicine, University of Pennsylvania, 2013 年 12 月 2 日。https://www.pennmedicine.org/news/news-releases/2013/december/brain-connectivity-study-revea

Button, Katherine S., et al. 'Power Failure: Why Small Sample Size Undermines the Reliability of Neuroscience'. *Nature Reviews Neuroscience* 14 (2013), 365–76

Cahill, Larry. 'A Half-Truth is a Whole Lie: On the Necessity of Investigating Sex Influences on the Brain'. *Endocrinology* 153, no. 6 (2012), 2541–3

Cahill, Larry. 'Equal ≠ The Same: Sex Differences in the Human Brain'. *Cerebrum* (2014 年 4 月号)

Connor, Steve. 'The Hardwired Difference Between Male and Female Brains Could Explain Why Men Are "Better at Map Reading"'. *Independent*, 2013 年 12 月 3 日付。

https://www.independent.co.uk/life-style/the-hardwired-difference-between-male-and-female-brains-could-explain-why-men-are-better-at-map-8978248.html

Dubb, Abraham, et al. 'Characterization of Sexual Dimorphism in the Human Corpus Callosum'. *NeuroImage* 20 (2003), 512–19

Fine, Cordelia. 'Gender Differences Found in Brain Wiring: Insight or Neurosexism?'. *Popular Science* (2013 年 12 月 6 日付)。https://www.popsci.com/article/gender-differences-found-brain-wiring-insight-or-neurosexism

Fine, Cordelia, et al. 'Plasticity, Plasticity, Plasticity … and the Rigid Problem of Sex'. *Trends in Cognitive Sciences* 17, no. 11 (2013), 550–1

Gardener, Helen H. 'Sex and Brain Weight'. Letter to the editor. *Popular Science Monthly* 31, no. 10 (1887), 266–8

Gardener, Helen H. *Facts and Fictions of Life*, Boston: Arena Publishing Company, 1893

Grahame, Arthur. 'Why You May Wear a Small Hat and Still Have a Big Mind'. *Popular Science Monthly* (1926 年 12 月号), 15–16

Gray, Richard. 'Brains of Men and Women Are Poles Apart'. *Daily Telegraph*, 2013 年 12 月 3 日付。https://www.telegraph.co.uk/news/science/science-news/10491096/Brains-of-men-and-women-are-poles-apart.html

Gur, Ruben, et al. 'Sex and Handedness Differences in Cerebral Blood Flow During Rest and Cognitive Activity'. *Science* 217 (1982), 659–61

Gur, Ruben C., et al. 'Sex Differences in Brain Gray and White Matter in Healthy Young Adults: Correlations with Cognitive Performance'. *Journal of Neuroscience* 19, no. 10 (1999), 4065–72

Gur, Ruben C., et al. 'Age Group and Sex Differences in Performance on a Computerized Neurocognitive Battery in Children Age 8–21'. *Neuropsychology* 26, no. 2 (2012), 251–65

Haines, Lester. 'Women Crap at Parking: Official'. *Register*, 2013 年 12 月 4 日付。https://www.theregister.co.uk/2013/12/04/brain_study_shocker

Halpern, Diane F., et al. 'Education Forum: The Pseudoscience of Single-Sex Schooling'. *Science* 333 (2011), 1706–7

Hammond, William. 'Men's and Women's Brains'. Letter to the editor. *Popular Science Monthly* 31, no. 28 (1887), 554-8

Ingalhalikar, Madhura, et al. 'Sex Differences in the Structural Connectome of the Human Brain'. *Proceedings of the National Academy of Sciences USA* 111, no. 2 (2014), 823-8

Joel, Daphna. 'Male or Female? Brains are Intersex'. *Frontiers in Integrative Neuroscience* 5, no. 57 (2011)

Joel, Daphna and Ricardo Tarrasch. 'On the Mis-Presentation and Misinterpretation of Gender-Related Data: The Case of Ingalhalikar's Human Connectome Study'. Letter. *Proceedings of the National Academy of Sciences USA* 111, no. 6 (2014)

Joel, Daphna, et al. 'Sex Beyond the Genitalia: The Human Brain Mosaic'. *Proceedings of the National Academy of Sciences USA* 112, no. 50 (2015), 15468-73

Khazan, Olga. 'Male and Female Brains Really Are Built Differently'. *Atlantic,* 2013年12月2日付。https://www.theatlantic.com/health/archive/2013/12/male-and-female-brains-really-are-built-differently/281962

Lecky, Prescott. 'Are Women as Smart as Men?'. *Popular Science Monthly* (1928年7月号), 28-9

Maguire, Eleanor A., et al. 'London Taxi Drivers and Bus Drivers: A Structural MRI and Neuropsychological Analysis'. *Hippocampus* 16 (2006), 1091-101

May, Arne. 'Experience-Dependent Structural Plasticity in the Adult Human Brain'. *Trends in Cognitive Sciences* 15, no. 10 (2011), 475-82

'Men and Women: Are We Wired Differently?'. TODAY Health. 2006年12月15日付。https://www.today.com/health/men-women-are-we-wired-differently-1C9427211

Miller, David I. and Diane F. Halpern. 'The New Science of Cognitive Sex Differences'. *Trends in Cognitive Sciences* 18, no. 1 (2014), 37-45

'Noted Suffragette's Brain as Good as a Man's Cornel Anatomist Finds, Disproving Old Theory'. *Cornell Daily Sun,* 1927年9月29日付。

O'Connor, Cliodhna and Helene Joffe. 'Gender on the Brain: A Case Study of Science Communication in the New Media Environment'. *PLOS ONE* 9, no. 10 (2014)

Rippon, Gina, et al. 'Recommendations for Sex/Gender Neuroimaging Research: Key Principles and Implications for Research Design, Analysis, and Interpretation'. *Frontiers in Human Neuroscience* 8, no. 650 (2014)

Romanes, George John. 'Mental Differences of Men and Women'. *Popular Science Monthly* 31 (1887年7月号)

Sacher, Julia, et al. 'Sexual Dimorphism in the Human Brain: Evidence from Neuroimaging'. *Magnetic Resonance Imaging* 31 (2013), 366-75

Sample, Ian. 'Male and Female Brains Wired Differently, Scans Reveal'. *Guardian,* 2013年12月2日付。https://www.theguardian.com/science/2013/dec/02/men-women-brains-wired-differently

Shors, Tracey J., et al. 'Sex Diff erences and Opposite Effects of Stress on Dendritic Spine Density in the Male versus Female Hippocampus'. *Journal of Neuroscience* 21,

no. 16 (2001), 6292-7

Short, Nigel. 'Vive la Différence'. *New in Chess,* (2015年2月号)。https://en.chessbase.com/post/vive-la-diffrence-the-full-story

Tan, Anh, et al. 'The Human Hippocampus is not Sexually-Dimorphic: Meta-Analysis of Structural MRI Volumes'. *NeuroImage* 124 (2016), 350-66

5 女性の仕事

Ardrey, Robert. *The Hunting Hypothesis: A Personal Conclusion Concerning the Evolutionary Nature of Man.* New York: Atheneum, 1976(『狩りをするサル:人間本性起源論』ロバート・アードレイ著、徳田喜三郎訳、河出書房新社)

Bliege Bird, Rebecca. 'Fishing and the Sexual Division of Labor Among the Meriam'. *American Anthropologist* 109, no. 3 (2007), 442-51

Bliege Bird, Rebecca and Brian F. Codding. 'The Sexual Division of Labor'. *Emerging Trends in the Social and Behavioral Sciences* (2015年5月15日号)

Bribiescas, Richard. *Men: An Evolutionary and Life History.* Cambridge, MA: Harvard University Press, 2006

Craig, Michael. 'Perinatal Risk Factors for Neonaticide and Infant Homicide: Can We Identify Those at Risk?'. *Journal of the Royal Society of Medicine* 97, no. 2 (2004), 57-61

Dyble, Mark, et al. 'Sex Equality Can Explain the Unique Social Structure of Hunter-Gatherer Bands'. *Science* 348, no. 6236 (2015), 796-8

Estioko-Griffin, Agnes. 'Women as Hunters: The Case of an Eastern Cagayan Agta Group', in *The Agta of Northeastern Luzon: Recent Studies,* P. Bion Griffin and Agnes Estioko-Griffin. Cebu City, Philippines: University of San Carlos, 1985

Estioko-Griffin, Agnes and P. Bion Griffin. 'Woman the Hunter: The Agta', in *Woman the Gatherer,* Frances Dahlberg (ed.). New Haven, CT, and London: Yale University Press, 1981, 121-51

Goodman, Madeleine J., et al. 'The Compatibility of Hunting and Mothering Among the Agta Hunter-Gatherers of the Philippines'. *Sex Roles* 12, no. 11 (1985), 1199-209

Gurven, Michael and Kim Hill. 'Why do Men Hunt? A Reevaluation of "Man the Hunter" and the Sexual Division of Labor'. *Current Anthropology* 50, no. 1 (2009), 51-74

Hawkes, Kristen, et al. 'Family Provisioning is Not the Only Reason Men Hunt: A Comment on Gurven and Hill'. *Current Anthropology* 51, no. 2 (2010), 259-64

Hill, Kim, et al. 'Hunter-Gatherer Inter-Band Interaction Rates: Implications for Cumulative Culture'. *PLOS ONE* 9, no. 7 (2014), 1-9

Hrdy, Sarah Blaffer. *The Langurs of Abu: Female and Male Strategies of Reproduction.* Cambridge, MA: Harvard University Press, 1977

Hrdy, Sarah Blaffer. *The Woman That Never Evolved.* Cambridge, MA: Harvard University Press, 1981(『女性の進化論』、『女性は進化しなかったか』サラ・ブラッファー・フルディ著、加藤泰建・松本亮三訳、思索社)

Hrdy, Sarah Blaffer. 'The Past, Present, and Future of the Human Family'. The Tanner Lectures on Human Values, University of Utah, 2001 年 2 月 27、28 日。

Hrdy, Sarah Blaffer. *Mothers and Others: The Evolutionary Origins of Mutual Understanding*. Cambridge, MA: The Belknap Press of Harvard University Press, 2009

Hurtado, Ana Magdalena, et al. 'Female Subsistence Strategies Among Ache Hunter-Gatherers of Eastern Paraguay'. *Human Ecology* 13, no. 1 (1985), 1-28

Kaplan, Hillard S., et al. 'The Evolutionary and Ecological Roots of Human Social Organization'. *Philosophical Transactions of the Royal Society B: Biological Sciences* 364, no. 1533 (2009), 3289-99

Lee, Richard B. and Irven DeVore (eds). *Man the Hunter*. Chicago: Aldine, 1968

Magurran, Anne. 'Maternal Instinct'. New York Times , 2000 年 1 月 23 日付。https://www.nytimes.com/2000/01/23/books/maternal-instinct.html?pagewanted=all

Morbeck, Mary Ellen, et al. *The Evolving Female: A Life History Perspective*. Princeton, NJ: Princeton University Press, 1997

Muller, Martin N., et al. 'Testosterone and Paternal Care in East African Foragers and Pastoralists'. *Proceedings of the Royal Society B* 276, no. 1655 (2009), 347-54

O'Connell, James F., et al. 'Male Strategies and Plio-Pleistocene Archaeology'. *Journal of Human Evolution* 43, no. 6 (2002), 831-72

O'Connor, Anahad. 'A Marathon Runner Delivers a Baby'. *New York Times*, 2011 年 10 月 11 日付。https://well.blogs.nytimes.com/2011/10/11/a-marathon-runner-delivers-a-baby/?_r=0

Piantadosi, Steven and Celeste Kidd. 'Extraordinary Intelligence and the Care of Infants'. *Proceedings of the National Academy of Sciences USA* 113, no. 25 (2016), 6874-9

Prüfer, Kay, et al. 'The Bonobo Genome Compared with the Chimpanzee and Human Genomes'. *Nature* 486 (2012), 527-31

Rosenberg, Karen and Wenda R. Trevathan. 'Birth, Obstetrics and Human Evolution'. *BJOG: An International Journal of Obstetrics and Gynaecology* 109 (2002), 1199-206

Scommegna, Paola. 'More U.S. Children Raised by Grandparents'. Population Reference Bureau, 2012 年 3 月 26 日付。https://www.prb.org/us-children-grandparents

Sear, Rebecca and David A. Coall. 'How Much Does Family Matter? Cooperative Breeding and the Demographic Transition'. *Population and Development Review* 37 (2011), 81-112

Slocum, Sally, 'Woman the Gatherer: Male Bias in Anthropology' (当初は Sally Linton 名で 1971 年に発表), in *Toward an Anthropology of Women*, Rayna R. Reiter, (ed.). New York: Monthly Review Press, 1975, 36-50

Walker, Robert S., et al. 'Evolutionary History of Partible Paternity in Lowland South America'. *Proceedings of the National Academy of Sciences* 107, no. 45 (2010), 19195-200

Washburn, Sherwood and Chet Lancaster. 'The Evolution of Hunting', in *Man the Hunter*, Richard B. Lee and Irven Devore (eds). Chicago: Aldine, 1968, 293-303

Zihlman, Adrienne L. 'Women as Shapers of the Human Evolution', in *Woman the*

Gatherer, Frances Dahlberg (ed.). New Haven, CT, and London: Yale University Press, 1981, 75-120

Zihlman, Adrienne. 'The Real Females of Human Evolution'. *Evolutionary Anthropology* 21, no. 6 (2012), 270-6

Zihlman, Adrienne. 'Engendering Human Evolution', in *A Companion to Gender Prehistory*, Diane Bolger (ed.). Hoboken, NJ: Blackwell, 2013

Zuk, Marlene. *Paleofantasy: What Evolution Really Tells Us About Sex, Diet, and How We Live*. New York: W.W. Norton, 2013（『私たちは今でも進化しているのか？』マーリーン・ズック著、渡会圭子訳、文藝春秋）

6 選り好みはするが貞淑ではない

Baranowski, Andreas M. and Heiko Hecht. 'Gender Differences and Similarities in Receptivity to Sexual Invitations: Effects of Location and Risk Perception'. *Archives of Sexual Behavior* 44, no. 8 (2015), 2257-65

Bateman, Angus J. 'Intra-Sexual Selection in Drosophila'. *Heredity* 2 (1948), 349-68

Bluhm, Cynthia and Patricia Adair Gowaty. 'Social Constraints on Female Mate Preferences in Mallards, *Anas platyrhynchos*, Decrease Offspring Viability and Mother Productivity'. *Animal Behaviour* 68, no. 5 (2004), 977-83

Brown, Gillian R., et al. 'Bateman's Principles and Human Sex Roles'. *Trends in Ecology and Evolution* 24, no. 6 (2009), 297-304

Buss, David M. *The Evolution of Desire: Strategies of Human Mating*. New York: Basic Books, 1994（『女と男のだましあい――ヒトの性行動の進化』デヴィッド・M・バス著、狩野秀之訳、草思社）

Clark, Russell D. and Elaine Hatfield. 'Gender Differences in Receptivity to Sexual Offers'. *Journal of Psychology and Human Sexuality* 2, no. 1 (1989), 39-55

Clark, Russell D. and Elaine Hatfield. 'Love in the Afternoon'. *Psychological Inquiry* 14, nos 3-4 (2003), 227-31

Darwin, Charles. *The Descent of Man, and Selection in Relation to Sex*. London: John Murray, 1871（『人間の由来』チャールズ・ダーウィン著、長谷川眞理子訳、講談社）

Drickamer, Lee C., et al. 'Free Female Mate Choice in House Mice Affects Reproductive Success and Offspring Viability and Performance'. *Animal Behaviour* 59, no. 2 (2000), 371-8

Geertz, Clifford. 'Sociosexology'. New York Review of Books, 1980年1月24日付。https://www.nybooks.com/articles/1980/01/24/sociosexology

Gould, Stephen Jay. 'Freudian Slip'. *Natural History* 96 (1987), 14-21

Gowaty, Patricia Adair, et al. 'Mutual Interest Between the Sexes and Reproductive Success in *Drosophila pseudoobscura*'. *Evolution* 56, no. 12 (2002), 2537-40

Gowaty, Patricia Adair, et al. 'No Evidence of Sexual Selection in a Repetition of Bateman's Classic Study of *Drosophila melanogaster*'. *Proceedings of the National Academy of Sciences USA* 109, no. 29 (2012), 11740-5

Hrdy, Sarah Blaffer. 'The Evolution of Human Sexuality: The Latest Word and the Last'.

Quarterly Review of Biology 54, no. 3 (1979), 309-14
Hrdy, Sarah Blaffer. 'Empathy, Polyandry, and the Myth of the Coy Female', in *Feminist Approaches to Science*, Ruth Bleier (ed.), New York: Pergamon Press, 1986, 119-46
Janicke, Tim, et al. 'Darwinian Sex Roles Confirmed Across the Animal Kingdom'. *Science Advances* 2, no. 2 (2016)
Milius, Susan. 'If Mom Chooses Dad, More Ducklings Survive'. *Science News* 156, no. 1 (1999), 6
Miller, Geoffrey. *The Mating Mind: How Sexual Choice Shaped the Evolution of Human Nature*. London: Vintage, 2000（『恋人選びの心：性淘汰と人間性の進化』ジェフリー・F・ミラー著、長谷川眞理子訳、岩波書店）
Pinker, Steven. 'Boys Will Be Boys'. Talk of the Town. *New Yorker*, 1998年2月9日付、30-1
Pinker, Steven. *The Blank Slate: The Modern Denial of Human Nature*. New York: Viking, 2002
Pinker, Steven. 'Sex Ed'. *New Republic*, 2005年2月14日付。https://newrepublic.com/article/68044/sex-ed
Reich, Eugenie Samuel. 'Symmetry Study Deemed a Fraud'. *Nature*, 2013年5月3日付ニュース。https://www.nature.com/news/symmetry-study-deemed-a-fraud-1.12932
Scelza, Brooke. 'Choosy But Not Chaste: Multiple Mating in Human Females'. *Evolutionary Anthropology: Issues, News, and Reviews* 22, no. 5 (2013), 259-69
Starin, Dawn. 'She's Gotta Have It'. *Africa Geographic*, May 2008, 57-62
Symons, Donald. *The Evolution of Human Sexuality*. New York: Oxford University Press, 1979
Symons, Donald. 'Another Woman That Never Existed'. Review. *Quarterly Review of Biology* 57, no. 3 (1982), 297-300
Tang-Martínez, Zuleyma. 'Bateman's Principles: Original Experiment and Modern Data For and Against', in *Encyclopedia of Animal Behavior*, M.D. Breed and J. Moore (eds), Oxford: Academic Press, 2010, 166-76
Tang-Martínez, Zuleyma. 'Rethinking Bateman's Principles: Challenging Persistent Myths of Sexually Reluctant Females and Promiscuous Males'. *Journal of Sex Research* 53, nos 4-5 (2016), 532-9
Trivers, Robert L. 'Parental Investment and Sexual Selection', in *Sexual Selection and the Descent of Man*, Bernard Campbell (ed.), Chicago: Aldine, 1972, 136-79
Trivers, Robert L. 'Sexual Selection and Resource-Accruing Abilities in Anolis Garmani '. *Evolution* 30, no. 2 (1976), 253-69
Walker, Robert S., et al. 'Evolutionary History of Partible Paternity in Lowland South America'. *Proceedings of the National Academy of Sciences* 107, no. 45 (2010), 19195-200

7　なぜ男が優位なのか

Andics, Attila, et al. 'Voice-Sensitive Regions in the Dog and Human Brain are Revealed

by Comparative fMRI'. *Current Biology* 24, no. 5 (2014), 574–8

De Waal, Frans B. M. 'Bonobo Sex and Society'. *Scientific American,* 2006年6月1日付。https://www.scientificamerican.com/article/bonobo-sex-and-society-2006-06

'Delhi Rapist Says Victim Shouldn't Have Fought Back'. BBC News, 2015年3月3日付。https://www.bbc.com/news/magazine-31698154

Foreman, Amanda. 'Why Footbinding Persisted in China for a Millennium'. *Smithsonian Magazine,* 2015年2月号。https://www.smithsonianmag.com/history/why-footbinding-persisted-china-millennium-180953971

Gowaty, Patricia Adair (ed.). *Feminism and Evolutionary Biology: Boundaries, Intersections and Frontiers,* New York: Chapman & Hall, 1997

Hrdy, Sarah Blaffer. *The Woman That Never Evolved*（第5章文献参照）

Hrdy, Sarah Blaffer. 'Raising Darwin's Consciousness: Female Sexuality and the Prehominid Origins of Patriarchy'. *Human Nature* 8, no. 1 (1997), 1–49

Hrdy, Sarah Blaffer. *Mother Nature*（第5章文献参照）

Kemper, Steve. 'Who's Laughing Now?' *Smithsonian Magazine,* 2008年5月号。https://www.smithsonianmag.com/science-nature/whos-laughing-now-38529396/?no-ist

Lerner, Gerda. *The Creation of Patriarchy.* Oxford: Oxford University Press, 1986（『男性支配の起源と歴史』ゲルダ・ラーナー著、奥田暁子訳、三一書房）

Muller, Martin N, et al. 'Male Coercion and the Costs of Promiscuous Mating for Female Chimpanzees'. *Proceedings of the Royal Society B* 2074 (2007), 1009–14

Parish, Amy Randall. 'Sex and Food Control in the "Uncommon Chimpanzee": How Bonobo Females Overcome a Phylogenetic Legacy of Male Dominance'. *Ethology and Sociobiology* 15, no. 3 (1994), 157–79

Parish, Amy R. and Frans B. M. de Waal. The Other "Closest Living Relative". How Bonobos (*Pan paniscus*) Challenge Traditional Assumptions About Females, Dominance, Intra- and Intersexual Interactions, and Hominid Evolution'. *Annals of the New York Academy of Sciences* 907 (2000), 97–113

Pavlicev, Mihaela and Günter Wagner. The Evolutionary Origin of Female Orgasm. *Journal of Experimental Zoology* 326, no. 6 (2016), 326–37

Ralls, Katherine. 'Mammals in Which Females are Larger Than Males'. *Quarterly Review of Biology* 51, no. 2 (1976), 245–76

Sherfey, Mary Jane. *The Nature and Evolution of Female Sexuality.* New York: Vintage Books, 1973

Smuts, Barbara. 'The Evolutionary Origins of Patriarchy'. *Human Nature* 6, no. 1 (1995), 1–32

Stanford, Craig B. 'The Social Behaviour of Chimpanzees and Bonobos: Empirical Assumptions and Shifting Evidence'. *Current Anthropology* 39, no. 4 (1998), 399–420

Stanford, Craig. 'Despicable, Yes, but Not Inexplicable'. Book review. *American Scientist,* 2009年11月・12月。https://www.americanscientist.org/article/despicable-yes-but-not-inexplicable

Strassmann, Beverly I., et al. 'Religion as a Means to Assure Paternity'. *Proceedings of*

the National Academy of Sciences 109, no. 25 (2012), 9781-5

Tapscott, Rebecca. 'Understanding Breast "Ironing": A Study of the Methods, Motivations, and Outcomes of Breast Flattening Practices in Cameroon'. Feinstein International Center, 2012 年 5 月。

Troisi, Alfonso and Monica Carosi. 'Female Orgasm Rate Increases with Male Dominance in Japanese Macaques'. *Animal Behaviour* 56, no. 5 (1998), 1261-6

Wardere, Hibo. *Cut: One Woman's Fight Against FGM in Britain Today*. London: Simon and Schuster, 2016

Watkins, Trevor. 'From Foragers to Complex Societies in Southwest Asia', in *The Human Past - World Prehistory and the Development of Human Societies*, Chris Scarre (ed.). London: Thames & Hudson, 2005, 201-33

White, F. J. and K. D. Wood. 'Female Feeding Priority in Bonobos, *Pan paniscus*, and the Question of Female Dominance. *American Journal of Primatology* 69, no. 8 (2007), 837-50

World Health Organization, 'Classification of Female Genital Mutilation'. https://www.who.int/reproductivehealth/topics/fgm/overview/en

World Health Organization, 'Prevalence of FGM'. https://www.who.int/reproductivehealth/topics/fgm/prevalence/en

8　不死身の年配女性たち

（この章は、著者が 2014 年 3 月 30 日付『オブザーヴァー』紙に書いた更年期に関する記事に着想を得た。オンライン上の以下のサイトで読むことができる。https://www.theguardian.com/society/2014/mar/30/menopause-natures-way-older-women-sexually-attractive）

Ayers, Beverley, N., et al. 'The Menopause'. *Psychologist* 24 (2011), 348-53

Bell, Susan E. 'Changing Ideas: The Medicalization of Menopause'. *Social Science and Medicine* 24, no. 6 (1987), 535-42

Bethlem Museum of the Mind, 'Bethlem's Changing Population'. 2010 年 7 月 26 日付。http://museumofthemind.org.uk/blog/post/life-in-a-victorian-asylum-2-clerks-and-governesses

Bosch, Mercè, et al. 'Linear Increase of Structural and Numerical Chromosome 9 Abnormalities in Human Sperm Regarding Age'. *European Journal of Human Genetics* 11 (2003), 754-9

Brent, Lauren J. N., et al. 'Ecological Knowledge, Leadership, and the Evolution of Menopause in Killer Whales'. *Current Biology* 25, no. 6 (2015), 746-50

Clancy, Kate. 'Ladybusiness Anthropologist Throws up Hands, Concedes Men are the Reason for Everything Interesting in Human Evolution'. *Scientific American*. 2013 年 6 月 29 日付。https://blogs.scientificamerican.com/context-and-variation/men-menopause-evolution

Cooper, Wendy. *No Change: Biological Revolution for Women*. London: Hutchinson, 1975

Fausto-Sterling, Anne. *Myths of Gender: Biological Theories About Men and Women* (2nd

rev edn). New York: Basic Books, 1992（『ジェンダーの神話：「性差の科学」の偏見とトリック』アン・ファウスト＝スターリング著、池上千寿子・根岸悦子訳、工作舎）
Foster, Emma A., et al. 'Adaptive Prolonged Postreproductive Life Span in Killer Whales'. *Science* 337, no. 6100 (2012), 1313
Gurven, M. and H. S. Kaplan. 'Beyond the Grandmother Hypothesis: Evolutionary Models of Human Longevity', in *The Cultural Context of Aging: Worldwide Perspectives* (3rd edn). J. Sokolovsky (ed.). Westport, CT: Praeger, 2009, 53-66
Hawkes, Kristen, et al. 'Hardworking Hadza Grandmothers', in *Comparative Socioecology: The Behavioural Ecology of Humans and Other Mammals*, V. Standen and R. A. Foley (eds). London: Basil Blackwell, 1989, 341-66
Hawkes, K., et al. 'Grandmothering, Menopause, and the Evolution of Human Life Histories'. *Proceedings of the National Academy of Sciences USA* 95 (1998), 1336-9
Hawkes, Kristen and James E. Coxworth. 'Grandmothers and the Evolution of Human Longevity: A Review of Findings and Future'. *Evolutionary Anthropology* 22 (2013), 294-302
Hrdy, Sarah Blaffer. *Mothers and Others*（第5章文献参照）
Im, Eun-Ok, et al. 'Sub-Ethnic Differences in the Menopausal Symptom Experience: Asian American Midlife Women'. *Journal of Transcultural Nursing* 21, no. 2 (2010), 123-3
Kachel, A. Friederike, et al. 'Grandmothering and Natural Selection'. *Proceedings: Biological Sciences* 278, no. 1704 (2011), 384-91
Kim, P. S., et al. 'Increased Longevity Evolves from Grandmothering'. *Proceedings of the Royal Society B* 279, no. 1749 (2012), 4880-4
Kim, P. S., et al. 'Grandmothering Drives the Evolution of Longevity in a Probabilistic Model'. *Journal of Theoretical Biology* 353 (2014), 84-94
The King's Fund, 'Life Expectancy'. https://www.kingsfund.org.uk/projects/time-think-differently/trends-demography〔現在は Life Expectancy までスクロールする必要がある〕
Kuhle, Barry X. 'An Evolutionary Perspective on the Origin and Ontogeny of Menopause'. *Maturitas* 57, no. 4 (2007), 329-37
Lahdenperä, Mirkka, et al. 'Severe Intergenerational Reproductive Conflict and the Evolution of Menopause'. *Ecology Letters* 15, no. 11 (2012), 1283-90
Lahdenperä, M., et al. 'Menopause: Why Does Fertility End Before Life?'. *Climacteric* 7, no. 4 (2004), 327-32
Loudon, Irvine. 'Maternal Mortality in the Past and its Relevance to Developing Countries Today'. *American Journal of Clinical Nutrition* 72, no. 1 (2000), 241-6
Marlowe, Frank. 'The Patriarch Hypothesis: An Alternative Explanation of Menopause'. *Human Nature* 11, no. 1 (2000), 27-42
Morton, R. A., et al. 'Mate Choice and the Origin of Menopause'. *PLOS: Computational Biology* 9, no. 6 (2013)
O'Connell, James F., et al. 'Grandmothering and the Evolution of Homo Erectus'. *Journal*

of Human Evolution 36 (1999), 461-85

Odame-Asante, Emily. '"A Slave to Her Own Body": Views of Menstruation and the Menopause in Victorian England, 1820-1899'. Dissertation, University College London, 2012

Percy Smith, R., et al. 'Discussion on the Psychoses of the Climacteric'. *British Medical Journal* 2, no. 2707 (1912), 1378-86

Rosenhek, Jackie. 'Mad With Menopause'. *Doctor's Review* (2014年2月号)

Santosa, Sylvia and Michael D. Jensen. 'Adipocyte Fatty Acid Storage Factors Enhance Subcutaneous Fat Storage in Postmenopausal Women'. *Diabetes* 62, no. 3 (2013), 775-82

Sear, Rebecca and David A. Coall. 'How Much Does Family Matter? Cooperative Breeding and the Demographic Transition'. *Population and Development Review* 37 (2011), 81-112

Shanley, D. P., et al. 'Testing Evolutionary Theories of Menopause'. *Proceedings of the Royal Society B: Biological Sciences* 274, no. 1628 (2007), 2943-9

Stone, Bronte A., et al. 'Age Thresholds for Changes in Semen Parameters in Men'. *Fertility and Sterility* 100, no. 4 (2013), 952-8

Thomas, Elizabeth Marshall. 'Reflections: The Old Way'. *New Yorker,* 1990年10月15日付。https://www.newyorker.com/magazine/1990/10/15/the-old-way

Tre, Lisa. 'Men Shed Light on the Mystery of Human Longevity, Study Finds'. *Stanford News Service* , 2007年9月12日付。https://news.stanford.edu/pr/2007/pr-men-091207.html

Tuljapurkar, S. D., et al. 'Why Men Matter: Mating Patterns Drive Evolution of Human Lifespan'. *PLOS ONE* 2, no. 8 (2007)

US National Center for Health Statistics, 'Mortality in the United States, 2014'. https://www.cdc.gov/nchs/data/databriefs/db229.htm

Ward, Suzie. 'A History of the Treatment of the Menopause'. Dissertation. Wellcome Institute for the History of Medicine, 1996

Whitehead, Saffron. 'Milestones in the History of HRT'. *Endocrinologist,* Spring 2015, 20-1

Williams, George C. 'Pleiotropy, Natural Selection, and the Evolution of Senescence'. *Evolution* 11, no. 4 (1957), 398-411

Wilson, Robert A. *Feminine Forever.* London: W.H. Allen, 1966(『永遠の女性』ロバート・A・ウィルソン著、増渕一正訳、主婦と生活社)

あとがき

Gracia, Enrique and Juan Merlo. 'Intimate Partner Violence Against Women and the Nordic Paradox. *Social Science and Medicine* 157 (2016), 27-30

Guttmacher Institute, 'Last Five Years Account for More Than One-Quarter of All Abortion Restrictions Enacted Since Roe'. 2016年1月13日付。https://www.guttmacher.org/article/2016/01/last-five-years-account-more-one-quarter-all-abortion-

restrictionsenacted-roe

Konner, Melvin. *Women After All: Sex, Evolution, and the End of Male Supremacy*. New York: W. W. Norton, 2015

Montagu, Ashley. *The Natural Superiority of Women*. New York: Macmillan, 1953(『女性：この優れたるもの』A・モンタギュウ著、田中寿美子訳、法政大学出版局。『女はすぐれている』A・モンタギュー著、中山善之訳、平凡社)

Rúdólfsdóttir, Annadís Greta. 'Iceland is Great for Women, But it's No Feminist Paradise'. *Guardian*, 2014年10月28日付。https://www.theguardian.com/commentisfree/2014/oct/28/iceland-women-feminist-paradise-gender-gap-pay

Tavris, Carol. *The Mismeasure of Woman: Why Women are Not the Better Sex, the Inferior Sex, or the Opposite Sex*. New York: Simon & Schuster, 1992

© Henrietta Garden

[著者] アンジェラ・サイニー (Angela Saini)
イギリスの科学ジャーナリスト。オックスフォード大学で工学の修士号、およびキングス・カレッジ・ロンドンで科学と安全保障の修士号を取得。『ニュー・サイエンティスト』『ガーディアン』『タイムズ』『サイエンス』『セル』『ワイアード』『ウォールペーパー』『ヴォーグ』『GQ』などの有名メディアに寄稿。また、BBC ラジオで科学番組にも出演するなど多方面で活躍している。著書に『Geek Nation：How Indian Science is Taking Over the World』など。
　本書の原書である『Inferior：How Science Got Women Wrong-and the New Research That's Rewriting the Story』は高い評価を得ており、英国物理学会『Physics World』誌で 2017 年のブック・オブ・ザ・イヤーに選ばれた。

[訳者] 東郷えりか (とうごう・えりか)
翻訳家。上智大学外国語学部フランス語学科卒業。訳書に、シアン・バイロック『なぜ本番でしくじるのか――プレッシャーに強い人と弱い人』、シンシア・バーネット『雨の自然誌』、ルイス・ダートネル『この世界が消えたあとの科学文明のつくりかた』(以上、河出書房新社)、デイヴィッド・W・アンソニー『馬・車輪・言語――文明はどこで誕生したのか』(筑摩書房)、アマルティア・セン『アイデンティティと暴力――運命は幻想である』(大門毅監訳、勁草書房) など多数。

科学の女性差別とたたかう
脳科学から人類の進化史まで

2019年5月10日初版第1刷発行
2021年4月20日初版第4刷発行

著　者　アンジェラ・サイニー
訳　者　東郷えりか

発行者　和田肇
発行所　株式会社作品社
〒102-0072　東京都千代田区飯田橋2-7-4
Tel 03-3262-9753 Fax 03-3262-9757
http://www.sakuhinsha.com
振替口座 00160-3-27183

装　幀　加藤愛子（オフィスキントン）
本文組版　有限会社閏月社
印刷・製本　シナノ印刷株式会社

Printed in Japan
落丁・乱丁本はお取替えいたします
定価はカバーに表示してあります
ISBN978-4-86182-749-5　C0040